C. HOUARD

Docteur ès-sciences,
Préparateur à la Sorbonne.

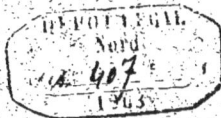

Recherches anatomiques sur les Galles de Tiges : Pleurocécidies.

BULLETIN SCIENTIFIQUE

DE LA FRANCE ET DE LA BELGIQUE.

PARIS, 3, RUE D'ULM. 1903.

C. HOUARD

Docteur ès-sciences,
Préparateur a la Sorbonne.

ằ

Recherches anatomiques
sur les Galles de Tiges :
Pleurocécidies.

ằ ằ ằ ằ ằ

BULLETIN SCIENTIFIQUE
DE LA FRANCE ET DE LA BELGIQUE.
PARIS, 3, RUE D'ULM. 1903.

Extrait du *Bulletin scientifique de la France et de la Belgique*, Tome XXXVIII.

A Mes Maîtres,

M. Gaston BONNIER

ET

M. Alfred GIARD.

RECHERCHES ANATOMIQUES

SUR LES GALLES DE TIGES :

PLEUROCÉCIDIES

PAR

C. HOUARD,

Préparateur a la Faculté des Sciences de l'Université de Paris.

INTRODUCTION

> « L'histoire pathologique d'une plante est
> inscrite dans ses tissus. La structure d'un
> arbre séculaire nous dit quelles influences
> pernicieuses il a subies à diverses époques ».
>
> P. VUILLEMIN.

On désigne depuis fort longtemps sous le nom de *galle* toute excroissance produite par un parasite animal sur un végétal.

Pour MALPIGHI ce mot avait un sens très net et en même temps très général. Mais il fut pris par les savants, depuis RÉAUMUR jusqu'à LACAZE-DUTHIERS, dans un sens trop restreint puisque ceux-ci désignèrent sous le nom de *galles* les productions parasitaires complètement closes et, sous le nom de *galloïdes* ou *fausses galles*, les excroissances ouvertes. De plus, aucun terme n'existait pour désigner les renflements déterminés par des champignons sur les végétaux.

C'est pourquoi, il y a une trentaine d'années, le professeur FRIEDRICH THOMAS [73] *, envisageant seulement la réaction de

---

* Les chiffres entre crochets renvoient à l'Index bibliographique, page 413.

l'hôte dans cette sorte d'association parasitaire, créa le terme de *cécidie,* qu'il définit ainsi : *toute production végétale anormale, accompagnée de formation de tissu nouveau, déterminée par la réaction de la plante à l'irritation parasitaire* (1).

Il en résulte que la cécidie est nettement caractérisée par l'apparition de tissus végétaux nouveaux se produisant sous l'influence du parasite, et que, par suite, la plante doit être active dans l'association, c'est-à-dire capable de réagir.

Selon que le parasite est un animal ou un végétal, on distingue les cécidies en *zoocécidies* et en *phytocécidies.*

*
* *

L'étude des cécidies, tant au point de vue du parasite (animal ou végétal) qu'au point de vue de leur morphologie externe, a déjà fait l'objet de nombreux mémoires, surtout dans la dernière moitié du XIXe siècle. Je rappellerai seulement la grande part qu'y ont prise des savants tels que G. FRAUENFELD, FR. THOMAS, FR. LÖW, SCHLECHTENDAL, MIK, ADLER, J. GIRAUD, PERRIS, etc.

De même, l'étude anatomique des déformations produites par les parasites sur leurs hôtes végétaux n'a pas été négligée et a donné lieu à de nombreux travaux. Je citerai ceux de WAKKER et FENZLING concernant les Mycocécidies ; ceux de LACAZE-DUTHIERS, PRILLIEUX, COURCHET sur les galles des Hyménoptères et des Pucerons ; le beau mémoire de BEIJERINCK sur les premiers stades du développement des galles de Cynipides. D'autre part, MOLLIARD a étudié les cécidies florales, FOCKEU quelques cécidies foliaires, et, enfin, HIERONYMUS, PASZLAVSKY, FRANK, MASSALONGO, KRUCH, APPEL, KÜSTER, WEISSE et GERBER ont publié quelques renseignements anatomiques peu étendus.

*
* *

Une cécidie étant le résultat de la réaction de la plante hôte à l'action du parasite, j'ai cherché à mettre en évidence cette réaction

---

(1) THOMAS s'exprime ainsi : « Ein *Cecidium* nenne ich jede durch einen Parasiten veranlasste Bildungsabweichung der Pflanze. Das Wort Bildung ist in dieser Erklärung zugleich im Sinne des Processes (also activ), nicht nur seines Resultates zu nehmen..... Zur Natur... gehört die active Theilnahme der Pflanze, die Reaction derselben gegen den erfahrenen Reiz. » (p. 513-514).

dans les *zoocécidies* et, pour cela, j'ai choisi des déformations présentant un axe de symétrie ou un plan de symétrie bien net.

Les galles des tiges chez lesquelles la cavité larvaire est située à l'intérieur de la moelle, c'est-à-dire à peu de chose près dans l'axe du cylindre central, me semblaient d'avance très avantageuses pour ce genre de recherches ; il en était de même pour les cécidies produisant une saillie latérale et qui, déjà à l'extérieur, présentent nettement un plan de symétrie.

J'ai donc étendu mes investigations anatomiques à toutes les déformations dans lesquelles la longueur des entre-nœuds n'est pas altérée et qui constituent les *galles latérales des tiges* ou *pleurocécidies caulinaires* ; par contre, j'ai laissé de côté toutes celles qui, situés à l'extrémité des tiges, proviennent de la déformation du bourgeon terminal et du raccourcissement des premiers entre-nœuds et qu'on groupe sous le nom de *galles terminales des tiges* ou *acrocécidies caulinaires*.

Dans cette étude, j'ai insisté tout particulièrement sur ce fait que la plupart des tissus gallaires dérivent de tissus normaux par hypertrophie (simple augmentation de la taille des cellules) et hyperplasie (cloisonnement des cellules) ou bien proviennent du fonctionnement d'assises génératrices normales ; enfin, j'ai fait remarquer que certaines déformations peuvent accentuer les caractères normaux, par exemple ceux des pôles ligneux.

J'ai eu l'occasion de rencontrer dans l'étude de ces galles de nombreuses productions de tissus cicatriciels autour des blessures, des piqûres, des cavités larvaires, etc. et d'ajouter à ce qu'on savait déjà sur ce sujet.

Incidemment, mes recherches ont porté aussi sur quelques pétioles dont l'étude ne pouvait être séparée de celle de la tige : il était intéressant d'y suivre également l'action des parasites animaux.

D'autre part, j'ai été conduit à étudier l'influence des galles sur la ramification, influence si considérable parfois que le port de la plante peut en être complètement modifié. Ce côté de la question m'a semblé particulièrement intéressant, et m'a paru comporter des conséquences pratiques importantes.

Tels sont les problèmes que je me suis posé pour les cécidies caulinaires sur lesquelles nous ne possédons, à ces divers points de vue, aucun travail méthodique d'ensemble. Les quelques études anatomiques qui ont été publiées jusqu'à présent sont très peu détaillées et nullement reliées entre elles ; j'ai eu grand soin, du reste, de les rappeler en tête de chaque chapitre.

*
* *

Il est tout naturel de penser, comme nous le démontrent suffisamment les observations les plus simples de morphologie externe, que la forme de la cécidie est en relation avec la position de l'animal cécidogène par rapport aux tissus environnants et par rapport aussi à ceux qui entrent dans la constitution de la cécidie.

C'est ce qui m'amène, dans cette étude des pleurocécidies caulinaires, à envisager les différents cas où le parasite est situé à l'extérieur de la tige, dans l'écorce, dans l'anneau libéro-ligneux ou bien dans la moelle : d'où les *quatre premiers chapitres* de ce travail, qui sont suivis chacun des caractères généraux offerts par leurs cécidies. Dans un *cinquième chapitre*, je résume l'influence de l'action parasitaire sur les différents tissus de la tige ; enfin, dans les *Conclusions générales*, je groupe les faits observés en insistant tout particulièrement sur les rapports qui existent entre la tige et la cécidie, sur la façon dont la nutrition du parasite est assurée et sur la cicatrisation de la blessure après le départ de l'animal ou la chute de la galle.

Mon travail se divise par suite de la manière suivante :

CHAPITRE I. — *Cécidies caulinaires latérales produites par un parasite situé contre l'épiderme.*

CHAPITRE II. — *Cécidies caulinaires latérales produites par un parasite situé dans l'écorce.*

CHAPITRE III. — *Cécidies caulinaires latérales produites par un parasite situé dans les formations secondaires libéro-ligneuses.*

CHAPITRE IV. — *Cécidies caulinaires produites par un parasite situé dans la moelle.*

CHAPITRE V. — *Résumé général des modifications apportées par les galles aux tissus des tiges.*

CHAPITRE VI. — *Résumé général des relations existant entre les tiges, les pleurocécidies caulinaires et les parasites.*

*
* *

Je n'ai étudié dans ce travail, au point de vue anatomique, qu'un nombre restreint de cécidies caulinaires. Mais j'espère cependant qu'il permettra d'entrevoir combien de faits intéressants seront mis à jour par l'étude plus complète des Zoocécidies. Il vient affirmer, en outre, comme l'a si bien dit M. ALFRED GIARD dans la Préface du *Catalogue systématique des Zoocécidies de l'Europe et du Bassin méditerranéen*, que « la Cécidologie est un grand chapitre de tératologie expérimentale, mais d'une tératologie qui se relie intimement à la morphologie normale, grâce à la constance des processus tératologiques déterminés par un même parasite cécidogène ».

*
* *

Je me fais un devoir, en terminant cette Introduction, d'exprimer à mes chers Maîtres, MM. GASTON BONNIER et ALFRED GIARD, Professeurs à la Sorbonne, l'expression de toute ma reconnaissance pour leurs conseils si éclairés et pour l'excellent accueil qu'ils m'ont toujours fait au Laboratoire de Biologie végétale de Fontainebleau ou à la Station zoologique de Wimereux.

Je ne veux pas oublier non plus de remercier le Conseil Municipal de Paris et le Conseil de l'Université de Paris dont les concours généreux m'ont grandement facilité la récolte des échantillons étudiés et permis les nombreuses figures de ce travail.

Enfin, je dois ajouter que MM. MASSALONGO, PIERRE, TAVARES, H. DU BUYSSON, DARBOUX, MOLLIARD, DELACROIX et BUCHET ont bien voulu me donner quelques pleurocécidies intéressantes recueillies en Italie, en Portugal ou dans les diverses régions de la France : que tous ces amis reçoivent ici mes meilleurs remerciements.

Laboratoire de Botanique de la Faculté des Sciences de Paris.

15 janvier 1903.

CHAPITRE PREMIER

CÉCIDIES CAULINAIRES LATÉRALES

PRODUITES PAR

UN PARASITE SITUÉ CONTRE L'ÉPIDERME.

Les exemples de déformations de tiges produites par des parasites animaux, en contact seulement avec l'épiderme, sont assez nombreux. Beaucoup de ces cécidies ont fait autrefois l'objet des travaux de systématique de Bosc d'Antic et de Wagner et, plus récemment, de D. von Schlechtendal, Fr. Thomas, Massalongo, P. Marchal, Rübsaamen et Kieffer.

Il est bon de rappeler que l'altération de la tige sous l'influence d'un parasite externe est rarement localisée à l'épiderme, comme c'est le cas pour les pilosités produites par des *Tarsonemus*, par exemple ; le plus souvent, la plupart des tissus de la tige prennent part à la déformation. Ce sont ces dernières productions qui feront l'objet de ce chapitre.

La structure anatomique des cécidies produites par un parasite externe est peu connue : Prillieux [53] a étudié le développement de la galle chevelue des tiges du *Poa nemoralis* Ehrh. que Beijerinck [85] a repris beaucoup plus tard et approfondi, surtout dans son paragraphe 4 « Anfang der Entwicklung der Poaegalle » (p. 321, Pl. III, fig. 12, 13, 14). Le premier Auteur a également cherché, dans deux autres Mémoires [75, 81], quelles sont les altérations que le Puceron lanigère *(Myzoxylus laniger* Hausm.) produit dans le bois du Pommier. Les renflements fusiformes déterminés par l'*Asterolecanium Massalongoianum* Targ.-Toz. sur les tiges et les pétioles du Lierre ont fait l'objet d'une courte description anatomique de la part du savant zoologiste de Lacaze-Duthiers [53, p. 347-348], reprise plus tard par C. Massalongo [93]. Enfin, tout dernièrement, l'abbé Pierre [02] a donné quelques renseignements histologiques sur le renflement allongé qu'un autre Coccide produit sur la tige du *Teucrium Scorodonia* L.

L'acarocécidie du *Stipa pennata* a été esquissée rapidement par Massalongo [97] et Winkler [78] a étudié en quelques lignes l'anatomie des galles de l'Épicea.

Hedera Helix L.

Cécidie produite par l'*Asterolecanium Massalongoianum* TARG.-TOZ.

La cécidie déterminée par ce Coccide est surtout répandue en Italie et dans le midi de la France ; mes échantillons proviennent des environs de Ferrare.

C'est sur le limbe de la feuille que se fixent le plus souvent les parasites, et ils y produisent de nombreuses bosselettes. Le pétiole réagit vivement lui aussi à l'action du parasite : il offre de petits renflements dont l'épaisseur atteint deux ou trois fois le diamètre normal et qui peuvent confluer. Enfin, la tige présente, mais plus rarement pourtant, de semblables renflements fusiformes, à la surface desquels se voient les Coccides.

Etudions les modifications anatomiques qu'entraînent ces déformations, et, pour cela, comparons les sections transversales faites sur une tige et un pétiole parasités aux sections correspondantes pratiquées sur les organes sains, ayant le même âge.

1° Galle de la tige.

Structure de la tige normale. — La tige normale représentée en N (fig. 2) a sensiblement 2,2 mm. de diamètre. L'épiderme *ép* (en N, fig. 4) possède des parois épaisses. L'écorce est très large et occupe presque le tiers du rayon ; elle est différenciée dans sa partie externe en un périderme *pér* possédant trois ou quatre cloisons en moyenne, puis en un collenchyme épais *co* formé de cellules à parois peu épaisses (2 µ), arrondies, serrées les unes contre les autres et dont les dimensions ne dépassent pas 35 µ. Plus à l'intérieur, l'écorce comprend un parenchyme chlorophyllien *cl*, fortement lacuneux.

Les faisceaux libéro-ligneux sont réunis entre eux par du parenchyme secondaire et constituent un anneau vasculaire continu ; le bois secondaire *bs* comprend une dizaine d'assises. Enfin, en face des faisceaux, la zone périmédullaire *pm* a fortement lignifié et épaissi ses cellules. La moelle et l'écorce contiennent de petits canaux sécréteurs *cs* un peu aplatis tangentiellement et dont le diamètre est de 50 µ environ ; les cellules de la moelle *m* sont irrégulières,

de taille ne dépassant pas 75 μ, à parois minces et à petits noyaux ;
elles sont bourrées de gros grains d'amidon *am*.

Structure de la tige anormale. — L'examen à un faible grossissement de la section transversale de la galle, pratiquée au milieu
du renflement fusiforme dont le diamètre est 3,5 mm. (A, fig. 3),
montre de suite de profonds changements dans la structure
interne.

La coupe présente deux moitiés bien dissemblables. Celle qui est
située à l'opposé du parasite, c'est-à-dire en *flb*, est parfaitement
circulaire et régulière ; elle possède la structure normale avec des
éléments plus nombreux et plus gros ; la régularité de ses faisceaux
libéro-ligneux n'est pas altérée et leur dimension radiale est
simplement le double de la dimension normale.

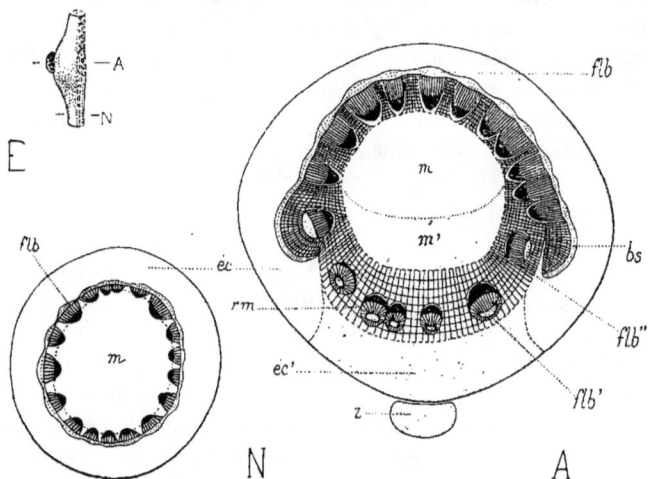

Fig. 1 (E). — Vue extérieure de la galle de la tige de Lierre (gr. 1,3).
Fig. 2 (N). — Schéma de la coupe transversale de la tige normale (gr. 15).
Fig. 3 (A). — Schéma de la coupe transversale de la tige anormale (gr. 15).

     flb, flb', flb'', faisceaux libéro-ligneux ; *bs*, bois secondaire ; *rm*, rayon
médullaire ; *éc, éc'*, écorce ; *m, m'*, moelle ; *z*, Coccide.

La moitié de la tige en contact avec le Coccide *z* a, au contraire,
un contour irrégulier, une écorce *éc'* très développée et surtout des
formations secondaires énormes (en *flb'*) ; les faisceaux libéro-

ligneux de toute cette région sont encore groupés sensiblement en un demi-cercle, mais ils sont isolés les uns des autres et noyés dans le parenchyme ligneux qui a envahi une partie de la moelle et une partie de l'écorce.

La région de raccord entre les deux moitiés de la tige est caractérisée par de gros amas, allongés tangentiellement, de parenchyme ligneux secondaire régulier *bs* qui déborde sur le parenchyme ligneux altéré.

En somme, la présence du parasite contre l'épiderme de la tige amène une hyperplasie considérable de tous les tissus environnants. Ces tissus ne peuvent se développer que du côté de l'animal, puisque la région opposée, peu déformée et résistante, joue le rôle de point d'appui : il en résulte que les tissus gallaires se développent symétriquement par rapport à un plan déterminé par la génératrice médiane de la région *flb* non déformée et par le parasite *z* ; ce plan passe aussi par l'axe de la tige.

Il est facile de se rendre compte de la profonde modification apportée par les succions réitérées du Coccide à l'anneau vasculaire, en étudiant des déformations très jeunes. Ce sont les cellules corticales les plus proches du parasite qui sont les premières influencées ; elles s'allongent dans des directions radiales par rapport à l'animal et se cloisonnent ensuite perpendiculairement ; la propagation de ce cloisonnement se fait peu à peu de chaque côté du plan de symétrie et gagne enfin la région opposée. Au fur et à mesure qu'on s'éloigne de la région *flb'* pour rejoindre celle marquée *flb* on trouve les cellules cloisonnées de plus en plus espacées.

Cette active multiplication cellulaire se fait sentir aussitôt dans la zone libéro-ligneuse située en face de l'animal et qu'il influence directement. Par le cloisonnement rapide et par l'hypertrophie de leurs cellules, les rayons médullaires *rm* s'élargissent tangentiellement et s'allongent radialement ; leurs cellules épaississent et lignifient leurs parois qui sont munies de grandes ponctuations. En même temps, l'excitation gagne la partie périphérique inférieure *m'* de la moelle, dont les cellules augmentent considérablement de diamètre et peuvent atteindre 140 μ ; la plupart prennent des cloisons de direction tangentielle par rapport au parasite. Les noyaux de ces cellules médullaires sont devenus sphériques, volumineux (17 μ) et ils sont entourés par de nombreux grains d'amidon très petits

(1 à 2 μ). Seules, les cellules médullaires situées au voisinage des

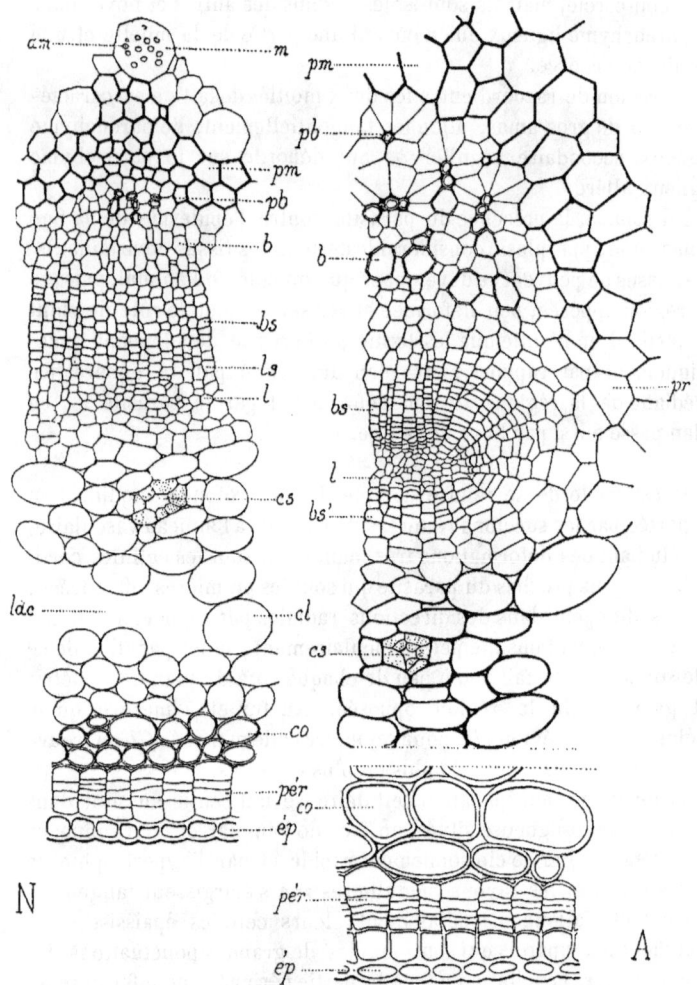

FIG. 4 (N). — Partie de la coupe transversale représentée par la figure 2 (gr. 150).
FIG. 5 (A). — Partie correspondante de la cécidie de la tige (gr. 150).

pb, pôle ligneux ; b, bs, bois primaire et secondaire ; l, ls, liber primaire et secondaire ; bs', bois secondaire anormal ; cs, canal sécréteur ; co, collenchyme ; pér, périderme ; ép, épiderme ; cl, tissu chlorophyllien ; lac, lacune ; pr, parenchyme ; pm, zone périmédullaire ; m, moelle ; am, amidon.

faisceaux possèdent des grains d'amidon ; elles en avaient toutes dans la tige normale.

L'hyperplasie des rayons médullaires de la région *flb'* a non seulement détruit l'assise génératrice interne entre les faisceaux, mais encore empêché son fonctionnement normal dans les faisceaux. En même temps que cette assise produit du bois secondaire *bs* (en A, fig. 5) et un peu de liber secondaire, elle donne naissance, à l'extérieur de chaque faisceau libérien, à une couche continue de bois secondaire *bs'* qui finit d'envelopper le liber. Les faisceaux libéro-ligneux deviennent ainsi cylindriques.

Les altérations considérables que subissent l'écorce et surtout l'anneau libéro-ligneux au voisinage du parasite ont une certaine répercussion sur les autres tissus. C'est ainsi que les canaux sécréteurs *cs* sont composés ici de cellules irrégulières, à parois épaisses, lignifiées et ponctuées, comme celles qui les entourent. Le tissu lacuneux chlorophyllien a disparu et les cellules du collenchyme anormal *co* ont acquis des parois très épaisses (jusqu'à 9 µ), ainsi que de grands diamètres (115 µ parfois). Les formations subérophellodermiques anormales *pér* possèdent un nombre beaucoup plus grand de cloisons et des files cellulaires de tailles variables.

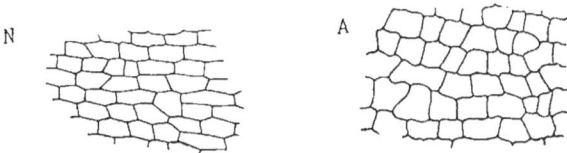

Fig. 6 (N). — Épiderme de la tige normale de Lierre (gr. 150).
Fig. 7 (A). — Épiderme de la cécidie de la même plante (gr. 150).

Enfin, l'épiderme *ép* lui-même est altéré : obligé de suivre l'accroissement en volume des tissus internes, il a élargi et cloisonné ses cellules, dont les contours sont devenus plus sinueux (comparer les figures 6 et 7).

2° Galle du pétiole.

Les modifications que présente le pétiole attaqué par l'*Asterolecanium Massalongoianum* sont absolument identiques à celles

de la tige. Le Coccide se fixe le plus souvent à la face supérieure
du pétiole, dans le sillon largement ouvert que limitent les deux
petites ailes latérales ; ses piqûres et sa succion produisent bientôt
une forte hyperplasie et l'apparition d'un renflement fusiforme de
3 mm. de diamètre (E_1, fig. 8).

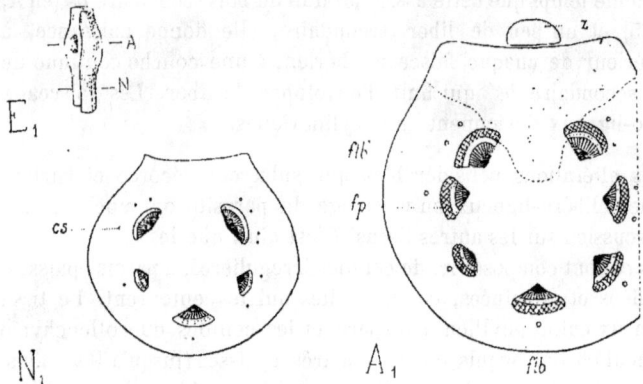

Fig. 8 (E_1). — Vue extérieure de la galle du pétiole de Lierre (gr. 1, 3).
Fig. 9 (N_1). — Coupe transversale schématique du pétiole sain (gr. 15).
Fig. 10 (A_1). — Coupe transversale schématique du pétiole parasité (gr. 15).

    flb, *flb'*, faisceaux libéro-ligneux ; *cs*, canal sécréteur ; *fp*, fibres péricy-
cliques ; *z*, Coccide.

Une coupe transversale pratiquée au niveau de la larve (A_1, fig.
10) possède un contour un peu irrégulier ; le sillon pétiolaire est
moins net que dans l'organe sain, souvent même convexe en son
milieu, ce qui indique une active multiplication cellulaire. En effet,
à droite et à gauche de cette région, les cellules corticales présentent des cloisonnements, d'abord très nombreux, mais qui vont
en diminuant au fur et à mesure qu'on s'éloigne du parasite ;
toujours ces cloisons sont perpendiculaires à la direction d'allongement des cellules, allongement qui s'est fait parallèlement au
bord de la coupe, c'est-à-dire à peu près suivant une direction
radiale par rapport à l'animal cécidogène.

La même multiplication cellulaire s'observe à la partie supérieure
du cercle formé par les faisceaux libéro-ligneux, entre les deux
gros faisceaux *flb'* fortement hypertrophiés ; elle se propage ensuite
dans le parenchyme central du pétiole dont les cellules s'allongent

dans une direction radiale par rapport au parasite et se cloisonnent ensuite perpendiculairement. Quand tout le tissu central est ainsi cloisonné, la multiplication cellulaire envahit le parenchyme situé entre les faisceaux et les écarte de plus en plus. La figure 11 représente la marche du cloisonnement dans une cécidie jeune.

Dans la galle âgée, toutes ces cellules en voie de multiplication épaississent et lignifient leurs parois ; la lignification débute dans la région voisine du Coccide, se propage ensuite de chaque côté dans l'écorce, puis entre les faisceaux et occupe finalement toute la région centrale.

On peut en conclure que l'action à distance exercée

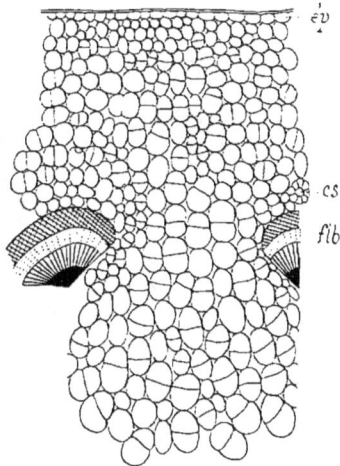

Fig. 11. — Marche du cloisonnement dans la cécidie du pétiole de Lierre : *flb'*, faisceau libéro-ligneux supérieur ; *cs*, canal sécréteur ; *ép*, épiderme (gr. 33).

par le parasite se fait sentir dans le pétiole beaucoup plus facilement que dans la tige puisqu'une plus grande surface est lignifiée ; les faisceaux libéro-ligneux ne forment plus, comme auparavant, un anneau continu très résistant dont les éléments devaient être séparés les uns des autres pour permettre à l'action parasitaire de gagner la région centrale. Aussi les faisceaux libéro-ligneux du pétiole sont-ils beaucoup moins altérés que ceux de la tige : leurs vaisseaux ligneux *b* (en A₁, fig. 13) restent alignés en files régulières, qui sont simplement écartées en éventail par l'hypertrophie du parenchyme ; les parois de ces vaisseaux restent minces. Seules, les fibres péricycliques *fp* sont fortement épaissies et lignifiées.

Enfin, comme dans la tige, l'écorce et le faisceau libéro-ligneux médian *flb* (en A₁, fig. 10) de la région opposée à celle où le parasite est fixé, conservant sensiblement leurs dimensions normales, jouent le rôle de point fixe ; les tissus gallaires, refoulés du côté du Coccide, s'étalent de chaque côté d'un plan de symétrie qui coïncide avec celui du pétiole normal.

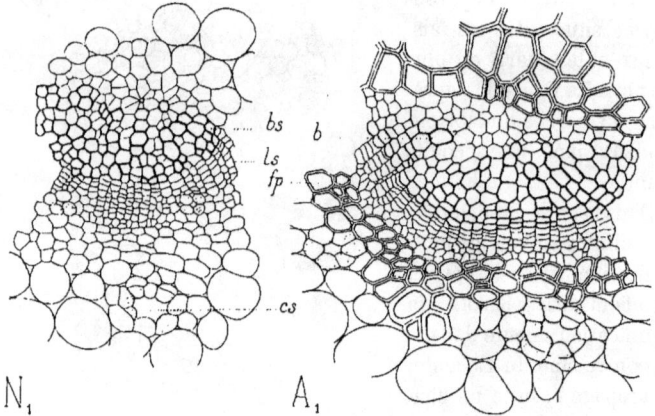

FIG. 12 (N₁). — Faisceau libéro-ligneux du pétiole normal de Lierre (gr. 150).
FIG. 13 (A₁). — Faisceau libéro-ligneux anormal (gr. 150).

b, bs, bois ; ls, liber ; fp, fibres péricycliques ; cs, canal sécréteur.

En résumé, sous l'influence de l'*Asterolecanium Massalongoianum*, la tige de l'*Hedera Helix* présente les modifications suivantes :

1° *L'action cécidogène se faisant sentir dans la région voisine du Coccide, il se forme une saillie latérale ayant un plan de symétrie ;*

2° *Il y a dissociation d'une partie de l'anneau libéro-ligneux dont les faisceaux isolés et arrondis sont noyés au milieu du parenchyme secondaire lignifié ;*

3° *La lignification s'étend à une partie de la moelle et de l'écorce.*

Potentilla hirta L. var. **pedata** WILLD.

Cécidie produite par un Coccide.

C'est encore un Coccide qui produit, dans le Midi de la France, sur cette belle Potentille un renflement fusiforme (fig. 14), atteignant 25 mm. de longueur sur 5 mm. de diamètre transversal. Le parasite a une taille ne dépassant guère un demi-millimètre ; il est fixé latéralement dans une petite fossette et difficilement visible au milieu des longs poils qui couvrent la plante.

Tous les tissus de la tige, situés aux environs du point où le Coccide est fixé, sont directement excités par les piqûres de son rostre : une hyperplasie considérable en résulte du côté du parasite, donnant lieu à des tissus gallaires qui se développent symétriquement par rapport à un plan déterminé par l'animal et la génératrice médiane de la région non déformée. Ce plan de symétrie contient l'axe de la tige (fig. 17).

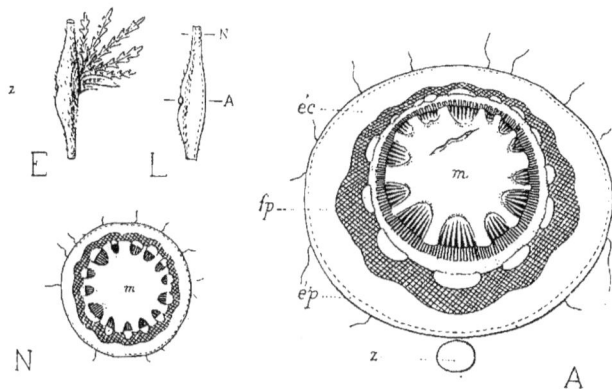

Fig. 14 (E). — Aspect de la galle de la tige de *Potentilla hirta* (gr. 1).
Fig. 15 (L). — Coupe longitudinale de la tige anormale (gr. 1).
Fig. 16 (N). — Coupe transversale schématique de la tige saine (gr. 15).
Fig. 17 (A). — Coupe transversale schématique de la tige parasitée (gr. 15).
   ép, épiderme ; *éc*, écorce ; *fp*, fibres péricycliques ; *m*, moelle ; *z*, Coccide.

Tout ce que nous avons dit précédemment sur la façon dont l'activité cellulaire se manifeste dans l'écorce, au voisinage du parasite, est encore visible ici. Les faisceaux libéro-ligneux de la région parasitée sont écartés les uns des autres et leur taille est considérablement

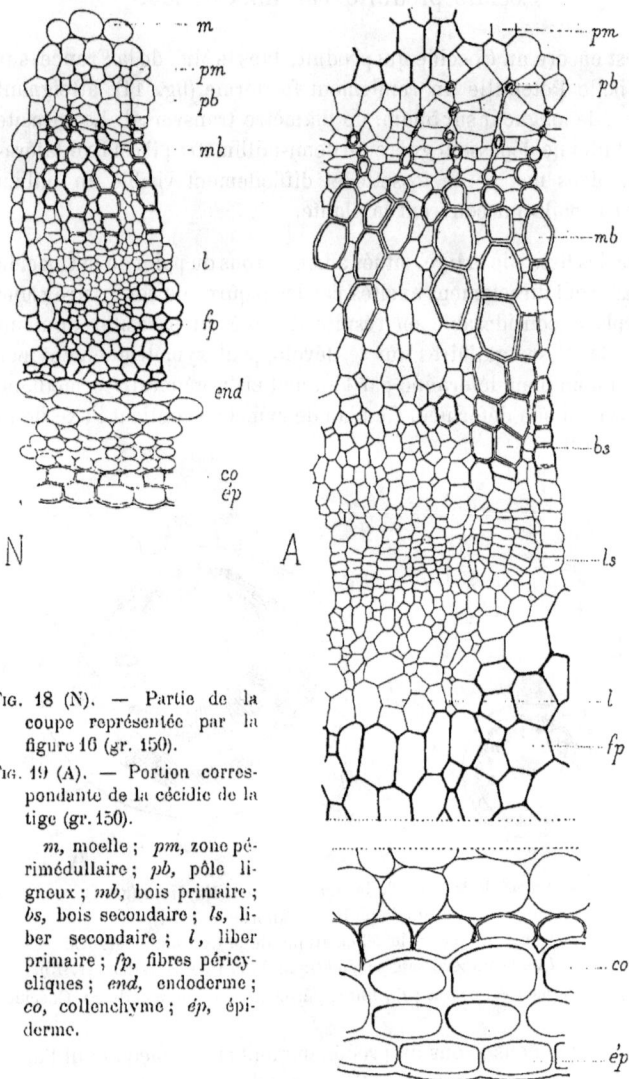

FIG. 18 (N). — Partie de la coupe représentée par la figure 16 (gr. 150).

FIG. 19 (A). — Portion correspondante de la cécidie de la tige (gr. 150).

m, moelle ; *pm*, zone périmédullaire ; *pb*, pôle ligneux ; *mb*, bois primaire ; *bs*, bois secondaire ; *ls*, liber secondaire ; *l*, liber primaire ; *fp*, fibres péricycliques ; *end*, endoderme ; *co*, collenchyme ; *ép*, épiderme.

augmentée. A l'intérieur des faisceaux, les cellules périmédullaires
pm (fig. 19) sont grandes et lignifiées ; la moelle elle-même est un
peu élargie et souvent présente de grandes fissures. A l'extérieur des
faisceaux, les fibres péricycliques *fp* ont des parois minces, mais leur
taille peut atteindre quatre ou cinq fois celle des cellules normales
(par exemple : 55 μ au lieu de 14 μ) ; elles sont le plus souvent
allongées radialement, peu lignifiées, et elles forment un anneau
dont l'épaisseur atteint trois ou quatre fois l'épaisseur normale au
voisinage du Coccide.

En dehors de ces fibres, les cellules endodermiques, aplaties
et très grandes (110 μ au lieu de 36 μ), se cloisonnent tangentiellement. Quant aux cellules plus internes de l'écorce, elles sont
hypertrophiées également, mais arrondies ; elles remplacent les
quelques rangées de petites cellules, à chloroleucites, peu serrées
les unes contre les autres, qu'on rencontre dans la tige normale.

Plus en dehors, les cellules de collenchyme *co* (fig. 19) forment
plusieurs assises et sont surmontées par les cellules épidermiques
ép, devenues très grandes et à parois cellulosiques, épaisses,
munies de nombreuses ponctuations. Vues de face, ces cellules
épidermiques anormales sont isodiamétriques (30 μ), irrégulièrement disposées et entremêlées de nombreux stomates (fig. 21),
au lieu d'être régulières et très allongées comme c'est le cas dans
la tige saine (fig. 20).

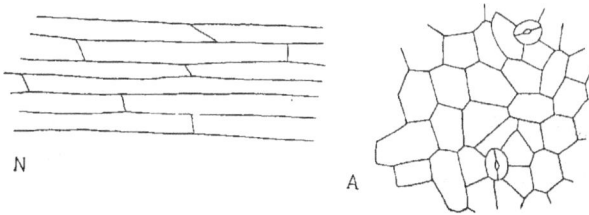

Fɪɢ. 20 (N). — Épiderme normal de la tige de *Potentilla hirta* (gr. 150).
Fɪɢ. 21 (A). — Épiderme anormal de la cécidie de la même plante (gr. 150).

La plus grande modification anatomique qu'entraîne la présence
de la larve réside donc dans les faisceaux libéro-ligneux. Un
faisceau anormal présente, en effet, des pôles ligneux *pb* (fig. 19)
dont les cellules rayonnantes sont beaucoup plus accentuées que

dans la tige normale ; les vaisseaux de bois primaire qui y font
suite sont écartés les uns des autres la multiplication et l'hypertrophie des cellules du parenchyme ; les vaisseaux du métaxylème
mb sont eux-mêmes beaucoup plus grands et à parois plus épaisses.
Enfin, alors que dans la tige normale les formations secondaires
débutent à peine (fig. 18), dans le faisceau hypertrophié elles
consistent surtout en longues files de bois secondaire (*bs*, fig. 19),
un peu irrégulier, à parois non lignifiées.

En résumé, sous l'action d'un Coccide, la tige du *Potentilla hirta*
présente les modifications suivantes :

1° *L'action cécidogène se faisant sentir dans la région voisine
du Coccide, il se forme une saillie latérale ayant un plan de
symétrie ;*

2° *Les tissus gallaires résultent surtout du grand développement que prennent les faisceaux libéro-ligneux : bois primaire
hypertrophié, bois secondaire non lignifié très abondant, anneau
péricyclique épaissi ;*

3° *L'épiderme et l'écorce sont considérablement hyperplasiés.*

Brachypodium silvaticum L.

Cécidie produite par un Diptère.

Cette nouvelle cécidie du *Brachypodium silvaticum*, très
commune dans le Parc du Château de Fontainebleau, apparaît sur
la tige dès le mois de juillet. Elle consiste, au-dessus d'un nœud,
en deux bourrelets enveloppés par la gaîne et qui font un peu saillie
au dehors (fig. 22) ; entre la gaîne et la tige, dans la petite
dépression ovalaire limitée aux deux extrémités de son grand axe,
c'est-à-dire en haut et en bas, par les deux bourrelets, se trouve
une larve de Diptère, de 4 mm. de long, placée verticalement
(fig. 23). Quelquefois deux larves vivent ensemble dans la même
déformation.

Le bourrelet supérieur a de 4 à 5 mm. de diamètre et l'inférieur
est un peu plus petit ; leur teinte est marron dès le début et va en
s'accentuant au fur et à mesure que la galle vieillit, jusqu'à devenir
presque noire en septembre. A ce moment, leur surface est bien

plus fortement striée que quand la galle était jeune et le bourrelet supérieur est presque sphérique (fig. 24).

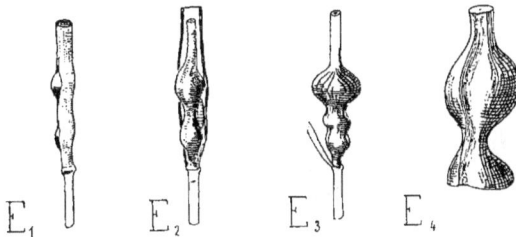

E₁   E₂   E₃   E₄

Fig. 22 (E₁). — Aspect de la diptérocécidie caulinaire du Brachypode (gr. 1).
Fig. 23 (E₂). — Même échantillon, la gaine étant en partie enlevée (gr. 1).
Fig. 24 (E₃). — Cécidie âgée, recueillie en septembre (gr. 1).
Fig. 25 (E₄). — Bourrelet supérieur d'une cécidie jeune montrant les fines rayures vertes qui continuent celles de la tige (gr. 3).

En somme, cette cécidie a l'aspect d'une selle minuscule et rappelle fort la *galle en selle* que le *Clinodiplosis equestris* WAGNER produit sur le chaume du *Triticum sativum* LAMK.

A l'endroit où la larve est en contact avec la tige, la surface est blanchâtre ; à l'opposé, suivant une génératrice verticale, la galle est presque plane et une dizaine de fines rayures vertes (fig. 25) continuent celles de la tige normale. Ceci permet de prévoir, comme dans les galles précédemment étudiées, que la portion de la tige la plus éloignée de la larve est peu hypertrophiée.

L'étude anatomique des sections pratiquées dans un entre-nœud normal et dans les différentes régions de la galle va confirmer cette prévision.

Structure de la tige normale . — La tige normale est cylindrique et son diamètre (pris en N, fig. 26) est de 1,2 mm. Elle possède deux cercles de faisceaux libéro-ligneux *flb* et *flb'* (fig. 27 et fig. 33). Les faisceaux du cercle externe *flb'* sont moins développés que les autres et plongés au milieu de fibres lignifiées *scl* ; entre les faisceaux et l'épiderme *ép*, dont les cellules sont également lignifiées, les fibres sont remplacées par des cellules de parenchyme *cl* renfermant de la chlorophylle : ce sont ces petites cellules recouvertes seulement par l'épiderme qui forment à l'extérieur les fines rayures vertes dont il a été parlé plus haut. En dedans de ce premier cercle de faisceaux se trouve un parenchyme p, formé de grandes cellules

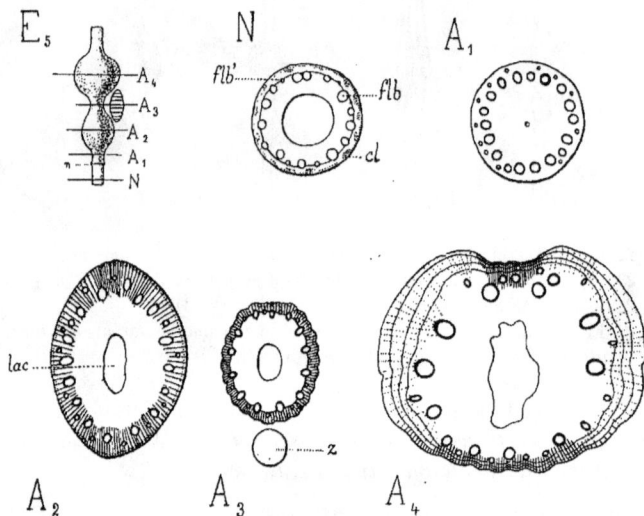

Fig. 26 (E_5). — Schéma de la cécidie caulinaire du Brachypode (gr. 2).

Fig. 27 (N). — Coupe transversale schématique de l'entre-nœud normal (gr. 15).

Fig. 28 (A_1). — Coupe transversale schématique de la tige anormale au-dessous du bourrelet inférieur (gr. 15).

Fig. 29 (A_2). — Schéma de la coupe transversale passant au milieu du bourrelet inférieur (gr. 15).

Fig. 30 (A_3). — Schéma de la coupe transversale de la tige au niveau de la larve (gr. 15).

Fig. 31 (A_4). — Schéma de la coupe transversale passant au milieu du bourrelet supérieur (gr. 15).

flb, flb', faisceau libéro-ligneux ; cl, tissu chlorophyllien ; lac, lacune ; n, nœud ; z, larve de diptère.

à parois non encore lignifiées ; sa partie centrale est résorbée et forme une grande lacune lac. Ce parenchyme renferme le deuxième cercle de faisceaux libéro-ligneux flb, beaucoup plus grands que les premiers. Chaque faisceau est entouré d'une gaîne continue de fibres f, à parois épaisses et lignifiées ; son liber est composé de larges tubes criblés mêlés à des cellules parenchymateuses plus petites.

Le bois (b, v, fb, fig. 33) comprend d'abord un gros vaisseau spiralé b, situé dans le plan de symétrie du faisceau et vers l'intérieur ; ce vaisseau b est entouré de parenchyme non lignifié, à petites cellules, et en contact avec un autre vaisseau ou bien avec une petite lacune du tissu parenchymateux. La partie la plus externe du bois comprend en outre, à droite et à gauche, deux gros vaisseaux ponctués v réunis entre eux par des vaisseaux réticulés fb, plus petits.

Structure de la galle. — Une coupe pratiquée en A_1 (fig. 26 et 28), un peu au-dessus du nœud n, mais au-dessous du bourrelet inférieur de la cécidie, se montre parfaitement circulaire et ne possède encore qu'une très minime lacune. Le parenchyme sclérifié, si abondant plus bas entre les faisceaux, a presque complètement disparu ; seules, les gaînes continues de fibres à parois épaisses se sont lignifiées autour des faisceaux.

Montons un peu plus haut. Au fur et à mesure que l'on s'approche de la partie la plus large du bourrelet inférieur, la section devient ovale (A_2, fig. 29) : la partie étroite conserve la structure normale ; la partie la plus large montre un épiderme contourné et irrégulier, des faisceaux libéro-ligneux étirés vers le centre dans lesquels les petits vaisseaux réticulés médians (fb, de la coupe normale) s'allongent et éloignent de plus en plus les pôles ligneux et libérien. En même temps, toutes les cellules du parenchyme compris entre les faisceaux augmentent de longueur dans une direction radiale, épaississent et lignifient leurs parois ; le parenchyme externe devient ainsi plus homogène et ne présente plus de cellules à chlorophylle. C'est cette région fortement lignifiée qui se trouve en contact avec l'extrémité inférieure de la larve.

En somme, un plan de symétrie, déterminé par la larve et par la génératrice opposée de la tige, commence à se dessiner dans la section médiane du bourrelet inférieur de la cécidie. Ce plan est bien visible dans la figure 29.

Etudions maintenant les coupes pratiquées plus haut. Au niveau même de la portion médiane du corps de la larve, en A_3 (fig. 26 et fig. 30), c'est-à-dire dans la partie la plus concave de la galle en forme de selle, la section transversale est presque circulaire ; pourtant le plan de symétrie défini précédemment est encore un peu reconnaissable. La lignification du parenchyme interfasciculaire est presque générale et s'étend depuis la lacune centrale jusqu'à l'épiderme fortement contourné.

La diminution du diamètre de la cécidie que l'on constate ici au niveau de la larve se présente fréquemment dans les productions pathologiques. Le plus souvent, en effet, les cellules qui sont en contact intime avec le parasite se sclérifient très vite et par suite ne peuvent plus croître. Au contraire, celles qui sont situées à quelque distance du parasite ne se sclérifient pas : elles peuvent s'hypertrophier d'abord, se cloisonner ensuite rapidement et donner naissance à ces bourrelets plus ou moins développés qui existent dans presque toutes les galles où le cécidozoaire est externe.

C'est ce qui se produit au-dessus et au-dessous de la larve pour la tige du *Brachypodium;* mais le bourrelet supérieur

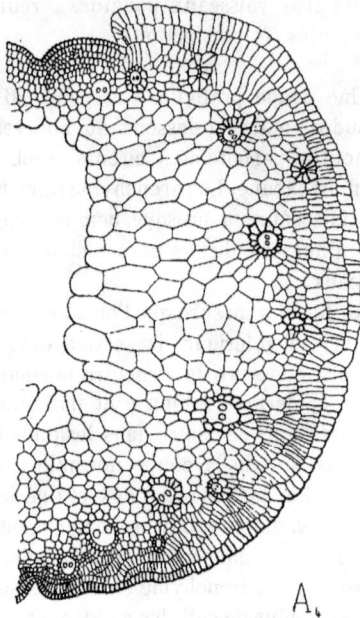

FIG. 32 (A₄). — Moitié de la coupe transversale passant au milieu du bourrelet supérieur de la cécidie caulinaire du Brachypode (gr. 40).

est beaucoup plus développé que l'autre. De plus, la forme de sa section transversale est bien différente (A₄, fig. 31) : la portion de la coupe en contact avec la larve possède sur une grande étendue tous ses éléments fortement lignifiés et peu développés ; à l'opposé (c'est-à-dire en haut de la fig. 31), se trouve une autre zone très étroite dont les éléments, tous sclérifiés, conservent la taille qu'ils ont dans la tige normale. Un plan de symétrie passant par le milieu de ces deux zones existe ici comme dans le bourrelet inférieur de la galle.

A droite et à gauche de ces deux régions lignifiées, les deux parties latérales de la section A_4 sont très hypertrophiées et font également saillie de chaque côté. Les faisceaux libéro-ligneux qu'elles contiennent sont seuls lignifiés et ont leurs contours irréguliers. La figure 32 représente au grossissement 40 la moitié de la coupe transversale pratiquée en A_4, située à droite du plan de symétrie ; l'anatomie plus complète des faisceaux est fournie à un grossissement supérieur par la figure 34.

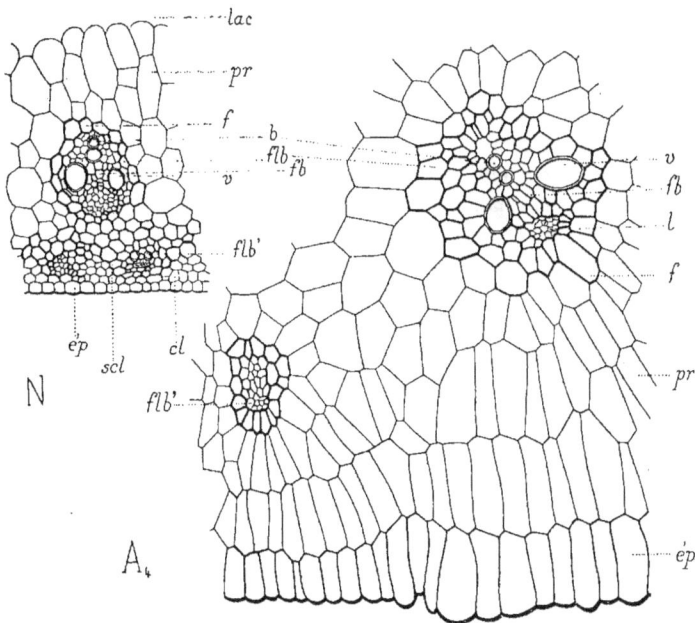

Fig. 33 (N). — Portion de la coupe transversale représentée par la figure 27 (gr. 150).

Fig. 34 (A_4). — Portion de la coupe transversale représentée par la figure 31 (gr. 150).

> *flb*, *flb'*, faisceaux libéro-ligneux internes et externes ; *v*, *fb*, *b*, bois ; *f*, fibres ; *pr*, parenchyme ; *cl*, tissu chlorophyllien ; *scl*, sclérenchyme ; *ep*, épiderme ; *lac*, lacune.

Si le contour d'un gros faisceau libéro-ligneux *flb* (fig. 34) appartenant au cercle interne est moins régulier que dans la tige normale, par contre son diamètre est double (210 μ au lieu de 90). Les vaisseaux ponctués *v* sont très grands et très allongés ; ils sont réunis par des vaisseaux réticulés *fb* étirés radialement. Tout le parenchyme entourant les vaisseaux spiralés *b* est lignifié. Le liber *l* est un peu plus réduit que dans le faisceau normal. Enfin les fibres *f* de la gaîne sont allongées et étalées en éventail.

Les petits faisceaux libéro-ligneux *flb'* du cercle externe ont une taille beaucoup supérieure à celle qu'ils avaient dans la tige saine ; ils sont lignifiés et les fibres de leur gaîne sont également allongées et étalées en éventail.

Sous l'action du parasite, toutes les cellules de l'épiderme *ép* et du parenchyme *pr* compris entre les faisceaux se sont allongées perpendiculairement à la paroi de la galle. Les cellules épidermiques atteignent six ou sept fois leur épaisseur normale (73 μ au lieu de 9 μ); leur largeur est deux ou trois fois plusgrande ; vues de face (fig. 36), elles se montrent plus courtes et plus homogènes que les cellules épidermiques normales, ces dernières comprenant de très longues cellules (fig. 35) qui alternent avec d'autres très courtes. La paroi externe des cellules anormales est mince et non lignifiée.

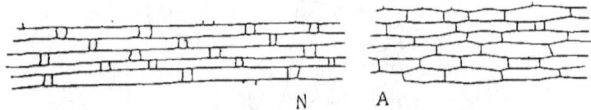

Fig. 35 (N). — Épiderme de la tige normale du Brachypode (gr. 150).
Fig. 36 (A). — Épiderme du bourrelet supérieur de la cécidie de la même plante (gr. 150).

La lignification ne s'est pas non plus effectuée dans les parois des cellules qui entourent les faisceaux et qui constituaient la couche sclér use (*scl*, fig. 33) de la tige normale ; les cellules à chlorophylle ont aussi disparu ; le parenchyme est devenu plus homogène et même plus régulier puisque ses cellules sont disposées à partir de l'épiderme en assises bien délimitées les unes des autres, comme le montre le dessin d'ensemble de la figure 32.

L'allongement radial si marqué de toutes les cellules de l'épiderme, du parenchyme, de la gaîne des faisceaux libéro-ligneux eux-mêmes est encore ici, comme précédemment, une conséquence de l'*action* cécidogène du parasite. De plus, comme précédemment encore, la petite région de la tige opposée à la larve ayant conservé sa structure normale joue le rôle de point d'appui : elle développe une *réaction* qui fait saillir latéralement les tissus hyperplasiés et repousse en avant, mais toujours dans le plan de symétrie, la portion moins altérée de la tige qui se trouve en contact direct avec la partie supérieure du corps de la larve.

En résumé, sous l'influence de la larve d'un Diptère, la tige du *Brachypodium silvaticum* subit les modifications suivantes :

1° *L'action cécidogène se fait sentir dans la région voisine de la larve et produit un double renflement en forme de selle présentant un plan de symétrie ;*

2° *Les faisceaux libéro-ligneux s'hypertrophient beaucoup ; les cellules épidermiques et celles du parenchyme interfasciculaire devenu homogène s'allongent énormément.*

Fraxinus excelsior L.

Cécidie produite par le *Perrisia fraxini* KIEFF.

Cette galle est l'une des plus communes parmi celles que l'on rencontre sur le Frêne élevé. Le plus souvent, c'est sur la nervure médiane d'une foliole qu'elle prend naissance et elle y constitue un renflement en forme de poche allongée s'ouvrant par une longue fente à la face supérieure. Rarement elle existe sur le pétiole. C'est un exemplaire de galle pétiolaire recueilli dans la forêt de Fontainebleau qui servira à cette étude (fig. 37, E).

Au printemps, la jeune larve de *Perrisia*, arrêtée à la face supérieure du pétiole entre les deux courtes ailes latérales, amène une hyperplasie considérable de ces deux ailes. La profondeur du sillon que ces deux ailes délimitent entre elles devient quatre ou cinq fois plus grande, de même que l'épaisseur de ces ailes passe de 0,16 mm. à 1,16 mm. Cette énorme hyperplasie oblige les deux ailes pétiolaires à se rapprocher et à s'imbriquer étroitement, mais sans se souder, sur une longueur un peu supérieure à celle de la larve, environ 10 à 12 mm. Une cavité larvaire close est ainsi constituée.

En coupe transversale (fig. 39), la nervure médiane du pétiole parasité se montre peu modifiée (comparer les fig. 38 et 39) ; son diamètre reste sensiblement constant et, tout au plus, l'anneau péricyclique *fp* est-il un peu plus épaissi dans la moitié opposée à la cavité larvaire qu'il ne l'est normalement : là, il possède en plus une ou deux rangées de grandes cellules à parois épaisses. La partie

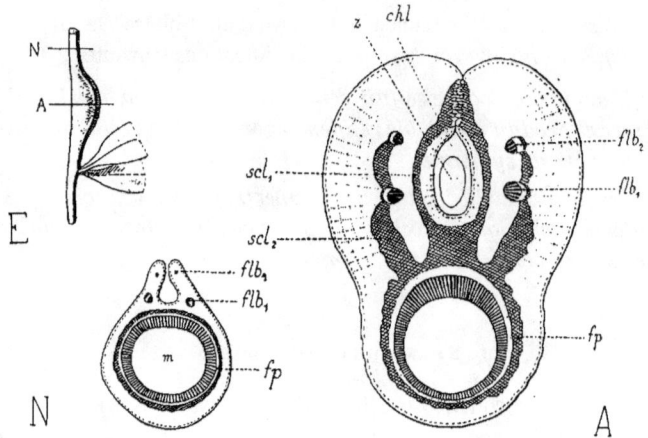

FIG. 37 (E). — Aspect de la cécidie du pétiole de Frêne (gr. 1).
FIG. 38 (N). — Coupe transversale schématique du pétiole sain (gr. 15).
FIG. 39 (A). — Coupe transversale schématique du pétiole parasité (gr. 15).

flb_1, flb_2, faisceaux libéro-ligneux des ailes ; fp, anneau fibreux péricyclique ; m, moelle ; scl_1, scl_2, bandes scléreuses ; chl, chambre larvaire ; z, larve.

ligneuse des faisceaux vasculaires comprend, comme dans la tige normale, des files de 4 ou 5 gros vaisseaux primaires et un pareil nombre d'éléments secondaires.

Il n'en est plus de même dans la région de la nervure médiane la plus proche de la larve : les vaisseaux du bois primaire sont très hypertrophiés et l'assise génératrice interne a produit dix à douze rangées de fibres ligneuses. En dehors de l'anneau vasculaire, les fibres péricycliques sont très agrandies (36 μ au lieu de 12 μ.) et fortement épaissies.

C'est dans les ailes pétiolaires que réside tout l'intérêt de la galle, et leur structure est profondément altérée par l'active multiplication cellulaire dont elles sont le siège.

Dans chaque *aile normale* (en N, fig. 38 et fig. 40), le système vasculaire est représenté par deux faisceaux libéro-ligneux, l'un

flb_1 assez gros, l'autre flb_2 plus petit, tous deux munis d'un arc de fibres péricycliques fp et d'un endoderme très net. Le parenchyme pa compris entre les faisceaux et l'épiderme supérieur $éps$ a encore un peu les caractères du tissu palissadique de la feuille ; celui qui est situé entre les faisceaux et l'épiderme inférieur $épi$ est nettement lacuneux (en la, fig. 40).

L'aspect d'une *aile hyperplasiée* du pétiole est toute différente (A, fig. 39). Du côté de la cavité larvaire *chl* se trouve une première bande scléreuse concave scl_1 peu épaisse du côté de la nervure médiane et reliée au cercle fibreux péricyclique fp ; cette bande scl_1 est de plus en plus développée au fur et à mesure qu'elle se rapproche de l'orifice de la cavité larvaire : là, les cellules scléreuses ont envahi le parenchyme jusqu'à l'épiderme ; les cellules épidermiques elles-mêmes sont lignifiées, fortement épaissies et munies de longs prolongements obtus cutinisés, sortes de poils courts, qui pénètrent les uns entre les autres et ferment l'orifice de la chambre gallaire.

Une deuxième bande scléreuse scl_2, beaucoup plus large que la première, occupe la partie centrale de l'aile du pétiole. Cette bande est aussi en relation par sa large base avec la zone fibreuse péricyclique de la nervure médiane ; à son autre extrémité elle vient se juxtaposer aux fibres péricycliques du gros et du petit faisceau de l'aile (en fp, fig. 41). Les éléments de cette large bande scléreuse sont de deux à quatre fois plus grands et plus épais que ceux de la bande scléreuse la plus rapprochée de la cavité larvaire ; ils peuvent atteindre 160 μ de longueur ; leurs parois sont épaisses de 8 μ et munies de nombreuses ponctuations rectilignes.

La présence de ces deux bandes scléreuses est très importante. En été, la galle se dessèche, les ailes hypertrophiées s'écartent l'une de l'autre et les larves du *Perrisia fraxini*, alors suffisamment développées, gagnent le sol pour s'y métamorphoser. La cause de cette sorte de déhiscence, qui rappelle celle d'un follicule, est facile à trouver dans la structure des deux bandes lignifiées scl_1 et scl_2 : les cellules de la large bande scl_2 ont des parois beaucoup plus épaisses que celles de la petite bande scl_1. Or on sait que « *en se desséchant, les cellules se contractent d'autant plus que leurs parois sont plus épaisses* ». (Cours de Botanique par MM. G. Bonnier et Leclerc du Sablon, p. 638 et fig. 1052). Les larges bandes scl_2

se contractent donc davantage dans les ailes pétiolaires que les
bandes étroites scl_1 et ces ailes ont tendance à se recourber vers

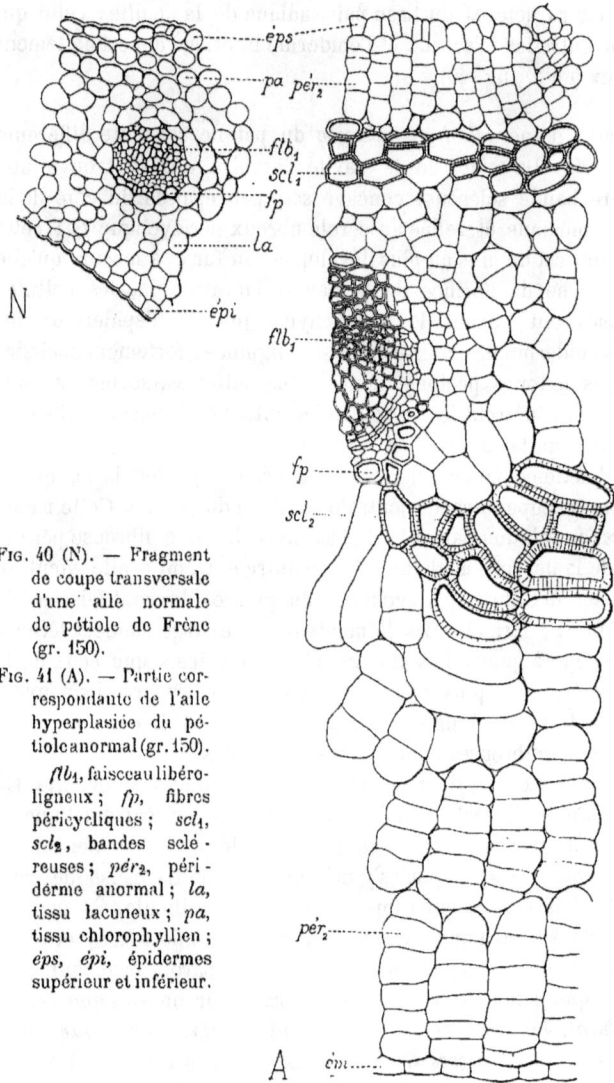

Fig. 40 (N). — Fragment
de coupe transversale
d'une aile normale
de pétiole de Frêne
(gr. 150).

Fig. 41 (A). — Partie correspondante de l'aile
hyperplasiée du pé-
tiole anormal (gr. 150).

flb_1, faisceau libéro-
ligneux ; fp, fibres
péricycliques ; scl_1,
scl_2, bandes sclé-
reuses ; $pér_2$, péri-
derme anormal ; la,
tissu lacuneux ; pa,
tissu chlorophyllien ;
$éps$, $épi$, épidermes
supérieur et inférieur.

l'extérieur. De plus, la dessication des tissus parenchymateux compris entre les deux bandes scléreuses ne peut qu'accentuer ce mouvement et tend à rapprocher les petites bandes scléreuses des autres, qui sont plus grosses et aussi plus résistantes.

En outre des deux bandes scléreuses scl_1 et scl_2, il y a encore dans l'aile pétiolaire hyperplasiée un abondant parenchyme non lignifié, formé de très nombreuses cellules. Le parenchyme compris entre la cavité larvaire et la bande scléreuse mince scl_1 est formé de petites cellules de 36 μ de diamètre, empilées en files perpendiculaires à l'épiderme. Chaque cellule sous-épidermique a produit, par un rapide cloisonnement, de quatre à six cellules à contenu protoplasmique abondant et à gros noyaux. L'aspect de ce tissu spécial rappelle un peu le tissu nourricier qu'on est habitué à rencontrer dans beaucoup de cécidies au voisinage du parasite. De plus, l'origine sous-épidermique de toutes les cellules de ces files parallèles permet de les assimiler aux cellules du périderme de la tige du Frêne qui, comme on le sait, s'établit dans l'assise corticale la plus externe. Mais ici, les différentes cellules d'une file qui dérivent de la même cellule sous-épidermique ne peuvent être distinguées en subéreuses et phellodermiques. Les cellules les plus internes sont en contact avec la bande scléreuse mince scl_1.

Dans la zone comprise entre la large bande scléreuse scl_2 et l'épiderme inférieur de l'aile du pétiole, les cellules lacuneuses du tissu normal ont fait place à des files cellulaires perpendiculaires à la surface de l'épiderme inférieur *épi* et semblables à celles que nous venons de voir plus haut. Elles dérivent encore du cloisonnement actif des cellules sous-épidermiques et peuvent être assimilées à du tissu péridermique. Les plus internes d'entre elles sont en contact avec les cellules de la grosse bande scléreuse. scl_2, car le cloisonnement se manifeste très profondément. Leur taille est supérieure de beaucoup à celle des cellules du périderme situées près de la cavité larvaire ; elles atteignent 90 μ de largeur ; leur protoplasme est peu abondant.

Enfin, dans la zone intermédiaire comprise entre les deux bandes scléreuses scl_1 et scl_2, le parenchyme contient encore des cellules cloisonnées jusqu'à cinq ou six fois, mais la présence des fibres et des faisceaux libéro-ligneux des ailes amène forcément une grande irrégularité dans leur disposition.

En résumé, l'hyperplasie des ailes pétiolaires est surtout localisée dans les deux zones parenchymateuses en contact avec l'épiderme inférieur et avec l'épiderme supérieur. Sous l'action cécidogène engendrée par la larve logée entre les deux ailes, les cellules sous-épidermiques se sont allongées dans une direction rayonnante par rapport au parasite, puis se sont cloisonnées perpendiculairement, produisant ainsi des files radiales de cellules. Vers la nervure médiane, l'action cécidogène s'est également fait sentir, mais elle est restée localisée aux faisceaux libéro-ligneux les plus proches. La nervure médiane, fortement protégée par son enveloppe fibreuse péricyclique, a donc presque tout entière fait fonction de point d'appui et développé une *réaction* qui a refoulé les tissus hyperplasiés, fait saillir latéralement la galle et éloigné de plus en plus le parasite. La larve et la génératrice non déformée de la nervure déterminent un plan qui est à la fois plan de symétrie pour la cécidie et pour le pétiole.

Remarque. — La galle du pétiole est en tout semblable comme aspect à celle que les larves du même *Perrisia* produisent sur la foliole ; ses dimensions en largeur et en épaisseur sont seulement plus faibles.

Il est, en effet, facile à comprendre que la nervure médiane de la foliole résiste plus difficilement à l'action du parasite et s'hyper-trophie beaucoup plus que celle du pétiole qui est plus grosse et protégée en outre par une forte gaîne péricyclique.

On retrouve dans la galle de la foliole deux grands arcs scléreux reliés au péricycle de la nervure médiane ; ces arcs fibreux occupent encore la même situation par rapport à la cavité larvaire et par rapport aux premiers faisceaux libéro-ligneux du limbe ; ils sont aussi de taille inégale. Le cloisonnement des cellules sous-épider-miques se produit comme précédemment et fournit des files cellu-laires rayonnant autour du parasite, plus accentuées et plus faciles à mettre en évidence par des coupes transversales que dans la galle du pétiole.

Il est encore intéressant de remarquer, au sujet de cette galle, que les phénomènes d'hyperplasie des tissus végétaux sous l'*action* du parasite et de *réaction* de la part de la plante se retrouvent aussi bien dans les feuilles que dans les pétioles et dans les tiges. Ces données sont, en effet, générales et s'appliquent également aux galles affectant les autres parties de la plante (racines, bourgeons, fleurs, fruits, etc...). Elles permettent toujours de se rendre compte de la forme que prend l'organe parasité et même de la prévoir quand on tient compte de la position du parasite par rapport au végétal et de l'état de différenciation plus ou moins avancé des tissus qu'il affecte.

En résumé, sous l'action du *Perrisia fraxini*, le pétiole du *Fraxinus excelsior* offre les modifications suivantes :

1° *L'action cécidogène se fait sentir principalement sur les ailes qui s'hyperplasient beaucoup et produisent un renflement latéral dont le plan de symétrie accentue celui du pétiole ;*

2° *L'hyperplasie des ailes résulte surtout d'un cloisonnement tangentiel répété des cellules sous-épidermiques ;*

3° *Dans chaque aile apparaissent deux bandes scléreuses dont la dessication favorise l'ouverture de la galle ;*

4° *L'anneau vasculaire de la nervure médiane est un peu hypertrophié du côté du parasite.*

Picea excelsa Lamk.

Cécidie produite par le *Chermes abietis* L.

La cécidie produite par cet Aphidien se rencontre sur la plupart des Épicéas (*Picea alba* Link, *P. nigra* L., *P. orientalis* L., *P. Morinda* Link), mais c'est sur le *Picea excelsa* Lamk. qu'elle est le plus fréquente.

Les insectes parfaits hivernent dans les bourgeons. Au printemps, ils déposent leurs œufs, enveloppés d'une matière laineuse, à la base des jeunes pousses et les petits *Chermes* qui sortent de ces œufs se fixent à l'aisselle des jeunes feuilles. L'influence de leur succion se fait immédiatement sentir : les aiguilles s'arrêtent dans leur développement et n'atteignent pas leur longueur normale ; leurs bases s'hypertrophient fortement, s'épaississent et s'élargissent ainsi que la région correspondante de la tige. Puis les feuilles se soudent par leurs bords en enveloppant les petits pucerons dans des cavités qui restent en relation avec le dehors par de longues fentes transversales arquées, garnies de lèvres saillantes, serrées, teintées de rouge.

L'ensemble de la déformation atteint de 20 à 40 mm. de long et produit toujours une cécidie unilatérale, verte, en forme d'ananas, fixée à la base de la jeune pousse (fig. 42).

En août ou en septembre, la dessication de la galle se produit et amène la séparation des aiguilles hypertrophiées ; les insectes sortent à l'état de nymphes et la plupart d'entre eux (1) se fixent aux feuilles voisines pour se métamorphoser, devenir insectes parfaits, gagner les bourgeons de l'arbre et y passer l'hiver.

Le cycle évolutif si curieux de ce parasite étant rappelé, d'après les recherches d'ECKSTEIN et surtout de CHOLODKOWSKY, examinons successivement :

Fig. 42. — Cécidie du *Chermes abietis.*

1° L'action de l'animal cécidogène sur la tige et la feuille pendant la première année ;

2° L'influence de la déformation sur la croissance ultérieure du rameau et sur la ramification.

1° Action du *Chermes abietis* sur la tige et la feuille ; anatomie de la galle.

Les aiguilles du jeune rameau étant les organes les plus attaqués par les *Chermes* et les plus hypertrophiés, je commencerai par leur étude pour faire ensuite celle de la tige déformée et de là passer directement à l'étude de la ramification.

Étude de la déformation de la feuille. — Les aiguilles normales du *Picea excelsa* sont tétragones et reposent sur de gros coussinets ; leur surface est à peu près lisse et leurs stomates sont répartis sur les deux faces en files constituant deux groupes symétriques. Sur

_____

(1) Les autres vont, en effet, se poser sur les aiguilles du Mélèze et leurs descendants y produisent une déformation au printemps suivant.

un très jeune rameau de l'année, les feuilles ont 16 mm. de longueur en moyenne ; en section transversale (N, fig. 44) leur largeur est environ moitié de leur épaisseur (largeur $\lambda = 0,7$ mm. ; épaisseur $\varepsilon = 1,5$ mm.).

Aussitôt que les petits *Chermes* se fixent à l'aisselle d'une jeune feuille, on remarque que la base se renfle pendant que l'extrémité, ne s'accroissant plus, s'incline un peu, jaunit et se recouvre de courtes papilles. En même temps, la section de la feuille se modifie.

Une coupe transversale faite vers l'extrémité supérieure (en A_1, fig. 43 et fig. 45) présente encore une section tétragone, mais la largeur est devenue sensiblement égale à l'épaisseur ($\lambda = 0,9$ mm. ; $\varepsilon = 0,8$ mm.) et les contours moins nets n'offrent plus que quelques stomates (Comparer les figures d'ensemble 44 et 45).

L'épiderme *ép* (en A_1, fig. 50) conserve les dimensions qu'il avait dans la feuille normale, mais ses parois sont plus épaissies (comparer les figures 49 et 50) ; il est en contact avec un hypoderme *hyp* très irrégulier comme taille, ne présentant des cellules lignifiées que de place en place. Dans l'angle de la section, le canal sécréteur *cs* a une lumière beaucoup plus petite que celle du canal sain ; ses cellules sécrétrices sont plus grosses, isodiamétriques et presque toutes cloisonnées ; les cellules de la gaîne sont également plus ramassées et souvent aussi divisées. Plus au centre, le parenchyme cortical est indifférencié et peu riche en chloroleucites.

La nervure centrale conserve un diamètre sensiblement égal à celui qu'elle a dans la feuille normale ; son endoderme *end* constitue un anneau irrégulier de cellules de tailles variées, plus grandes en général que les cellules endodermiques normales et non munies d'un cadre d'épaississement. Au centre, le faisceau libéro-ligneux est réduit et ne comporte plus, dans chaque moitié, que 4 à 6 vaisseaux de bois *b* au lieu de 16 à 18 ; la réduction porte également sur le liber *l*, sur l'aile à gros noyaux *al* et sur l'aile vasculaire *ar* dont les éléments sont plus grands, pourvus de noyaux plus gros ou de ponctuations aréolées plus nombreuses.

La modification dans la structure anatomique de la feuille, déjà très notable dans la pointe par suite de l'arrêt de la croissance, s'accentue au fur et à mesure qu'on se rapproche de la base hyperplasiée. L'épaisseur et la largeur mesurées sur les coupes transversales restent égales entre elles comme en A_1 et peuvent atteindre 1,5 mm. en A_2 (fig. 43), 2,4 mm. en A_3. En même temps, ainsi que le montre le dessin d'ensemble de la coupe A_3 (fig. 47), le

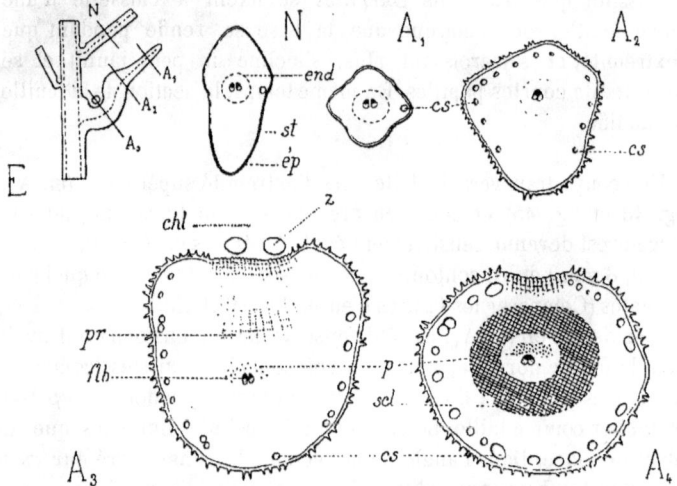

Fig. 43 (E). — Coupe longitudinale schématique d'un rameau anormal d'Épicéa (gr. 1).

Fig. 44 (N). — Schéma de la coupe transversale d'une feuille normale (gr. 15).

Fig. 45 (A_1). — Feuille anormale : schéma de la coupe transversale pratiquée près de la pointe (gr. 15).

Fig. 46 (A_2). — Feuille anormale : schéma de la coupe transversale pratiquée vers le milieu (gr. 15).

Fig. 47 (A_3). — Feuille anormale : schéma de la coupe transversale pratiquée au niveau des parasites (gr. 15).

Fig. 48 (A_4). — Schéma de la coupe transversale d'une feuille anormale âgée (gr. 15).

flb, faisceau libéro-ligneux ; *p*, fibres ; *scl*, sclérenchyme ; *pr*, parenchyme cloisonné ; *cs*, canal sécréteur et cellules secrétrices ; *end*, endoderme ; *ép*, épiderme ; *st*, stomate ; *chl*, chambre larvaire ; *z*, Chermès.

contour de la section se modifie au niveau de la cavité larvaire : il est fortement concave en haut et assez régulièrement convexe à la partie inférieure.

A partir du niveau A_2, la plus grande partie des tissus gallaires est constituée par le parenchyme cortical hypertrophié *pr* dont les cellules n'ont plus de parois sinueuses. Les cellules de ce paren-

chyme, situées un peu au-dessus du faisceau libéro-ligneux,
s'allongent souvent dans une direction rayonnante par rapport à la
cavité larvaire et prennent une ou deux cloisons transversales ; ces
cellules sont bourrées de grains d'amidon. Noyé au milieu de ce

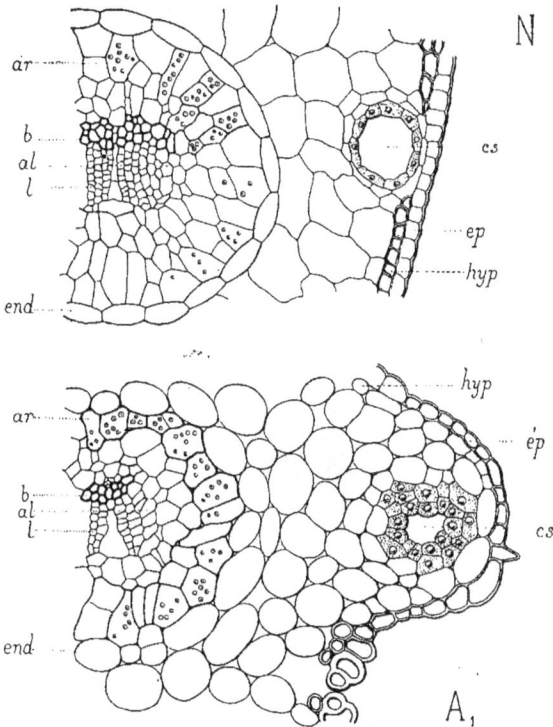

Fig. 49 (N). — Partie de la coupe transversale représentée par la figure 44
(gr. 150).

Fig. 50 (A₁). — Partie de la coupe transversale représentée par la figure 45
(gr. 150).

b, bois ; l, liber ; ar, tissu aréolé ; al, aile à gros noyaux ; end, endoderme ; cs, canal sécréteur ; hyp, hypoderme ; ép, épiderme.

parenchyme se trouve le faisceau libéro-ligneux flb (en A₃, fig. 47)
dont la taille n'a pas varié. Il est entouré de quelques cellules
polyédriques p, de 36 μ. de diamètre en moyenne, à parois peu

épaisses, non lignifiées, munies de nombreuses ponctuations réticulées irrégulières : ces cellules correspondent aux fibres normales. Le tissu aréolé a disparu et l'endoderme n'est plus reconnaissable.

C'est au bord de la feuille que la modification des tissus est la plus grande, car elle porte sur l'épiderme et l'appareil sécréteur.

L'*épiderme*, tout autour du limbe, s'étire en longues papilles, de 50 à 75 μ, souvent cloisonnées, à parois épaisses et lignifiées *ép* (en A_3, fig. 51). Au bord des lèvres de la cavité larvaire ces papilles deviennent si grandes qu'elles constituent de véritables poils à parois

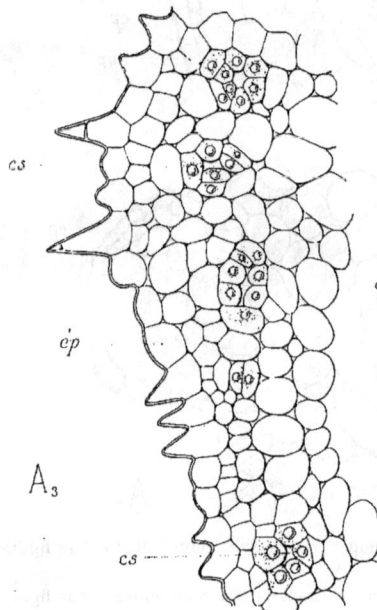

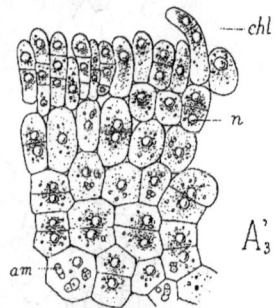

Fig. 51 (A_3). — Partie latérale de la coupe transversale représentée par la figure 47 (gr. 150).

Fig. 52 (A'_3). — Partie supérieure de la même coupe (gr. 150).

ép, épiderme ; *cs*, cellules sécrétrice ; *n*, noyau ; *am*, amyloleucite ; *chl*, chambre larvaire.

minces, cylindriques, de 350 μ de longueur parfois ; le contenu de ces poils est le plus souvent coloré en rose. Vu de face, l'épiderme anormal se montre formé par des cellules irrégulières (en A, fig. 54), peu allongées, à parois épaisses, mais dont les sinuosités sont courtes ; les stomates ont disparu. Au contraire, comme le représente la figure 53 (en N), les stomates du tissu normal sont régulièrement espacés et reliés entre eux par de longues cellules à parois minces et fortement sinueuses.

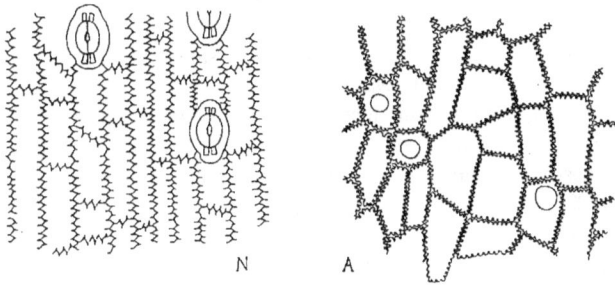

FIG. 53 (N). — Épiderme de la feuille normale de l'Épicéa (gr. 150).
FIG. 54 (A). — Épiderme de la feuille anormale du même arbre (gr. 150).

Au bord de la cavité larvaire (en A'_3, fig. 52), les cellules épidermiques et sous-épidermiques, particulièrement influencées par la succion des larves de *Chermes*, sont allongées vers cette cavité, serrées les unes contre les autres et cloisonnées tangentiellement plusieurs fois. Leurs noyaux n sont volumineux, leur protoplasme très abondant et elles conservent des parois cellulosiques minces.

Le *canal sécréteur* de la feuille normale est situé au niveau du faisceau et au bord du limbe dans la portion la plus large de la section (*cs*, en N, fig. 49). Il n'existe plus dans la base hypertrophiée de l'aiguille et est remplacé par un véritable tissu sécréteur qui entoure le parenchyme. On trouve, en effet, autour de la section, un grand nombre de cellules fortement gonflées par la résine qu'elles contiennent et munies d'un gros noyau (*cs*, A_3, fig. 51); ces cellules sécrétrices sont cloisonnées le plus souvent et groupées en amas assez irréguliers autour d'un petit canal rempli de résine : elles constituent ainsi, de place en place, des canaux sécréteurs. Il va sans dire que ces canaux se formant dans des tissus pathologiques n'affectent pas toujours la régularité du canal sécréteur normal de la feuille : en particulier, les cellules de la gaine manquent souvent et, quand elles existent, elles ne sont pas très nettement différenciées.

L'apparition de ce tissu sécréteur dans le parenchyme hypertrophié de la feuille est sans contredit la plus grande et la plus

curieuse modification qui se produise ici ; elle prouve avec quelle
intensité les parasites agissent sur les tissus de leur hôte, car on
sait que le tissu sécréteur est rebelle, en général, aux modifications
provoquées par les agents extérieurs.

Vers la fin de l'année, la section transversale de l'aiguille hypertrophiée est encore intéressante (A$_4$, fig. 48) : les papilles de ses
cellules épidermiques ont fortement cutinisé leurs épaisses membranes ; les canaux sécréteurs cs sont devenus irréguliers,
quelques-uns même sont énormes et présentent des sections de
250 à 300 μ, visibles à l'œil nu. Un parenchyme scléreux scl, à
parois minces, forme un anneau très épais, un peu plus développé
du côté de la cavité larvaire. Les dimensions du faisceau libéro-
ligneux sont restées les mêmes ; les fibres p, signalées plus haut,
ont épaissi et lignifié leurs parois.

Étude de la déformation de la tige. — Le jeune rameau parasité
a été récolté le 25 mai. Il est facile de se rendre compte des modifications apportées à sa structure en comparant une section pratiquée
au travers de la région hyperplasiée à une autre section transversale faite, au même niveau, dans un rameau normal de même âge.
La tige déformée (en A$_5$, fig. 58) est deux fois plus large que la tige
saine (en N$_3$, fig. 57) ; ses ailes corticales sont beaucoup plus développées et le diamètre de son cylindre central est environ trois fois
supérieur au diamètre normal (1,8 mm. au lieu de 0,6).

La région de la tige opposée à l'endroit où les *Chermes* se sont
fixés s'hyperplasie peu : les faisceaux libéro-ligneux qu'elle contient
sont légèrement grossis et l'écorce est épaissie par suite de l'allongement radial des cellules corticales externes.

Au contraire, du côté parasité, la tige subit dans toutes ses parties
une hyperplasie considérable que montrent bien les figures
d'ensemble 57 et 58, dessinées au même grossissement. Le détail
des coupes est donné par les figures 59 et 60. Le dessin de A$_5$ (fig.
60), à cause de ses grandes dimensions, a été interrompu par places
et indique seulement les régions les plus intéressantes depuis la
moelle m jusqu'à la chambre larvaire chl.

Les faisceaux libéro-ligneux flb (en A$_5$, fig. 60) de la tige et les
faisceaux foliaires flb' sont tous beaucoup plus développés que les
faisceaux normaux : leurs vaisseaux ont un diamètre presque double

du diamètre normal (29 μ au lieu de 17 μ) et des parois plus épaisses;
leur liber secondaire comprend 15 à 20 assises de cellules compri-

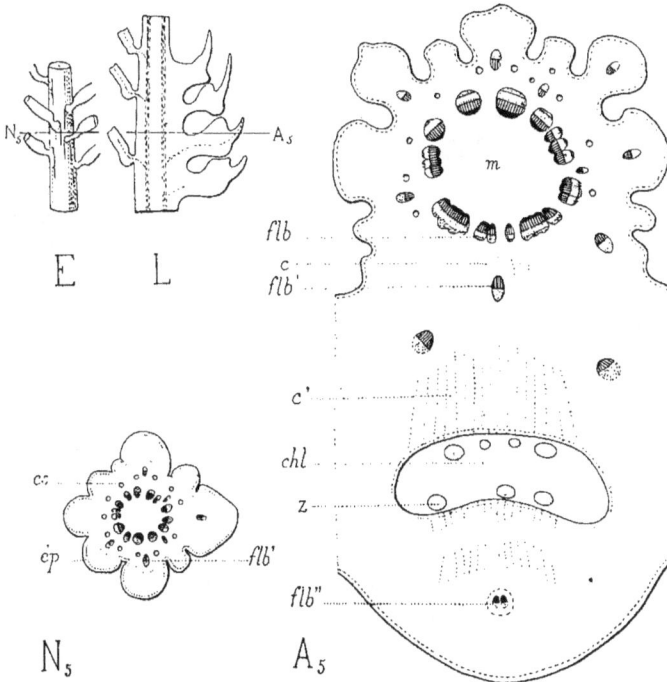

FIG. 55 (E). — Vue extérieure d'un jeune rameau normal d'Épicéa (gr. 5).
FIG. 56 (L). — Coupe longitudinale schématique d'un rameau anormal (gr. 5).
FIG. 57 (N₅). — Schéma de la coupe transversale de la tige normale (gr. 15).
FIG. 58 (A₅). — Schéma de la coupe transversale de la cécidie (gr. 15).

    flb, flb', flb'', faisceaux libéro-ligneux ; *cs*, canal sécréteur ; *cp*, épiderme ; *m*, moelle ; *c, c'*, tissus en voie de cloisonnement ; *chl*, cavité larvaire ; *z*, Chermès.

mées radialement les unes contre les autres, au lieu d'une dizaine.
Vers l'extérieur, les cellules péricycliques *p*, très irrégulières mais
très développées, sont suivies par d'autres cellules *cs'*, à parois
épaisses, à contours sinueux, situées dans la zone habituellement
occupée par les canaux sécréteurs de la tige (*cs*, en N₅, fig. 59) et
dont on ne retrouve que des vestiges.

Le faisceau foliaire *flb'* (fig. 60) est à une distance de la moelle deux ou trois fois plus grande que dans la tige normale, car il est repoussé vers l'extérieur par des cellules *c* allongées radialement et cloisonnées tangentiellement plusieurs fois ; le cloisonnement de toutes les cellules qui entourent le faisceau est du reste assez actif.

Au fur et à mesure qu'on se rapproche de la cavité larvaire *chl*, une grande hypertrophie des cellules corticales se manifeste ; celles-ci s'allongent dans une direction centrifuge, atteignent parfois 250 µ de longueur, et prennent jusqu'à quatre ou cinq cloisons tangentielles (comme au-dessous de *c'*) ; elles ont une paroi épaisse, bien distincte, cellulosique, et elles sont bourrées de gros amyloleucites.

Les cellules hypodermiques *hyp* se comportent comme les autres cellules corticales : au lieu d'être isodiamétriques et de

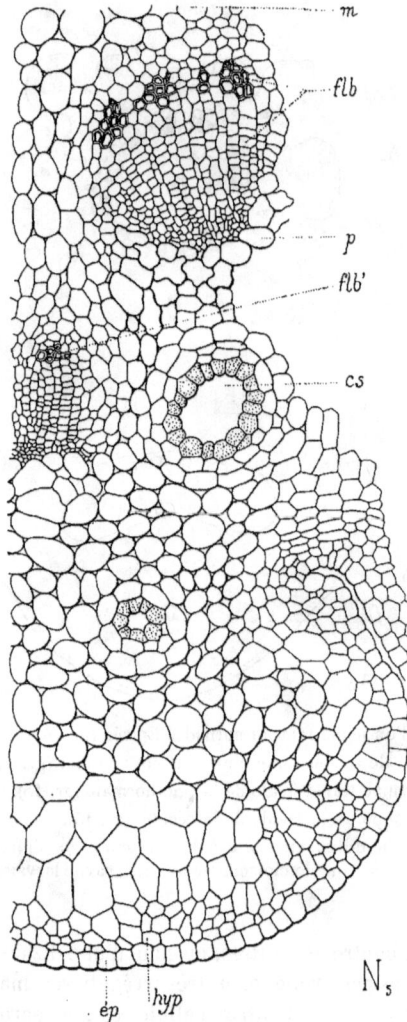

FIG. 59 (N5). — Partie de la coupe transversale représentée par la figure 57 : *flb*, *flb'*, faisceaux libéro-ligneux ; *cs*, canal sécréteur ; *ép*, épiderme ; *hyp*, hypoderme ; *m*, moelle (gr. 150).

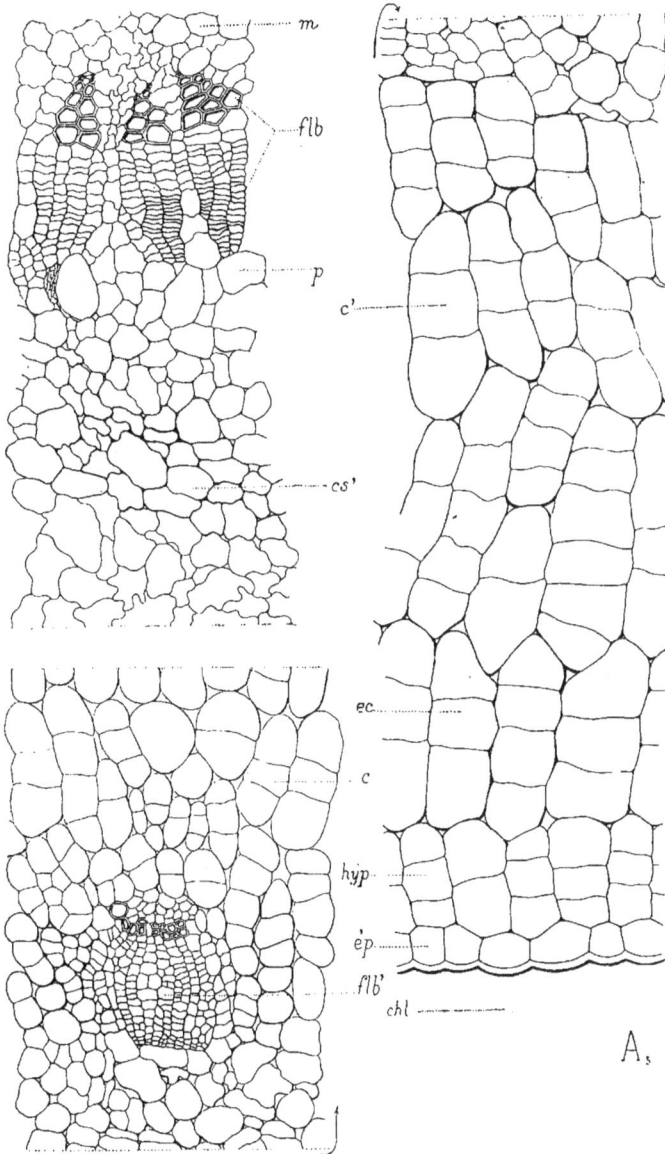

FIG. 60 (A₈). — Partie de la coupe transversale représentée par la figure 58 (gr. 150).

n'avoir que 12 µ de diamètre en moyenne, elles sont allongées (110 µ) et cloisonnées transversalement une ou deux fois. L'action cécidogène a donc pour effet de faire apparaître un peu de périderme dans la partie la plus hyperplasiée de la tige.

Les cellules de l'épiderme *ép* sont très agrandies dans tous les sens (50 µ au lieu de 17) et fortement bombées vers la cavité larvaire ; leurs parois sont épaissies. Comme les cellules des assises précédentes, elles contiennent un abondant protoplasme et de gros noyaux hypertrophiés.

A droite et à gauche des cavités occupées par les *Chermes*, les tissus hyperplasiés de la région corticale de la tige se fusionnent avec ceux de la base de la feuille et il n'est plus possible de distinguer ce qui appartient à la tige ou à la feuille.

En résumé, ici, comme dans les autres cécidies étudiées précédemment, l'*action cécidogène* des *Chermes* s'est traduite, tant dans la tige que dans la feuille à l'aisselle de laquelle ils sont fixés, par un allongement très accentué (surtout dans la tige) des cellules corticales dans une direction rayonnante par rapport aux parasites et par l'apparition de cloisons perpendiculaires à cette direction. De plus, la présence d'une région non déformée de la tige a développé une *réaction végétale* qui a refoulé les tissus hyperplasiés vers l'extérieur et fait naître un plan de symétrie. Ce plan passe par l'axe de la tige et le milieu de la chambre larvaire.

2° Influence de la galle sur la croissance ultérieure du rameau et sur la ramification.

Première année. — Déjà, dès la première année, la galle modifie fortement la structure du rameau dont elle occupe et altère la partie basilaire. Ce rameau reste court et sa section, pratiquée au-dessus de la cécidie, est toujours plus petite qu'une section faite à travers un rameau normal du même âge ; son cylindre central, de diamètre également réduit, contient des faisceaux libéro-ligneux moins développés, des canaux sécréteurs moins réguliers, mais, par contre, des cellules péricycliques plus grandes.

Deuxième année. — Souvent, au printemps de la deuxième année, le petit rameau ne se développe plus : il a séché à l'automne en même temps que la cécidie et a pris une teinte marron ; ses feuilles sont desséchées ou tombées.

Si le rameau ne meurt pas, il donne alors une nouvelle pousse pendant que la cécidie de l'année précédente et les aiguilles qu'elle porte continuent à se dessécher.

Une section transversale de la galle et de la tige faite à ce moment (en A_6, fig. 61) présente un bord encore cellulosique percé de grands trous irréguliers *cs*, qui sont d'anciens canaux sécréteurs; à l'intérieur de la coupe, tous les tissus entourant les faisceaux libéro-ligneux *flb'* et la cavité larvaire ont complètement sclérifié leurs cellules dès l'automne précédent. La tige, elle, est entourée par un anneau subéreux comprenant deux parties : une *région interne lgc* formée de liège cicatriciel qui sépare la tige des tissus desséchés de la galle et une *région externe lgt*, de structure normale, qui isole les coussinets foliaires, maintenant lignifiés.

Le cylindre central possède, dans cette tige âgée d'un an et demi, un anneau continu de gros faisceaux libéro-ligneux *flb* ; les faisceaux situés du côté de la galle sont un peu plus développés que les autres et riches en vaisseaux à parois épaissies.

Années suivantes. — La taille plus considérable que prennent les faisceaux situés du côté de la galle va s'accentuer de plus en plus, durant quelques années. Il faut, en effet, remarquer que, même pendant la deuxième et la troisième année, la cécidie fait toujours corps avec le rameau ; bien que desséchée, elle provoque encore du côté où elle est fixée un fonctionnement très actif de l'assise génératrice interne qui produit des couches ligneuses beaucoup plus épaisses que dans l'autre moitié de la tige ; ces couches annuelles sont presque exclusivement composées de fibres, ce qui rend leur délimitation assez difficile.

Une telle section, pratiquée au travers d'une tige de cinq ans et demi et représentée schématiquement en A_7 (fig. 65), est très instructive à cet égard : on y voit fort bien encore le plan de symétrie qui s'était dessiné dès la première année, quand la galle était fraîche, et qui n'a fait que s'accentuer depuis. La zone d'insertion de la galle se distingue facilement par son irrégularité, car toute la région opposée offre un contour régulier, presque circulaire, limité par une couche de liège *lgt*.

La figure 62 (en E) représente l'aspect extérieur de la galle encore

soudée au rameau âgé de cinq ans et demi dont on vient de voir la
structure ; la figure 63 (F) montre la petite surface *lgc* suivant laquelle
la galle était fixée au rameau par sa partie inférieure : c'est au
niveau de cette couche cicatricielle que la coupe A$_7$ (fig. 65) a été
pratiquée. Enfin la figure 64 (G) représente la galle vue à l'intérieur.

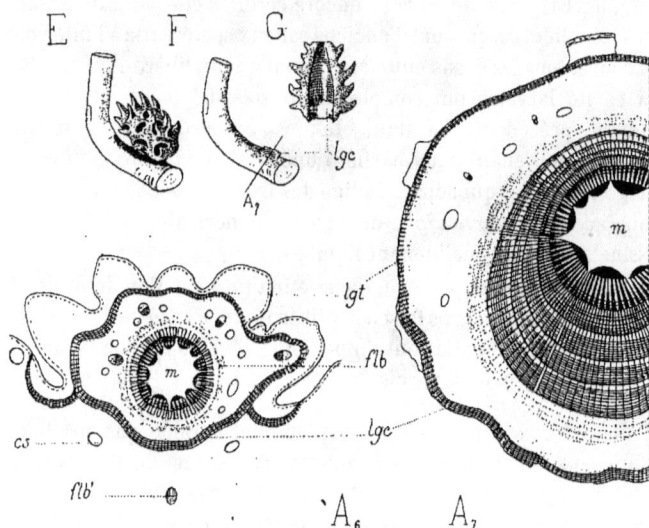

Fig. 61 (A$_6$). — Coupe transversale schématique d'un rameau d'Épicéa indiquant
les relations qui existent entre la tige et la cécidie pendant la seconde
année (gr. 15).

Fig. 62 (E). — Cécidie desséchée encore fixée au rameau âgé de cinq ans et
demi (gr. 0,5).

Fig. 63 (F). — Rameau débarrassé de la cécidie (gr. 0,5).

Fig. 64 (G). — Cécidie desséchée montrant la petite surface *lgc* par laquelle
elle était encore fixée au rameau (gr. 0,5).

Fig. 65 (A$_7$). — Coupe transversale schématique du rameau âgé de cinq ans et
demi (gr. 15).

flb, *flb'*, faisceaux libéro-ligneux ; *cs*, canal sécréteur ; '*lgt*, liège de la
tige ; *lgc*, liège cicatriciel.

Pendant les années suivantes (septième, huitième et neuvième
années, par exemple), quand la galle est tombée, la section du
rameau redevient presque circulaire (avec un diamètre de 7 à 9 mm.)
et les couches annuelles reprennent peu à peu leur régularité.

Cependant les choses ne se passent pas ainsi dans la plupart des cas. On remarque, en effet, que le rameau est, dès la fin de la première année, quand la galle se dessèche, incurvé du côté de la cécidie qu'il enserre de plus en plus (fig. 42). Les années suivantes, si on enlève la galle sèche, on voit alors dans la partie concave du

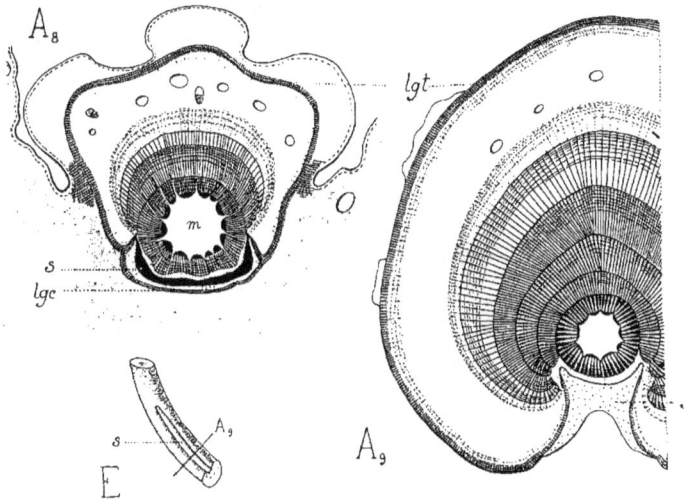

Fig. 66 (E). — Rameau d'Épicéa âgé de cinq ans et demi et débarrassé de la cécidie (gr. 0,5).

Fig. 67 (A8). — Coupe transversale schématique indiquant les relations qui existent entre la tige et la cécidie pendant la troisième année (gr. 15).

Fig. 68 (A9). — Coupe transversale schématique du rameau âgé de cinq ans et demi (gr. 15).

m, moelle ; s, sillon ; lgt, liège de la tige ; lgc, liège cicatriciel.

rameau un large sillon longitudinal s (en E, fig. 66), de 20 à 30 mm. de largeur, présentant en son milieu un petit bourrelet allongé recouvert de résine.

Il arrive souvent, en effet, qu'à la fin de la première année une dessication brusque de la galle a lieu. Cette dessication détermine une rupture transversale entre l'anneau vasculaire qui est très résistant et le tissu gallaire qui l'est moins ; cette rupture ayant détruit l'assise génératrice interne empêche, du côté de la galle, toute nouvelle production de tissus secondaires les années suivantes :

d'où l'apparition du sillon longitudinal s. L'activité de l'assise
génératrice se manifeste alors vers l'extérieur, sur la face opposée
de la tige, et produit d'épaisses assises de bois secondaire qui
provoquent la courbure du rameau vers la galle.

La figure 67 (A_8) représente une tige de deux ans et demi où le
phénomène se manifeste déjà depuis plus d'une année. L'autre dessin
(A_9, fig. 68) donne l'aspect d'une tige pareillement déformée, mais
plus âgée de trois ans : comme dans la figure précédente, on y voit

R₁   R₂

Fig. 69 (R_1). — Rameau normal d'Épicéa âgé de deux ans et demi (gr. 0,5).
Fig. 70 (R_2). — Rameau anormal de même âge, déformé par une cécidie située
    à la base (gr. 0,5).

les couches annuelles de bois secondaire, très épaisses vers
l'extérieur dans le plan médian, aller en s'atténuant à leurs deux

extrémités proches du sillon *s* ; ces couches empiètent chaque année sur le sillon et finissent même par le combler. Le rétablissement d'un anneau ligneux continu est alors opéré.

Modifications dans la ramification. — Sous l'influence des cécidies du *Chermes abietis*, les rameaux peuvent se raccourcir, changer leur orientation ou disparaître.

a) Raccourcissement. — Par suite de la présence d'une ou plusieurs galles, les rameaux restent en général très courts. Les figures 69, 70 et 71 représentent un rameau normal (R_1), âgé de deux ans et demi, et deux rameaux du même âge portant l'un (R_2) une seule galle, l'autre (R_3) deux cécidies. R_3 est complètement déformé par la présence des galles ; il est très raccourci et n'atteint que la moitié de la taille du rameau normal R_1 (90 mm. au lieu de 210).

R_3

Fig. 71. (R_3). — Rameau anormal de même âge que les précédents, mais dont la croissance a été arrêtée par suite de la présence de deux cécidies (gr. 0,5).

b) Désorientation. — Nous avons vu plus haut que la présence de la galle à la base du rameau le courbe le plus souvent. Si une telle influence se fait sentir pendant plusieurs années, le rameau peut changer complètement son orientation et se diriger vers le tronc du *Picea* au lieu de s'étaler au dehors : tel est le cas représenté par la figure 72 (p. 187), en R_1. Souvent, en se courbant ainsi, les rameaux attaqués quittent le plan horizontal déterminé par les autres rameaux restés sains et donnent aux branches un aspect buissonneux.

c) Disparition. — Enfin, une ramification très irrégulière résulte souvent de ce que les petits rameaux latéraux d'un an ou de deux ans, attaqués fortement, peuvent se dessécher et disparaître. C'est ce qui est arrivé au rameau R_3 (fig. 73, p. 187) qui ne s'est développé que d'un côté.

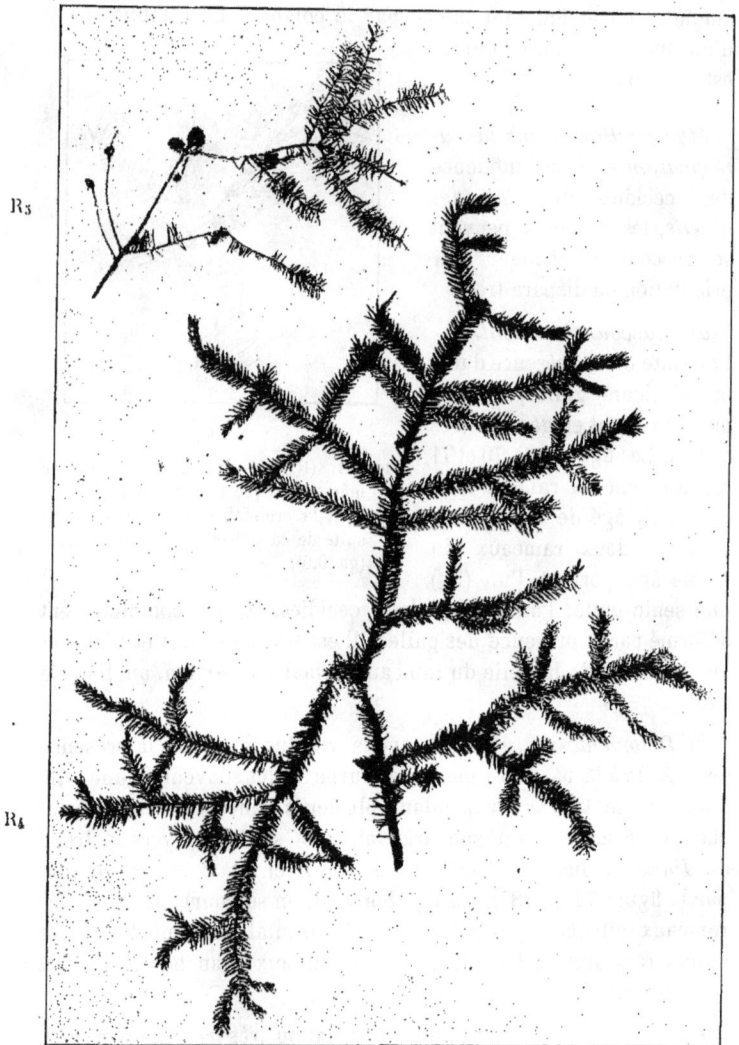

Fig. 72 (R₄). — Rameau anormal d'Épicéa, dont la partie gauche a été déso-
rientée par suite de la présence d'une cécidie (gr. 0,2).

Fig. 73 (R₅). — Branche âgée du même arbre, dont tous les rameaux de gauche
ont été arrêtés dans leur développement (gr. 0,2).

Ces trois sortes de modifications se rencontrent à la fois sur les *Picea excelsa* attaqués par de nombreuses galles et leur ramification devient très compliquée. J'en ai vu de beaux échantillons dans le parc du Laboratoire de Fontainebleau pendant l'été de 1902.

En résumé, sous l'influence du *Chermes abietis*, la tige et les feuilles du *Picea excelsa* subissent les modifications suivantes :

1° *L'action cécidogène se fait sentir sur la tige et la feuille qui s'hyperplasient et donnent une cécidie latérale dont le plan de symétrie coïncide avec celui de l'aiguille;*

2° *Les tissus gallaires résultent surtout de l'allongement radial des cellules corticales de la tige ou des cellules parenchymateuses de la feuille et de leur cloisonnement perpendiculaire;*

3° *Les canaux sécréteurs de la tige disparaissent du côté de la cavité larvaire; par contre, il se produit un abondant tissu sécréteur dans la région hyperplasiée des aiguilles;*

4° *Le rétablissement de la structure normale du rameau se fait lentement après la disparition de la cécidie et suivant deux procédés;*

5° *Les modifications que la galle entraîne dans la ramification sont caractérisées par le raccourcissement, la désorientation ou la disparition des rameaux.*

RÉSUMÉ DU CHAPITRE I, RELATIF AUX CÉCIDIES CAULINAIRES LATÉRALES PRODUITES PAR UN PARASITE EXTERNE.

Cherchons maintenant quels sont les caractères communs et quelles sont les ressemblances que présentent les quatre cécidies dont nous venons de faire l'étude détaillée.

Caractères communs. — Ce sont les suivants :

1° Le parasite est extérieur à la tige et situé contre l'épiderme;

2° L'action cécidogène qu'il engendre se traduit dans la région avoisinante par l'hypertrophie de tous les tissus,

4

particulièrement de l'écorce et de l'anneau vasculaire ;

3º Les tissus gallaires qui résultent de cette hypertrophie sont refoulés par la portion non déformée de la tige et produisent une saillie latérale ayant un plan de symétrie. Ce plan est déterminé par le parasite et par la génératrice opposée de la tige ; il passe par l'axe du rameau ;

4º L'action cécidogène s'étend parfois à la moelle.

Les figures 75 et 76 représentent schématiquement une galle du premier chapitre en section longitudinale (L) et en section transversale (T). Le parasite z, placé extérieurement contre l'épiderme,

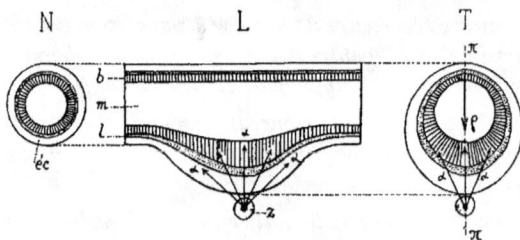

Fig. 74 à 76 (N, L, T). — Schémas indiquant les relations qui existent entre la tige et la cécidie, dans le cas où le parasite z est situé en dehors de l'écorce et fixé contre l'épiderme.

b, bois ; l, liber ; m moelle ; éc, écorce ; α, action cécidogène ; ρ, réaction végétale ; π, plan de symétrie.

développe dans toutes les directions une *action cécidogène* α qui agit surtout sur la moitié inférieure de la tige ; la moitié supérieure non modifiée produit une *réaction végétale* ρ. Enfin le *plan de symétrie* π est indiqué par un trait vertical interrompu.

Ressemblances. — Les deux premiers parasites dont nous avons étudié les galles sont des Hémiptères assez petits et isolés ; la réaction qu'ils déterminent est égale et opposée à leur action cécidogène et, par suite, faible ; elle se traduit par un simple renflement fusiforme.

Dans la troisième cécidie examinée, celle du *Brachypodium*, la larve est très grande par rapport aux précédentes puisqu'elle atteint 4 mm. de longueur sur 1 mm. de largeur ; aussi son action

cécidogène est-elle autrement puissante et la réaction due au végétal
produit-elle autour de la tige deux bourrelets très gros ; l'un de
ces bourrelets mesure même 5 mm. de diamètre.

Dans les deux dernières galles étudiées (celle du *Fraxinus* et
celle du *Picea*), les parasites sont nombreux : la réaction végétale
est alors tellement intense que les bourrelets qui se forment
autour des larves de *Perrisia* et de *Chermes* les entourent
complètement ; il se constitue dans les deux cas une cavité larvaire
qui reste en rapport avec le milieu extérieur par une ouverture
étroite et allongée.

CHAPITRE II.

CÉCIDIES CAULINAIRES LATÉRALES

PRODUITES PAR

UN PARASITE SITUÉ DANS L'ÉCORCE.

Il y a fort peu de zoocécidies produites par des animaux vivant dans le tissu cortical. On ne peut guère citer comme bien caractéristiques que les renflements des tiges du *Pinus silvestris* L. ou de l'*Obione pedunculata* MoQ., dus tous deux à l'action d'Eriophyides. M. MOLLIARD [99, 02] en a fait récemment l'étude anatomique ; aussi me contenterai-je de donner ici quelques détails complémentaires sur la première de ces galles.

Pinus silvestris L.

Cécidie produite par l'*Eriophyes pini* NAL.

Depuis 1836, le célèbre forestier allemand TH. HARTIG a signalé sur les branches du Pin silvestre, âgées de deux ou trois ans, des nodosités dont la taille varie de celle d'un pois à celle d'une noisette. Examinées jeunes, c'est-à-dire quelques mois après leur apparition, ces galles montrent très nettement en section une hypertrophie fort accusée du parenchyme cortical. Au centre de l'épaississement une cavité irrégulière contient les Eriophyides.

L'action cécidogène se fait sentir jusqu'à une certaine distance, autour de la cavité larvaire, sur les cellules de l'écorce qui se cloisonnent activement. Elle s'étend aussi à la portion de l'anneau libéro-ligneux voisine des parasites : les éléments ligneux et libériens augmentent en nombre et l'épaisseur de cette zone peut devenir double de celle de la région vasculaire opposée. Cette dernière région ne se modifie pas et joue, ici comme dans les cas précédemment étudiés, le rôle de point d'appui ; tous les tissus hypertrophiés par l'action cécidogène émanée des Eriophyides font saillie sur le côté de la tige, au fur et à mesure qu'ils augmentent de volume, et produisent un renflement unilatéral. La galle possède ainsi un plan de symétrie déterminé par le centre de la cavité larvaire et par la génératrice médiane de la région non modifiée de la tige. Ce plan est nettement visible dans la figure 79.

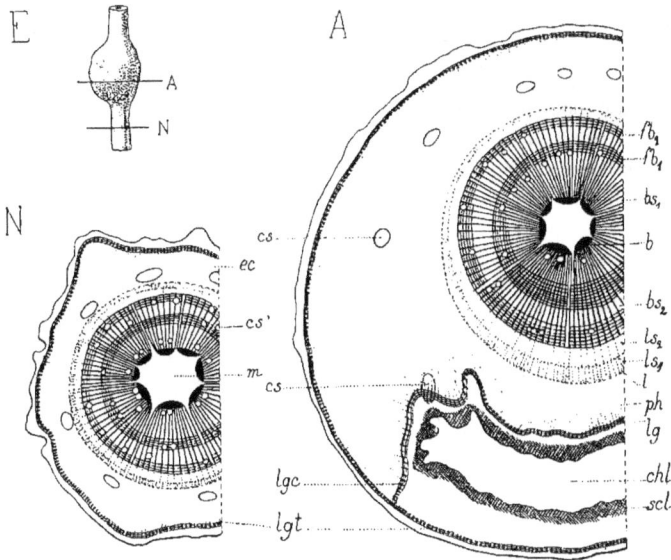

Fig. 77 (E). — Aspect de la cécidie de la tige de Pin silvestre (gr. 1,5).
Fig. 78 (N). — Schéma de la coupe transversale de la tige normale du même arbre (gr. 15).
Fig. 79 (A). — Schéma de la coupe transversale de la tige anormale (gr. 15).

b, bs_1, bs_2, bois ; l, ls_1, ls_2, liber ; fb_1, fb_2, fibres ligneuses ; cs, cs', canaux sécréteurs ; m, moelle ; $\acute{e}c$, écorce ; lgt, liège de la tige ; lgc, liège cicatriciel ; lg, liège ; ph, phelloderme ; scl, tissu sclérifié ; chl, chambre larvaire.

Les principales modifications que la présence des parasites apporte dans la structure de la tige sont les suivantes :

a) Les cellules corticales se cloisonnent activement dans tous les sens, mais le contour des cellules primitives reste plus épais et plus visible que les cloisons secondaires ; ceci tient sans doute à ce que la différenciation de ces cellules était très avancée quand l'action à distance des Eriophyides s'est fait sentir sur elles ;

b) Les canaux sécréteurs corticaux situés dans le tissu gallaire peuvent cloisonner les cellules de leur gaîne et même leurs cellules sécrétrices ; c'est le deuxième exemple que nous rencontrons d'une modification intense de ce tissu ;

c) Le phelloderne se cloisonne tangentiellement et peut offrir des files radiales composées de trois ou quatre cellules, au lieu d'une seule qu'elles comportent à l'état normal ;

d) Le bois de la région hypertrophiée présente dans chaque couche annuelle plusieurs zones d'éléments à parois épaisses et à parois minces, ce qui ne permet plus de distinguer aussi facilement les couches d'automne et de printemps, d'ordinaire si nettes.

Cicatrisation de la plaie. — Quand les parasites quittent la galle, avant que les cellules des tissus gallaires ne se dessèchent, une assise subéro-phellodermique (*lg* et *ph*, en A, fig. 79) s'établit autour

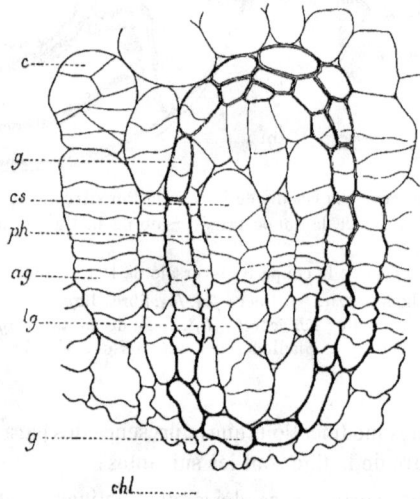

Fig. 80. — Canal sécréteur cortical de la tige de l'in comblé par le liège cicatriciel (*lg* et *ph*) qui entoure la cavité larvaire *chl* ; *g*, cellule de la gaine; *cs*, cellule sécrétrice ; *ag*, assise génératrice ; *c*, cellule corticale.

de la chambre larvaire *chl*, un peu en arrière des cellules mortes *scl* dont les Eriophyides se nourrissaient. Cette assise cicatrise la plaie produite par les parasites et protège ainsi l'axe de la tige ; c'est surtout son phelloderme qui se développe et il peut présenter des files de 8 à 15 cellules.

Enfin, la couche cicatricielle s'établit aussi bien dans les tissus sécréteurs que dans les autres : la figure 80 représente un canal sécréteur très hypertrophié dans lequel les cellules sécrétrices *cs*, situées du côté de la cavité larvaire *chl*, ont été cloisonnées en cellules subéreuses *lg* lignifiées et en cellules phellodermiques *ph* à parois minces restées cellulosiques. Les cellules de la gaîne *g* subissent la même différenciation et les cellules corticales situées aux environs, en *c* par exemple, peuvent aussi présenter, en outre des cloisons qu'elles possédaient déjà, de nouvelles cloisons de phelloderme.

Pendant les années qui suivent le départ des Acariens, le fonctionnement de l'assise génératrice interne se régularise peu à peu autour de l'anneau libéro-ligneux, et les nouvelles couches de bois qui prennent naissance ont partout la même épaisseur. La coupe d'une tige âgée de six à huit ans, où un faible renflement révèle encore la présence d'une ancienne galle, accuse seulement dans sa partie centrale le plan de symétrie que possédait le tissu vasculaire pendant les deux ou trois premières années.

Influence de la galle sur le rameau. — Il est encore intéressant de rechercher si la présence de la galle altère la portion de tige qui la surmonte. Des coupes transversales pratiquées au-dessus et au-dessous de la cécidie que porte un rameau de deux ans et demi montrent, dans les différentes couches ligneuses annuelles, le nombre suivant de cellules :

	PREMIÈRE ANNÉE		DEUXIÈME ANNÉE	
	Printemps	Automne	Printemps	Automne
Au-dessus de la galle.........	13	14	5	9
Au-dessous de la galle.........	16	18	6	9

La présence de la galle entraîne aussi, pour la partie supérieure du rameau, un diamètre plus faible et un anneau ligneux moins épais.

En résumé, sous l'influence de l'*Eriophyes pini*, la tige du *Pinus silvestris* présente les modifications suivantes :

1° *L'action cécidogène détermine l'hyperplasie du tissu cortical et la production d'une saillie latérale ayant un plan de symétrie ;*

2° *Les cellules corticales sont cloisonnées et leur contour primitif reste distinct ;*

3° *Les canaux sécréteurs peuvent être modifiés ;*

4° *Le bois est plus développé du côté des parasites, les zones de printemps et d'automne sont moins nettes ;*

5° *Au-dessus de la galle, la structure du rameau est altérée ;*

6° *La cavité larvaire se cicatrise par un tissu subéro-phellodermique à phelloderme très développé.*

Résumé du Chapitre II, relatif aux cécidies caulinaires latérales produites par un parasite situé dans l'écorce.

Les faits les plus remarquables sont les suivants :

1° Le parasite est situé dans l'écorce ;

2° L'action cécidogène qu'il engendre se traduit principalement par l'hypertrophie du tissu cortical ;

3° Le tissu gallaire produit est refoulé par la portion non déformée de la tige et donne une saillie latérale ayant un plan de symétrie. Ce plan est déterminé par le centre de la cavité larvaire et la génératrice opposée de la tige ; il passe également par l'axe du rameau ;

4° L'action cécidogène s'étend aussi, dans une certaine mesure, à l'anneau libéro-ligneux.

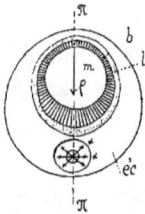

Fig. 81. — Schéma indiquant les relations qui existent entre la tige et le parasite, quand celui-ci est situé dans l'écorce *éc*.

b, bois ; *l*, liber ; *m*, moelle ; α, action cécidogène ; ρ, réaction végétale ; π, plan de symétrie.

La figure 81 représente schématiquement le mode de formation des galles corticales.

CHAPITRE III.

CÉCIDIES CAULINAIRES LATÉRALES

PRODUITES PAR UN PARASITE

SITUÉ DANS LES FORMATIONS SECONDAIRES LIBÉRO-LIGNEUSES

Les Catalogues donnant la nomenclature des Cécidies énumèrent de nombreux cas de déformations caulinaires dans lesquelles la cavité larvaire est située au niveau de la région cambiale. Les larves trouvent là un excellent milieu pour se développer puisqu'elles sont à proximité d'abondants tissus dans lesquels circulent la sève brute et la sève élaborée; de plus, elles peuvent exciter l'assise génératrice interne dont le fonctionnement exagéré leur procure des tissus riches en protoplasme, à parois tendres ne se lignifiant pas.

Malgré les travaux de systématique très nombreux sur ce sujet et malgré l'intérêt tout particulier que ces galles présentent par suite de la position topographique du parasite, aucun mémoire n'a paru donnant l'anatomie de quelques-unes de ces productions et surtout indiquant de quelle façon les tissus gallaires prennent naissance.

On trouve quelques renseignements anatomiques peu étendus, disséminés dans la deuxième édition des Maladies des Plantes de FRANK [96], concernant les cécidies caulinaires des Saules (p. 107-109), des Ronces (p. 113 et 222). G. HIERONYMUS [90] a complété la description d'une dizaine de galles appartenant à ce chapitre par quelques courtes données anatomiques, non accompagnées de figures; ses meilleurs renseignements se rapportent aux cécidies produites par l'*Andricus Sieboldi* (n° 642 *a*), l'*Andricus trilineatus* (n° 643), le *Diastrophus rubi* (n° 736), l'*Aulax tragopoginis* (n° 737), le *Cecidomyia salicis* (n° 515), le *Diplosis tiliarum* (n° 574), le *Ceuthorrhynchus sulcicollis* (n° 795), etc. FOCKEU [90] et C. MASSALONGO [93a, n° 172] se sont occupés de galles produites par ce dernier parasite.

Tilia silvestris Desf.

Cécidie produite par le *Contarinia tiliarum* Kieff.

Ce diptère produit des renflements verdâtres, ovoïdes, uni ou pluriloculaires sur presque toutes les parties des pousses et des inflorescences du Tilleul silvestre. Ces renflements atteignent jusqu'à 15 mm. de diamètre sur les jeunes rameaux de l'année ; ils ont 8 à 10 mm. tout au plus sur les pédoncules floraux et enfin ils sont toujours assez petits sur le pétiole des feuilles, sur la nervure du limbe ou sur la bractée de l'inflorescence.

1° Galle de la tige.

La galle que j'ai étudiée a été récoltée au mois de juin; elle constitue une proéminence hémisphérique latérale de la tige et atteint 4,8 mm. d'épaisseur; la tige normale du même âge n'a que 2,3 mm. de diamètre.

Structure de la tige normale. — La section transversale du jeune rameau comporte un anneau vasculaire continu comprenant un très grand nombre de faisceaux libéro-ligneux *flb* (en N, fig. 83), pressés les uns contre les autres, et séparés par des rayons médullaires *rm* (en N, fig. 87) composés d'une ou deux files de cellules riches en grains d'amidon.

Chaque petit faisceau comporte un ou plusieurs pôles ligneux *pb* très nets, noyés au milieu des petites cellules de la zone périmédullaire *pm*, et suivis de métaxylème *mb*, puis de vaisseaux de bois secondaire *bs*, en petit nombre ; dans le liber secondaire *ls*, des fibres libériennes lignifiées *fl* à parois minces apparaissent. En dehors, un paquet de 20 à 30 fibres péricycliques *fp* complète l'ensemble du faisceau.

La moelle *m* (en N, fig. 83) est composée de grandes cellules remplies d'air groupées en rosette autour de cellules isolées plus petites, à contenu brunâtre; dans sa zone externe elle possède 13 à 15 cellules gommeuses *go*, de tailles variées, mais pouvant atteindre 110 à 130 μ de diamètre.

L'écorce est épaisse ; elle comprend plusieurs assises de grosses cellules aplaties faisant suite à l'endoderme, puis des cellules plus petites, arrondies, collenchymateuses *co* (en N, fig. 87). Elle possède aussi des cellules gommeuses *go*, un peu plus petites que celles de la moelle, mais en nombre double (25 à 30). Enfin l'épiderme *ép* a une paroi externe très épaisse et cutinisée.

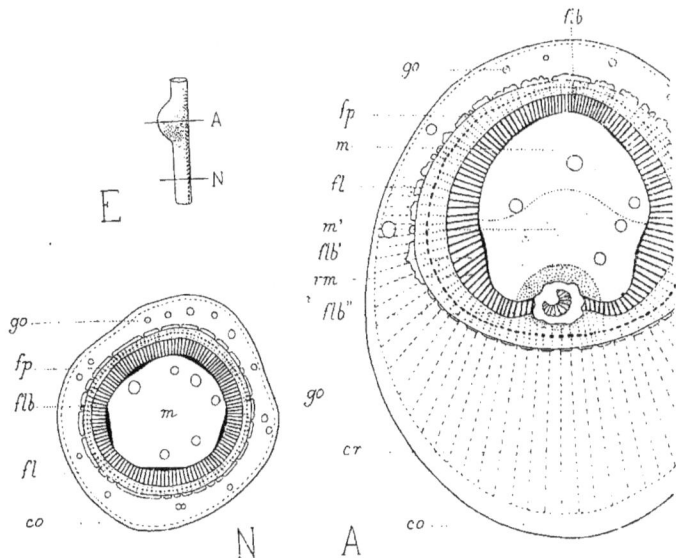

Fig. 82 (E). — Aspect de la cécidie caulinaire du Tilleul (gr. 1).
Fig. 83 (N). — Coupe transversale schématique de la tige saine (gr. 15).
Fig. 84 (A). — Coupe transversale schématique de la tige parasitée (gr. 15).

flb, flb', flb'', anneau vasculaire ; *fl*, fibres libériennes ; *fp*, fibres péricycliques ; *rm*, rayon médullaire ; *m, m'*, moelle ; *go*, cellule gommeuse ; *co*, collenchyme ; *cr*, cellules rayonnantes.

Structure de la galle. — La section transversale passant par le milieu de la cécidie a la forme d'un ovale (en A, fig. 84) dont le petit bout contient l'anneau vasculaire à peu près circulaire. Cet anneau a un diamètre double de celui qu'il possède dans la tige normale ; ses faisceaux libéro-ligneux *flb*, situés dans la partie de la tige qui a été peu altérée (petit bout de l'ovale), sont simplement écartés les uns des autres par l'hypertrophie des rayons médullaires et un peu allongés. Au contraire, les faisceaux *flb', flb''* de la région opposée sont beaucoup plus longs que les faisceaux normaux et très écartés les uns des autres par un parenchyme lignifié.

La cavité larvaire, de contour irrégulier, est située au milieu d'une région non lignifiée, plongée dans la partie la plus épaisse *flb''* de l'anneau vasculaire. Elle est comprise entre deux zones fortement lignifiées, l'une interne *m'* située dans la moelle et composée de grandes cellules à parois épaisses, ponctuées, l'autre externe *cr* comprenant des cellules corticales allongées vers l'extérieur.

De cet examen rapide, on peut conclure que l'excitation cécidogène, produite par la larve de *Contarinia* située dans l'assise génératrice, a causé l'hyperplasie des tissus environnants et surtout l'allongement des cellules corticales dans une direction rayonnante par rapport au parasite. Cette action cécidogène diminuant au fur et à mesure qu'on s'écarte de la larve, il en résulte que la région de l'anneau vasculaire et de l'écorce la plus éloignée du parasite n'est pas modifiée ; cette région joue alors le rôle de point d'appui et oblige les tissus hyperplasiés à se développer du côté de la larve. Il se produit ainsi une saillie latérale munie d'un plan de symétrie (fig. 84). Ce plan est déterminé par le centre de la cavité larvaire et par la génératrice verticale de la région non déformée de la tige ; il passe par l'axe du rameau.

Le dessin d'ensemble A (fig. 84) montre que, dans toutes les directions (dans l'écorce comme dans la moelle), l'action cécidogène se fait sentir jusqu'à la même distance de la larve. Le contour de la galle peut alors être considéré comme étant la courbe enveloppe de deux cercles : l'un d'eux (*ce*, fig. 85) représente la section normale de la tige ; l'autre *ce'* a son centre placé en un point *z* de l'assise génératrice interne *agi* de la tige et un rayon porportionnel à l'action cécidogène du parasite. Dans le cas présent, le rayon du cercle cécidogénétique est un peu supérieur au rayon de la tige et la courbe enveloppe a une forme ovalaire.

Il est intéressant de remarquer en outre combien différent est l'effet de cette action cécidogène selon qu'elle s'exerce à l'intérieur de l'assise génératrice ou bien à l'extérieur. En dehors, l'influence parasitaire agit sur le tissu cortical interne qui est homogène et dont tous les éléments, subissant la même différenciation, s'étirent en longues cellules. En dedans de l'assise génératrice, les tissus sont plus variés ; ils sont aussi plus résistants en raison de leur forme et de leur facilité à se lignifier : c'est ainsi que le tissu ligneux comprend

des vaisseaux allongés suivant l'axe de la tige, qui peuvent difficilement s'élargir et qui augmentent peu en diamètre ; seuls les éléments
courts parenchymateux s'hypertrophient considérablement.

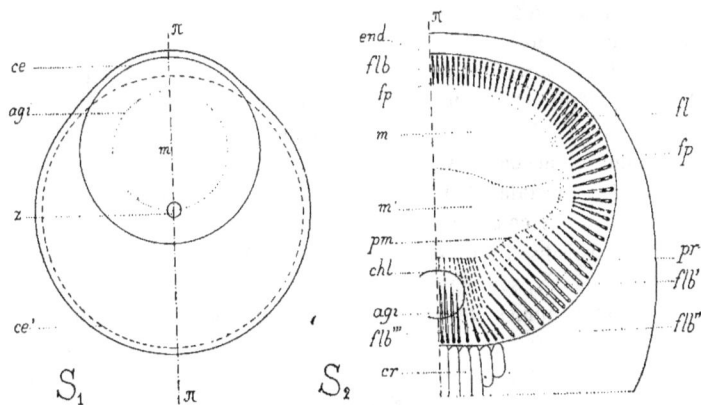

Fig. 85 (S₁). — Schéma montrant que le contour de la cécidie caulinaire du Tilleul
    est la courbe enveloppe du cercle de la tige *ce* et du cercle cécidogénétique *ce'*.
Fig. 86 (S₂). — Schéma de la moitié droite du cylindre central de la tige
    déformée.
    Mêmes lettres que précédemment ; *agi*, assise génératrice interne ; *end*,
    endoderme ; *pm*, zone périmédullaire ; π, plan de symétrie ; *z*, larve.

Examinons maintenant d'un peu plus près comment se sont
opérées toutes ces modifications et commençons par la région
vasculaire, la plus importante, puisque c'est là que l'altération a
débuté.

Les faisceaux libéro-ligneux de la portion de la tige opposée à la
cavité larvaire (en *flb*, fig. 86) ont une taille double des faisceaux
normaux, taille qui tient surtout au développement de leurs formations secondaires (11 à 15 vaisseaux de bois secondaire par file au
lieu de 5 ou 6).
    Au fur et à mesure qu'on se rapproche de la cavité larvaire, les
formations secondaires augmentent encore en nombre, et c'est à une
petite distance de la cavité, en *flb'*, que l'hypertrophie des éléments
vasculaire est la plus grande. Là, les faisceaux s'allongent beaucoup
et y acquièrent une taille trois ou quatre fois supérieure à celle qu'ils
avaient normalement (0,54 mm. au lieu de 0,17 seulement).
L'hypertrophie des rayons médullaires est très accentuée aussi,

car leurs cellules peuvent non seulement se multiplier, mais encore atteindre quatre ou cinq fois les dimensions normales. Il en résulte que les faisceaux sont écartés les uns des autres de 100 μ (au lieu de 17 μ) et constituent de longs fuseaux de deux files de vaisseaux tout au plus.

L'un de ces faisceaux libéro-ligneux a été représenté en détail dans la figure 88 (en A), à côté d'un faisceau normal. Autour de chaque pôle ligneux *pb*, les cellules périmédullaires *pm* sont allongées fortement et accentuent la disposition étoilée qu'elles possèdent dans la tige normale ; il en est de même pour les cellules des rayons médullaires *rm* comprises entre les vaisseaux primaires de deux faisceaux voisins. Toutes ces cellules, tant périmédullaires *pm* que conjonctives *rm*, sont également épaissies, fortement lignifiées et leurs parois munies de grandes ponctuations ovalaires de tailles variées.

Le bois secondaire *bs* du faisceau est formé de gros vaisseaux à parois minces restées cellulosiques. Plus à l'extérieur, en dehors de l'assise génératrice interne *agi*, les fibres libériennes *fl* constituent un petit amas allongé, serré entre les cellules des rayons médullaires *rm'* : elles ont des parois épaisses et lignifiées. Enfin, au delà du liber primaire *l*, les fibres péricycliques *fp* ont augmenté leur taille (29 μ au lieu de 12 μ) et l'épaisseur de leurs parois, sans varier sensiblement en nombre.

A partir de ce niveau *flb'* (fig. 86), où les faisceaux libéro-ligneux atteignent leur plus grande taille, on les voit diminuer beaucoup en longueur au fur et à mesure qu'on se rapproche de la cavité larvaire ; leurs pôles ligneux se serrent de plus en plus les uns contre les autres tandis que la lignification des vaisseaux du bois primaire et des cellules périmédullaires s'accentue. Au contraire, à l'extrémité opposée des faisceaux, les pôles libériens s'écartent les uns des autres ; les éléments libériens s'amincissent et se développent peu ; les fibres libériennes apparaissent à peine et ne se lignifient pas ; les fibres péricycliques constituent de faibles amas peu lignifiés également, reliés entre eux par des cellules parenchymateuses très allongées.

Après les deux ou trois faisceaux de la région *flb''* (en S₂, fig. 86 et A₁, fig. 89), formés de quelques cellules à peine, on arrive à la portion *flb'''* de l'assise génératrice qui a produit les tissus secondaires dans lesquels la larve a établi sa cavité *chl* (en A₁, fig. 89).

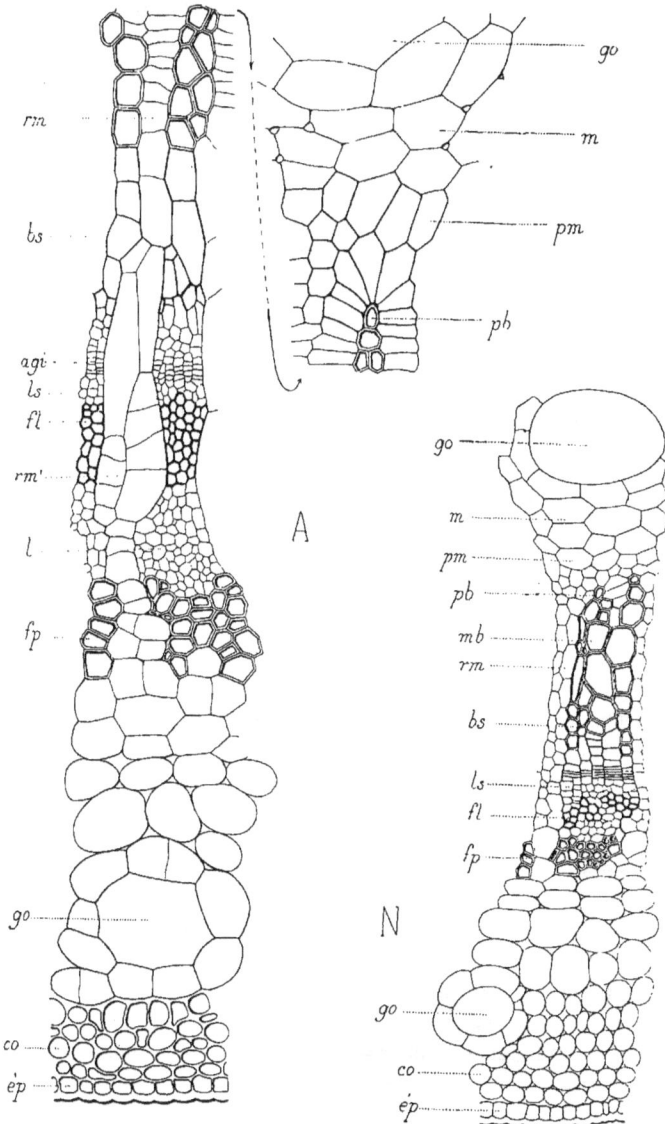

Fig. 87 (N). — Fragment de la coupe transversale de la tige normale du Tilleul, représentée par la figure 83 (gr. 150).

Fig. 88 (A). — Partie correspondante de la cécidie (gr. 150).

Le bord de cette cavité est garni de nombreuses et grandes cellules de bois non lignifié *bs* ; celles-ci sont entourées par les cellules bien développées également de l'assise génératrice *agi* et par quelques amas libériens *l* environnés de fibres péricycliques *fp*, épaisses et lignifiées. La larve a donc provoqué, à l'endroit où elle était située, une abondante production de bois secondaire qui n'a pas eu le temps de se lignifier et qui a fait saillie dans la moelle, comprimant à droite et à gauche du plan de symétrie les faisceaux libéro-ligneux courts *flb''*. C'est un peu plus loin seulement, en *flb'* (S_2, fig. 86), que les faisceaux, moins comprimés ont pu prendre tout leur développement et répondre à l'action cécidogène par l'augmentation du nombre et de la taille de leurs éléments.

Il faut remarquer encore que les faisceaux libéro-ligneux situés aux abords de la cavité larvaire (tels que *flb''*) ont une zone péri-médullaire *pm* très développée dont les cellules se sclérifient plus tard et forment une première enveloppe dure autour de cette cavité. De même, les éléments médullaires en contact deviennent très grands, après avoir pris quelques cloisons, et ligni-fient fortement leurs parois. Au milieu de ce tissu sclérifié, les cellules à gomme (en A, fig. 84) sont deux ou trois fois plus grandes que celles de la tige normale (150 μ de diamètre au lieu de 85 μ).

La figure 86 (S_2) représente schématiquement la disposition des faisceaux libéro-ligneux de l'anneau vasculaire et résume ce que nous venons de dire. Les parties lignifiées ont été représentées par de gros traits noirs, de gros points noirs ou des hachures ; tout le reste est cellulosique.

L'action du parasite ne se localise pas à l'anneau vasculaire, mais agit très fortement sur l'écorce, comme nous l'avons déjà dit plus haut et comme on peut le voir dans le dessin d'ensemble A (fig. 84). C'est même l'hypertrophie de cette région qui forme la plus grande partie des tissus gallaires, car son épaisseur peut atteindre sept ou huit fois l'épaisseur normale.

Cette région corticale parasitée a une structure curieuse : elle est formée par de longues cellules à parois minces dont quelques-unes (*cr* en A_4, fig. 89), situées dans le plan médian de la galle, atteignent une taille considérable, plus d'un millimètre. Ces cellules sont directement en contact, près de la cavité larvaire, avec les fibres péricycliques *fp* et souvent lignifiées comme elles : elles représentent

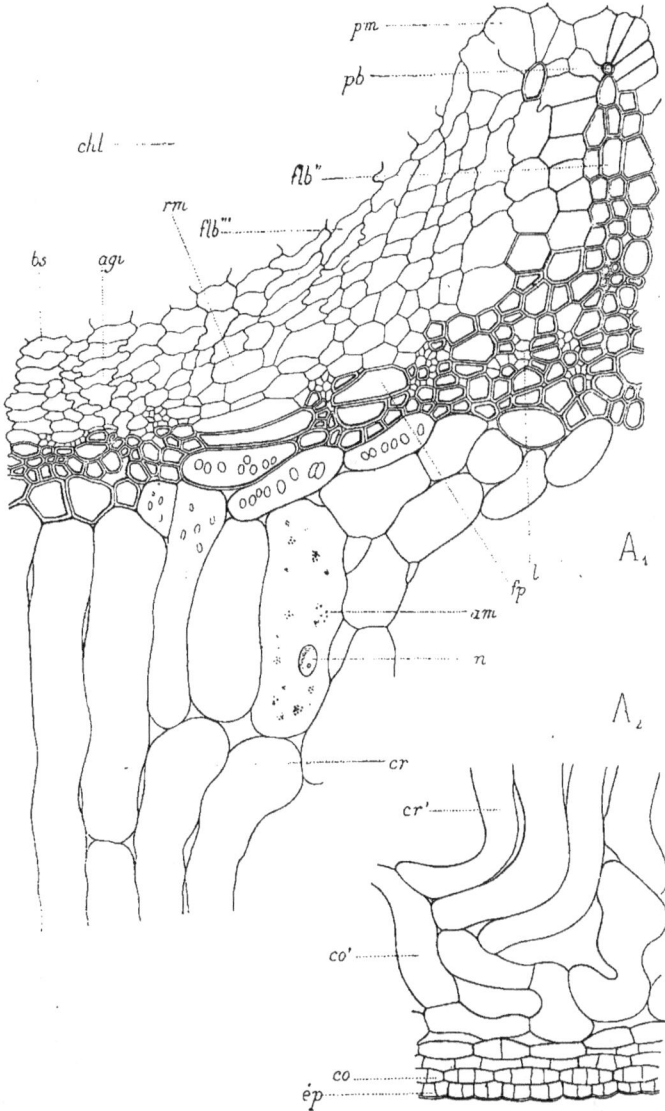

FIG. 89 (A₁). — Fragment de la coupe transversale de la cécidie caulinaire du Tilleul, aux environs de la cavité larvaire *chl* (gr. 150).

FIG. 90 (A₂). — Tissu cortical de la même coupe (gr. 150).

5

donc les cellules de l'endoderme et de l'écorce interne. A leur extrémité proximale, toutes les cellules allongées sont serrées les unes contre les autres ; à leur extrémité distale cr' (en A_2, fig. 90), elles sont au contraire contournées et en rapport avec d'autres cellules co', contournées également, mais de plus en plus courtes au fur et à mesure qu'on se rapproche du bord de la galle. Elles se relient ainsi aux cellules de collenchyme co, qui sont toutes allongées tangentiellement, et dont le cloisonnement intense a permis à la partie externe de l'écorce de suivre l'hypertrophie de la région interne. Enfin, pour continuer à couvrir la surface de la galle, l'épiderme $ép$ a aussi multiplié le nombre de ses cellules : celles-ci sont un peu plus longues que les cellules normales, mais elles restent cellulosiques et leur paroi externe ne s'épaissit pas. Les poils épidermiques de la galle sont plus nombreux et moitié plus courts que ceux de la tige normale.

Les longues cellules corticales radiales cr (fig. 89) sont souvent lignifiées et munies de larges ponctuations comme les cellules du péricycle ; elles contiennent des grains d'amidon am et un gros noyau hypertrophié n dont le diamètre peut parfois atteindre 27 μ.

Galle pluriloculaire. — La structure reste la même, mais l'hypertrophie de l'écorce se manifestant en face de toutes les cavités larvaires, la taille de la cécidie augmente dans une notable proportion et le contour de la section est presque circulaire.

2° Galles de l'inflorescence.

Le *Contarinia tiliarum* peut déformer les différentes parties de l'inflorescence du Tilleul ; nous en examinerons les cécidies sur un échantillon récolté dans la forêt de Montmorency en juin 1901.

A. *Galle située sur le pédoncule de la fleur.* — Le *pédoncule normal* (en N_3, fig. 91 et 92) n'a que 0,7 mm. de diamètre ; sa section est circulaire. Il y a dans le cylindre central de 30 à 34 faisceaux libéro-ligneux ne possédant chacun que 2 ou 3 vaisseaux de bois primaire b (en N_3, fig. 94) et quelques formations secondaires ; la longueur totale d'un faisceau est de 55 à 60 μ. Les fibres péricycliques fp ne sont pas lignifiées ; l'endoderme end est très net.

L'écorce contient environ 15 grosses cellules gommeuses *go* presque contiguës.

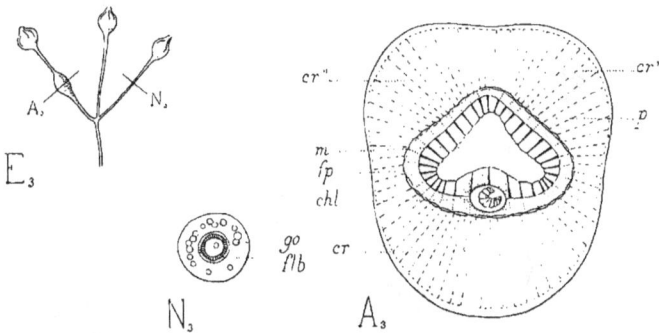

FIG. 91 (E₃). — Aspect de la cécidie de l'inflorescence du Tilleul (gr. 1).
FIG. 92 (N₃). — Coupe transversale schématique du pédoncule normal (gr. 15).
FIG. 93 (A₃). — Coupe transversale schématique du pédoncule anormal (gr. 15).

flb, anneau vasculaire ; *p*, *fp*, péricycle ; *m*, moelle ; *go*, cellule gommeuse ; *cr*, *cr'*, *cr''*, cellules rayonnantes.

La *galle* (en A₃, fig. 91 et 93) est à peu près sphérique et son diamètre atteint 3 mm. En section, le cylindre central affecte nettement la forme d'un triangle curviligne, et c'est au milieu de l'un de ses côtés, dans les tissus dérivant du fonctionnement de l'assise génératrice interne, que se trouve la chambre larvaire *chl*. L'action cécidogène engendrée par la larve se fait sentir sur la région corticale voisine dont toutes les cellules *cr* sont allongées radialement et contournées ; mais cette action n'est pas limitée là et elle agit aussi, avec une intensité un peu moindre pourtant, sur les deux régions corticales (en *cr'* et *cr''*) situées en face des deux autres côtés du triangle : leurs cellules s'allongent radialement.

Entre ces deux dernières régions, l'action cécidogène ne se manifeste presque pas et le sommet supérieur du triangle vasculaire joue ainsi le rôle de point fixe : il en résulte que l'ensemble de la coupe offre un plan de symétrie, bien caractérisé, déterminé par la génératrice de la région non déformée et par le centre de la cavité larvaire. Ce plan passe également par l'axe du pédoncule floral.

Tous les faisceaux libéro-ligneux du cylindre central sont altérés par l'action de la larve du *Contarinia tiliarum*. Tout d'abord ils se sont allongés beaucoup (taille de 250 à 300 μ) sans augmenter le nombre de leurs éléments (en A₃, fig. 95), car ils se montrent com-

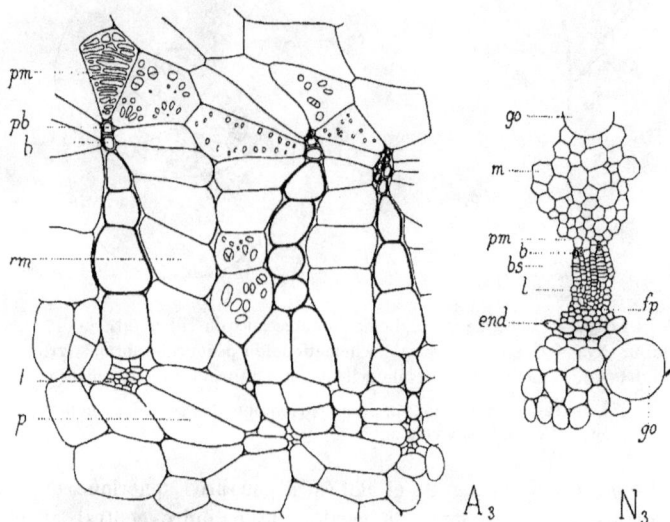

FIG. 94 (N₃). — Portion de la coupe transversale représentée par la figure 92 (gr. 150).

FIG. 95 (A₃). — Portion correspondante de la figure 93 (gr. 150).

pb, b, bs, bois ; *l,* liber ; *p, fp,* péricycle ; *rm,* rayon médullaire ; *pm,* zone périmédullaire ; *m,* moelle ; *go,* cellule gommeuse ; *end,* endoderme.

posés de 3 à 6 petits vaisseaux de bois primaire *b*, lignifiés, suivis de quelques gros vaisseaux secondaires à paroi mince et non lignifiée ; leur liber *l* est peu développé. Puis, par suite de l'allongement tangentiel du rayon médullaire *rm*, les faisceaux ont été écartés les uns des autres. Cette séparation leur a donné à tous un aspect étoilé très curieux : les pôles libériens *l* sont réunis les uns aux autres par des cellules allongées tangentiellement ; il en est de même des pôles ligneux *pb* autour desquels les cellules des rayons médullaires et de la zone périmédullaire *pm* forment de véritables étoiles, accentuant ainsi l'aspect rayonnant des pôles normaux. Toutes les cellules entourant les pôles ligneux ont leurs parois munies de grandes ponctuations irrégulièrement allongées ; elles se lignifient de bonne heure autour de la moelle, sauf aux environs immédiats de la cavité larvaire où ce sont les éléments péricycliques *fp* (en A₃, fig. 93), situés un peu plus à l'extérieur, qui se sclérifient.

Les cellules de la moelle *m* restent longtemps cellulosiques; leurs parois sont épaisses et munies de grosses ponctuations. Comme elles contiennent un abondant protoplasme, une partie d'entre elles sert de nourriture à la larve qui étend ainsi sa cavité jusqu'au centre du pédoncule floral.

B. *Galle située au point où l'axe de l'inflorescence se sépare de la bractée.* — Très souvent la cécidie est située à cet endroit. Elle demeure alors petite, atteint à peine 4 mm. de diamètre (F₄, fig. 97),

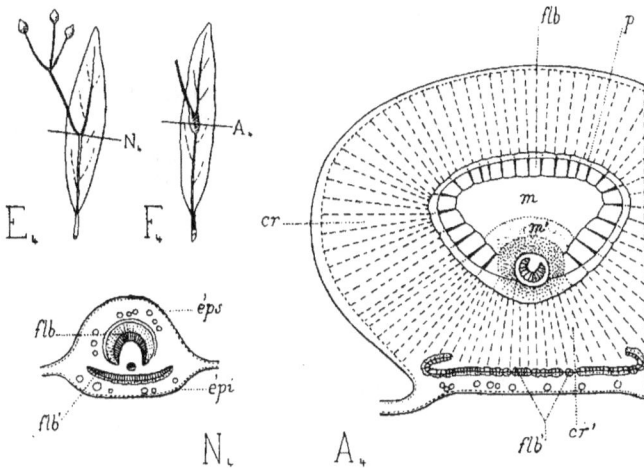

Fig. 96 (E₄). — Aspect de la bractée normale du Tilleul (gr. 0,5).
Fig. 97 (F₄). — Aspect de la bractée anormale du même arbre (gr. 0,5).
Fig. 98 (N₄). — Schéma de la coupe transversale de la nervure médiane normale et du pédoncule normal à leur point de jonction (gr. 15).
Fig. 99 (A₄). — Schéma de la coupe correspondante pratiquée au travers de la cécidie (gr. 15).

flb, *flb'*, faisceaux libéro-ligneux ; *p*, péricycle ; *m*, *m'*, moelle ; *cr*, *cr'*, cellules rayonnantes ; *éps*, *épi*, épidermes supérieur et inférieur.

et fait fortement saillie à la face supérieure, tandis que sur l'autre face elle reste plane (voir A₄, fig. 99).

A l'intérieur de la section, les faisceaux vasculaires sont répartis en deux groupes, beaucoup plus volumineux que dans l'organe sain. Le groupe de faisceaux libéro-ligneux *flb'* situé à la face inférieure est presque rectiligne : il représente le système vasculaire de la nervure médiane de la bractée. L'autre groupe *flb* occupe la partie sphérique de la galle ; il est très développé, sensiblement circulaire,

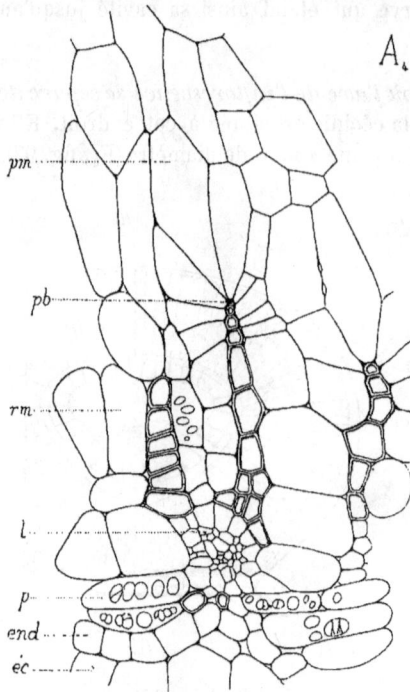

et représente le système vasculaire de l'axe de l'inflorescence.

C'est dans l'assise génératrice de ce dernier système vasculaire, et dans la partie la plus rapprochée de *flb'*, que la cavité larvaire apparaît. L'action cécidogène du parasite se fait d'abord sentir sur le tissu médullaire *m* qui se cloisonne et se lignifie en partie ; elle agit ensuite sur l'anneau libéro - ligneux *flb* dont tous les faisceaux s'hypertrophient et s'écartent les uns des autres : il se produit, comme nous l'avons vu plus haut, un allongement très accentué des cellules reliant entre eux les pôles ligneux et libériens.

Fig. 100 (A₄). — Portion de la coupe transversale représentée par la figure 99 (gr. 150).

pb, pôle ligneux ; *l*, liber ; *rm*, rayon médullaire ; *p*, péricycle ; *end*, endoderme ; *pm*, zone périmédullaire ; *éc*, écorce.

C'est ce que représente la fig. 100 (A₄) : les deux pôles ligneux *pb* de deux faisceaux voisins sont entourés par les cellules rayonnantes de la zone périmédullaire *pm* et les pôles libériens *l* sont réunis entre eux par les cellules péricycliques *p* très allongées ; presque toutes les parois de ces cellules sont munies d'énormes ponctuations elliptiques.

L'action cécidogène se fait sentir, autour du cylindre central, sur l'écorce dont les cellules *cr* (en A_4, fig. 99) s'allongent dans une direction rayonnante par rapport à la larve, avec une intensité d'autant plus grande qu'elles sont plus rapprochées du parasite. Ce qui fait que le grand axe horizontal de la galle passe par le centre de la cavité larvaire et non par le milieu de l'anneau libéro-ligneux ; d'où l'aspect aplati présenté par la cécidie.

Vers la face inférieure, l'action cécidogène ne se traduit que par un allongement beaucoup plus faible des cellules corticales *cr'* : elles restent courtes, serrées les unes contre les autres, sans méats et ne peuvent s'allonger à cause de la résistance que leur oppose le long arc vasculaire aplati *flb'* de la bractée. Cet arc possède tous ses faisceaux libéro-ligneux écartés les uns des autres par l'hypertrophie de ses rayons médullaires ; aussi sa longueur totale est-elle de 2 mm. environ au lieu de 0,75 mm. qu'il possède dans la bractée saine ; il est de plus fortement recourbé à ses deux extrémités.

L'arc résistant *flb'* joue dans la formation de la galle le rôle de point d'appui et tous les tissus gallaires qui prennent naissance dans la région vasculaire de l'axe d'inflorescence sont obligés de se développer vers la face supérieure, à droite et à gauche d'un plan de symétrie. Ce plan est déterminé par la génératrice médiane de la région plane de la galle et par le centre de la cavité larvaire ; il passe par l'axe du rameau d'inflorescence.

C. *Galle située sur la partie commune de l'axe d'inflorescence et de la nervure médiane de la bractée.* — La section normale N_3 (fig. 103) faite dans cette région a 1 mm. d'épaisseur. La face supérieure est presque plane, l'autre est bombée ; enfin l'anneau vasculaire *flb* est un peu plus épais vers la face supérieure.

La cécidie située dans la même région est sphérique et atteint 2,4 mm. de diamètre (en F_3, fig. 102) ; elle fait un peu plus saillie à la face supérieure qu'à la face inférieure (en A_3, fig. 104) parce que la cavité larvaire *chl* est située dans la partie supérieure de l'anneau libéro-ligneux *flb*. Comme dans les cas précédemment étudiés, la région gallaire opposée à la cavité larvaire est peu modifiée et sert de point d'appui ; avec le centre de cette cavité, elle détermine le plan de symétrie de la cécidie.

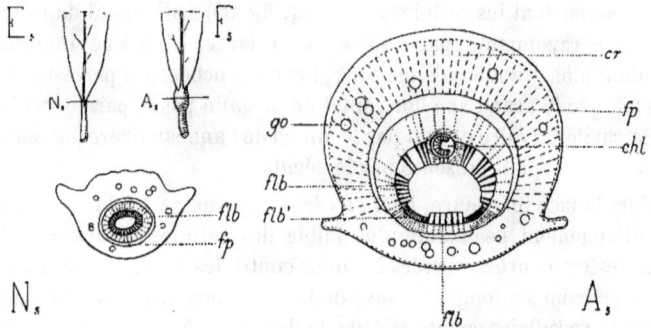

FIG. 101 (E₅). — Aspect de la bractée normale du Tilleul (gr. 1).
FIG. 102 (F₅). — Aspect de la cécidie basilaire de la bractée anormale (gr. 1).
FIG. 103 (N₅). — Schéma de la coupe transversale du pétiole sain (gr. 15).
FIG. 104 (A₅). — Schéma de la coupe transversale du pétiole parasité (gr. 15).

flb, flb', faisceaux libéro-ligneux ; fp, fibres péricycliques ; go, cellule gommeuse ; cr, cellules rayonnantes ; chl, chambre larvaire.

Les modifications subies par l'écorce et l'anneau vasculaire sont identiques à celles que nous avons vues jusqu'à présent : allongement des cellules corticales cr en direction rayonnante par rapport à la larve ; allongement tangentiel des cellules entre les pôles libériens ; fonctionnement actif de l'assise génératrice interne aux environs de la larve sans lignification des tissus formés ; épaississement et, plus tard, lignification des cellules médullaires.

La région de l'anneau vasculaire, opposée à la cavité larvaire, et qui dans la section normale a une structure homogène, présente ici trois groupes bien distincts de faisceaux libéro-ligneux : 1° dans le plan de symétrie, un groupe d'une dizaine de faisceaux flb comprenant de gros vaisseaux ligneux semblables à ceux de la partie supérieure de l'anneau vasculaire et qui joints à eux reconstituent le cercle vasculaire de l'inflorescence ; les fibres péricycliques fp sont très développées en face tous ces faisceaux ; 2° à droite et à gauche de ce groupe médian, deux autres groupes vasculaires flb', composés chacun de 16 à 25 petits faisceaux, sans fibres péricycliques : ils correspondent au système vasculaire de la nervure médiane de la bractée.

Du reste, la dissociation de ces groupes, la soudure du groupe médian *flb* avec la portion vasculaire supérieure, la soudure

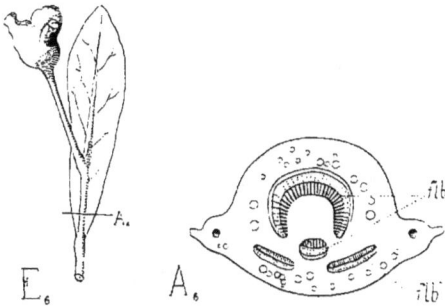

Fig. 105 (E₆). — Inflorescence de Tilleul entièrement déformée (gr. 0,5).
Fig. 106 (A₆). — Coupe transversale schématique au niveau marqué A₆ (gr. 15).

entre eux des groupes *flb'* à la face inférieure sont nettement visibles dans quelques galles. On les distingue encore mieux quand toute la partie supérieure de l'inflorescence est transformée en une grosse galle pluriloculaire de 12 à 15 mm. de diamètre (E₆, fig. 105) et que l'hypertrophie se fait sentir dans la région de soudure de l'axe d'inflorescence avec la bractée (A₆, fig. 106).

3° Galle du pétiole.

La structure du pétiole normal varie avec l'endroit où l'on pratique la coupe : près de la base, il y a sept faisceaux disposés en arc ouvert; au milieu, quatre petits faisceaux se soudent aux trois autres; enfin, près du limbe, les trois faisceaux qui restent se soudent entre eux par leurs péricycles. C'est au voisinage de cette dernière région que se trouvait la galle décrite ici.

La section normale du pétiole, pratiquée dans un organe sain au niveau correspondant exactement à celui occupé par la galle (E₇, fig. 107), présente donc trois gros faisceaux en fer à cheval *flb*, *flb'*, *flb''*, comme le montre la figure 109 (N₇) : sa largeur est 2,5 mm. et son épaisseur de 1,5 mm.

C'est dans l'assise génératrice, au bord de l'un des faisceaux supérieurs, près du plan de symétrie (en *flb*, fig. 110), que la larve établit sa cavité. Il en résulte immédiatement l'hypertrophie de toutes les cellules de l'écorce *cr* situées aux environs, hypertrophie qui fait disparaître le sillon de la face supérieure du pétiole

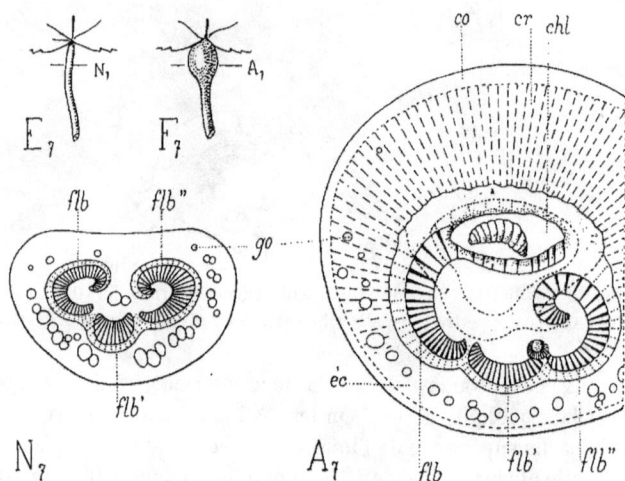

Fig. 107 (E_7). — Aspect du pétiole sain de la feuille de Tilleul (gr. 1).
Fig. 108 (F_7). — Aspect du pétiole parasité (gr. 1).
Fig. 109 (N_7). — Coupe transversale schématique du pétiole normal (gr. 15).
Fig. 110 (A_7). — Coupe transversale schématique de la cécidie (gr. 15).

 flb, flb', flb'', faisceaux libéro-ligneux ; *éc*, écorce; *go*, cellule gommeuse; *cr*, cellules rayonnantes ; *chl*, chambre larvaire.

et rend la cécidie à peu près sphérique ; le centre de la section coïncide avec celui de la cavité larvaire *chl*.

Les modifications subies par les faisceaux libéro-ligneux *flb*, *flb''*, les plus voisins de la cavité larvaire, et par la moelle sont absolument semblables à celles que nous avons vues jusqu'à présent : écartement et allongement des faisceaux, absence de lignification dans les tissus secondaires, sclérification de la moelle et du péri-cycle, etc. Le faisceau médian *flb'* et l'écorce contiguë *éc* sont simplement un peu hypertrophiés : ils jouent dans le développement de la galle le rôle de point fixe et amènent la production d'un plan de symétrie qui accentue celui du pétiole normal.

En résumé, sous l'influence du *Contarinia tiliarum*, la tige, le pétiole et l'axe d'inflorescence du *Tilia silvestris* présentent les caractères suivants :

1° *L'action cécidogène excite en un point le fonctionnement de l'assise génératrice libéro-ligneuse qui produit beaucoup de tissus secondaires non lignifiés et détermine latéralement l'apparition d'une saillie hémisphérique ayant un plan de symétrie ;*

2° *L'écorce prend toujours une part active à la production des galles et allonge énormément ses cellules internes ;*

3° *La disposition rayonnante des cellules autour des pôles ligneux et libériens est accentuée.*

Populus Tremula L.

Cécidie produite par l'*Harmandia petioli* KIEFF.

On rencontre fréquemment sur les tiges et les pétioles du Tremble de belles galles arrondies, rouges, munies d'un petit bec. Elles atteignent souvent 10 mm. de diamètre ; elles sont uni ou pluriloculaires et contiennent dans chaque loge une larve dont la métamorphose a lieu en terre.

1° Galle de la tige.

Cette cécidie a la forme d'un hémisphère appliqué contre la tige (E, fig. 111). Vers son pôle on aperçoit la trace de la piqûre, ce qui indique que la femelle a perforé horizontalement l'écorce pour déposer son œuf dans l'assise génératrice ; l'hypertrophie des tissus s'est produite ensuite régulièrement autour de cette piqûre (qui a constitué un canal horizontal en partie oblitéré par les tissus de cicatrisation) et il en est résulté la forme hémisphérique de la galle. De plus, la région opposée de la tige n'a pas été du tout déformée par la production de la cécidie ; elle a servi de point d'appui et favorisé le développement d'un plan de symétrie vertical passant par le centre de la cavité larvaire et par la génératrice médiane de cette région non déformée.

Nous aurons donc à envisager dans cette galle deux sortes d'accroissements :

1° Un accroissement en épaisseur, caractérisé par un plan de symétrie vertical ;

2° Un accroissement cicatriciel autour du canal de la piqûre, caractérisé par un axe de symétrie horizontal.

Accroissement en épaisseur. — Afin de mieux comprendre la structure de la galle, voyons en quelques mots l'anatomie d'une

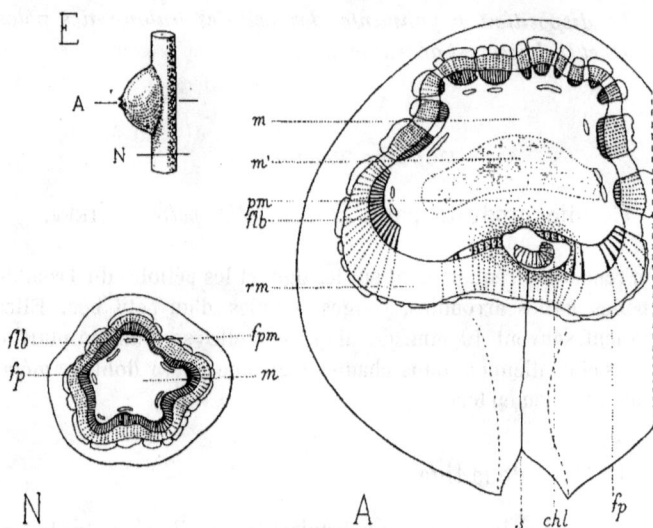

Fig. 111 (E). — Vue extérieure de la cécidie de la tige de Tremble (gr. 2).
Fig. 112 (N). — Schéma de la coupe transversale de la tige normale (gr. 15.)
Fig. 113 (A). — Schéma de la coupe transversale de la cécidie (gr. 15).

flb, anneau vasculaire ; *fp*, fibres péricycliques ; *pm, fpm*, zone périmédullaire ; *m, m'*, moelle ; *rm*, rayon médullaire ; *s*, sillon ; *chl*, chambre larvaire.

jeune tige normale, cueillie au commencement de juin, et dont l'âge correspond aussi exactement que possible à celui de la cécidie. Le diamètre de la section est 1,7 mm. et le contour est irrégulier (N, fig. 112). L'épiderme *ép* (en N, fig. 114) est suivi de quatre assises environ de cellules de collenchyme *co* et d'un tissu cortical lacuneux *éc* limité vers le centre par un endoderme *end* à petites cellules

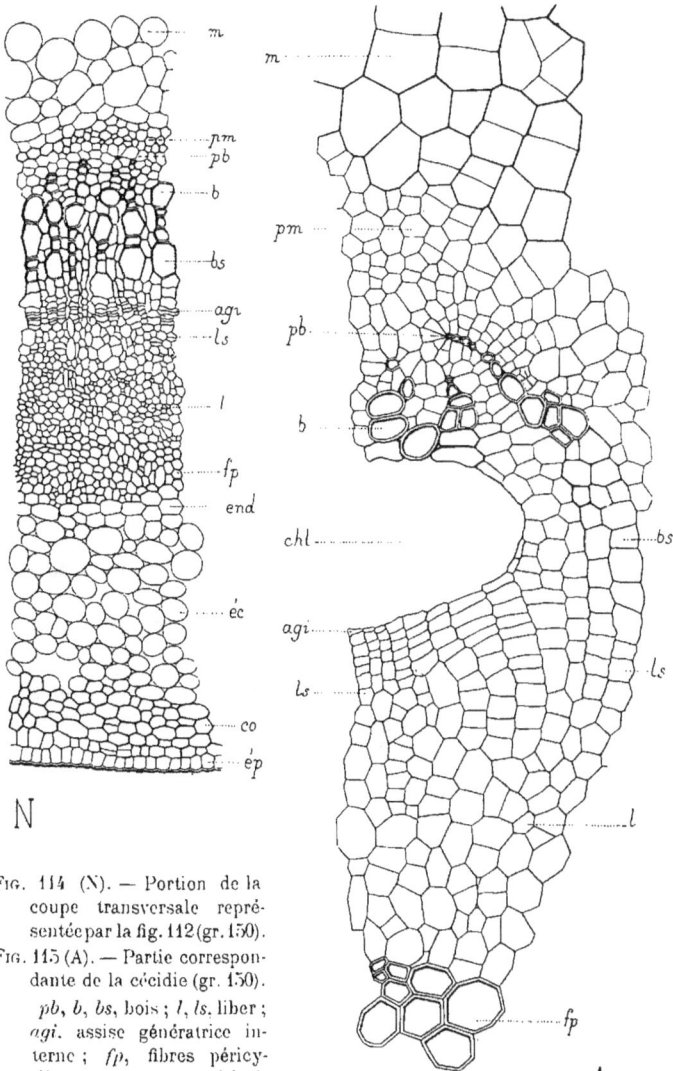

Fig. 114 (N). — Portion de la
coupe transversale repré-
sentée par la fig. 112 (gr. 150).

Fig. 115 (A). — Partie correspondante de la cécidie (gr. 150).

pb, *b*, *bs*, bois ; *l*, *ls*, liber ;
agi, assise génératrice in-
terne ; *fp*, fibres péricycliques ; *pm*, zone périmédullaire ; *m*, moelle ; *end*, en-
doderme ; *éc*, écorce ; *co*, collenchyme ; *ép*, épiderme.

contenant des grains d'amidon. Deux cercles irréguliers de petites
fibres péricycliques *fp* et de petits arcs fibreux périmédullaires
pm enferment complètement l'anneau vasculaire dans lequel
les formations secondaires sont encore peu développées. Les
cellules de la moelle *m* sont à parois minces et ont 40 à 50 μ de
diamètre.

La section transversale de la galle est sensiblement ovale (A,
fig. 113) : ses dimensions sont 5 mm. sur 4,4 mm. Le petit bout de
l'ovale est occupé par une moitié peu modifiée du cylindre central
dont les éléments restent normaux et sont en même temps
plus nombreux.

L'autre moitié du cylindre central est tout à fait déformée :
elle n'est plus arrondie, mais comme déprimée en son milieu. La
partie surbaissée est séparée de l'écorce par une zone irrégulière de fibres péricycliques *fp* très nombreuses et très agrandies
(29 μ au lieu de 7 μ).

En dedans, les faisceaux libéro-ligneux *flb* sont écartés les uns
des autres par suite de l'hypertrophie considérable des rayons
médullaires *rm*. Ces faisceaux ont tous produit d'abondantes
formations secondaires qui entourent la cavité larvaire irrégulière
chl, située vers le milieu de la galle, en face la trace de la
piqûre. Dans chaque faisceau, le bois secondaire formé (*bs*, en A,
fig. 115) n'est pas lignifié ; le bois primaire *b* l'est quelque peu, mais
ses vaisseaux sont écartés les uns des autres par l'hypertrophie du
parenchyme et leur disposition devient très irrégulière. Les pôles
ligneux *pb* sont entourés de longues cellules cloisonnées et, au pôle
opposé de chaque faisceau, le liber *l* est constitué par de grandes
cellules non différenciées qui sont en contact avec les grosses fibres
péricycliques *fp*. Au centre de la tige, les cellules de la zone
périmédullaire *pm* et de la moelle *m* sont considérablement hypertrophiées (80 à 100 μ de diamètre pour les cellules médullaires au
lieu de 40 à 50 μ) ; elles épaississent et lignifient leurs parois après
s'être cloisonnées tangentiellement.

Dans la galle âgée, il se produit autour de la cavité larvaire,
et à une certaine distance, un anneau scléreux très épais dont les
éléments dérivent presque tous des parties lignifiées de la moelle
ou du péricycle.

Cas particulier. — Il arrive souvent que la cavité larvaire est établie dans la région corticale hypertrophiée ; l'anneau vasculaire de ce côté de la tige est aplati et ses faisceaux libéro-ligneux sont dissociés par l'hypertrophie des rayons médullaires (voir *flb*, fig. 116, A₁). Bien que la cavité larvaire *chl* soit située en dehors de

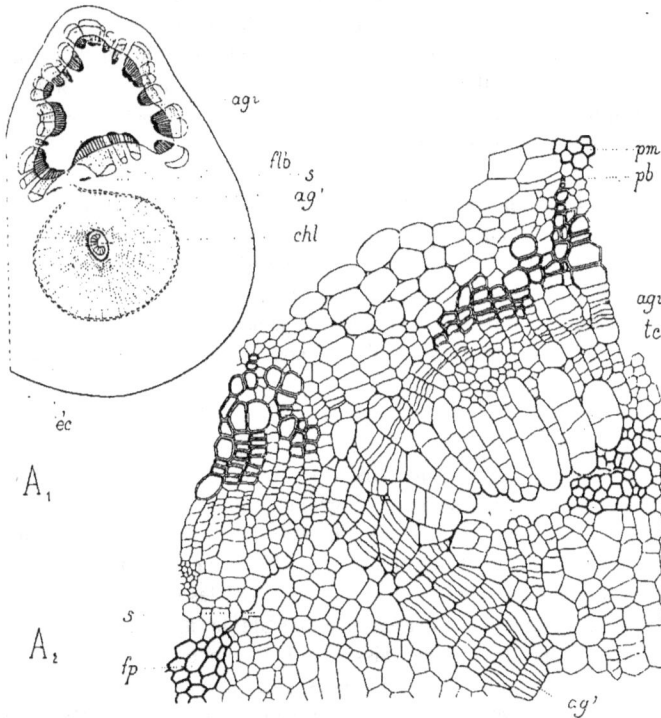

Fig. 116 (A₁). — Coupe transversale schématique d'une cécidie caulinaire de Tremble dont la cavité larvaire *chl* est située dans l'écorce *éc* (gr. 15).

Fig. 117 (A₂). — Partie de la coupe précédente montrant le fonctionnement de l'assise génératrice interne *agi* dans le tissu cortical, en *ag'* (gr. 150).

flb, anneau vasculaire ; *pb*, pôle ligneux ; *pm*, zone périmédullaire ; *fp*, fibres péricycliques ; *s*, sillon ; *tc*, tissu cicatriciel.

l'anneau ligneux, il n'en est pas moins vrai qu'elle est plongée au milieu de tissus secondaires provenant du fonctionnement actif d'une assise génératrice secondaire *ag'* : cette assise s'est établie autour de la cavité larvaire et y a produit de nombreux petits faisceaux vasculaires.

L'assise *ag'* émane de l'assise génératrice normale *agi* de la tige, comme le montre la figure 117 (A_2), en un point où les fibres péricycliques *fp* ont été séparées par l'oviducte de la femelle avant leur lignification. La petite cavité *s* ainsi formée s'est allongée tangentiellement en même temps que l'hypertrophie des tissus environnants se produisait : son pourtour s'est garni de tissus de cicatrisation. Enfin, en son milieu, elle a été comblée par l'assise génératrice *ag'* qui a pu gagner l'écorce et entourer la petite larve de nombreux tissus secondaires.

Accroissement cicatriciel. — Si l'on coupe la galle perpendiculairement au canal de la ponte, c'est-à-dire parallèlement à l'axe de la tige, comme l'indique la ligne verticale de la figure 118 (L_1), on obtient des sections circulaires (L_2, fig. 119). Le centre de chaque section est occupé par le canal irrégulier *s*, lui-même entouré de nombreuses cellules disposées en files rayonnantes et présentant d'abondantes cloisons tangentielles : c'est du *tissu cicatriciel tc* qui s'est développé et qui a cicatrisé peu à peu la plaie en obstruant le canal.

Autour de ce premier tissu se trouve un anneau de *tissu vasculaire tv* composé d'un très grand nombre de petits faisceaux libéro-ligneux irrigateurs *irr* (fig. 120, L_3) ; ces faisceaux ont une section irrégulière, beaucoup même sont coupés longitudinalement ou obliquement, car ils serpentent dans tous les sens au travers du tissu vasculaire. La portion médiane de la figure 120 montre quelques-uns des courts vaisseaux qui composent ces faisceaux secondaires : leurs parois lignifiées sont munies de fines ponctuations allongées qui permettent la nutrition des tissus hypertrophiés par un échange rapide de liquides nutritifs. Tous ces petits faisceaux dérivent de la région libéro-ligneuse très élargie de la tige que nous avons vue plus haut.

Entre le tissu vasculaire *tv* et l'épiderme *ép*, l'écorce *éc* comprend d'abord de petites cellules arrondies, empilées en files rayonnantes, puis de grandes cellules à parois cellulosiques, cloisonnées radialement et tangentiellement, ce qui leur permet de suivre l'hyperplasie de la partie centrale. Ces dernières cellules diminuent de taille aux abords de l'épiderme *ép* qui comporte lui-même des

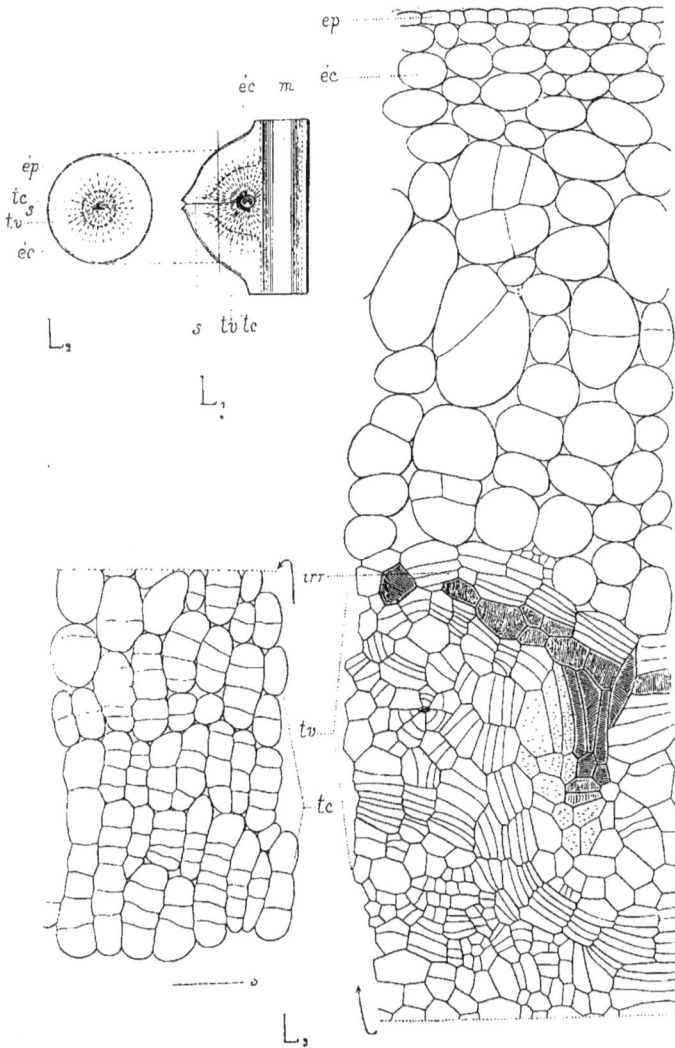

FIG. 118 (L₁). — Coupe longitudinale de la cécidie de la tige de Tremble (gr. 4).
FIG. 119 (L₂). — Coupe tangentielle de la cécidie du même arbre (gr. 4).
FIG. 120 (L₃). — Partie de la coupe précédente (gr. 150).

s, sillon ; tc, tissu cicatriciel ; tv, tissu vasculaire ; irr, faisceau d'irrigation ; éc, écorce : ép, épiderme ; m, moelle.

cellules très petites (25 μ de largeur en moyenne), à parois minces non lignifiées.

2° Galle du pétiole.

C'est la plus commune ; elle peut être située en n'importe quel point du pétiole depuis la base jusqu'au limbe. Elle est sphérique, d'un diamètre de 5 à 8 mm. (F$_3$, fig. 122), velue ou non, charnue et colorée en rose ; sur le côté se voit la cicatrice indiquant l'endroit où la femelle a introduit l'œuf.

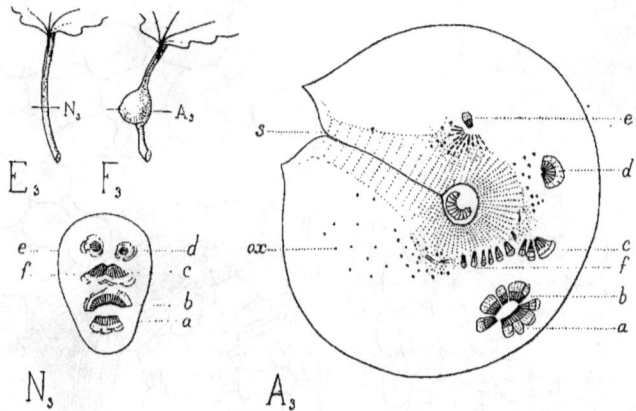

Fig. 121 (E$_3$). — Aspect du pétiole normal de la feuille de Tremble (gr. 1).
Fig. 122 (F$_3$). — Aspect de la cécidie pétiolaire (gr. 1).
Fig. 123 (N$_3$). — Schéma de la coupe transversale du pétiole sain (gr. 15).
Fig. 124 (A$_3$). — Schéma de la coupe transversale du pétiole parasité (gr. 15).

s, sillon ; ox, mâcles d'oxalate de calcium ; a, b, c, d, e, f, faisceaux libéro-ligneux.

La structure du pétiole de Tremble est différente selon les régions que l'on envisage et par suite influence l'anatomie des cécidies. Le développement de la galle reste le même dans tous les cas et je me contenterai de représenter ici la section d'une galle de l'année (A$_3$, fig. 124) et la section correspondante pratiquée sur un pétiole sain (N$_3$, fig. 123).

Le pétiole sain présente six gros faisceaux libéro-ligneux *a*, *b*, *c*, *d*, *e*, *f*, régulièrement placés par rapport au plan de symétrie.

C'est au voisinage des assises génératrices des faisceaux *e* et *f*, c'est-à-dire à gauche du plan de symétrie du pétiole, que l'œuf est déposé (fig. 124) ; l'action cécidogène se fait aussitôt sentir, après l'éclosion de la larve, sur les assises génératrices qui fonctionnent alors activement et produisent en grande abondance des tissus secondaire aux environs de la cavité larvaire, ainsi que des tissus cicatriciels autour de la blessure. Tous ces tissus hyperplasiés font saillie sur le côté gauche du pétiole, car la région située à droite du plan de symétrie n'ayant été que peu déformée joue le rôle de point d'appui et refoule les tissus gallaires.

La nutrition de la zone hyperplasiée entourant la larve est assurée par les vaisseaux situés dans les parties latérales des faisceaux *e* et *f*, étalés en éventail. Tous les autres faisceaux *a*, *b*, *c*, *d* sont simplement hypertrophiés et ont leurs éléments un peu dissociés.

Dans les tissus gallaires se trouvent de nombreuses mâcles d'oxalate de calcium *ox* ; il n'y en a pas dans la région non déformée située de l'autre côté du plan de symétrie.

L'épiderme de la cécidie a des cellules plus grandes que les cellules normales et des parois plus minces.

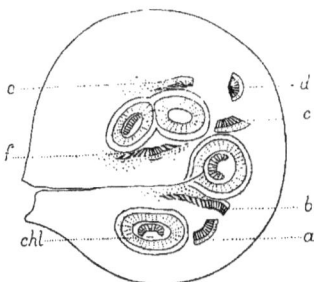

Plusieurs larves peuvent concourir à la formation d'une galle qui devient alors pluriloculaire ; dans ce cas presque

Fig. 125. — Schéma de la coupe transversale d'une cécidie âgée et pluriloculaire du pétiole de Tremble (gr. 15).

tous les faisceaux sont déformés et le plan de symétrie primitif du pétiole n'est plus reconnaissable.

Enfin, peu à peu, au fur et à mesure que la galle vieillit, les cavités larvaires s'entourent d'une couche continue scléreuse protectrice (fig. 125).

Quand la cécidie se dessèche, les tissus de cicatrisation produits autour de la piqûre se contractent ainsi que les couches scléreuses des chambres larvaires : il se forme de cette façon un canal assez large par lequel les larves gagnent le sol pour s'y métamorphoser.

En résumé, sous l'influence de l'*Harmandia petioli*, la tige du *Populus Tremula* présente les modifications suivantes :

1° *L'action cécidogène excite en un point le fonctionnement de l'assise génératrice libéro-ligneuse qui produit une grande quantité de tissus secondaires non lignifiés et détermine latéralement l'apparition d'une saillie hémisphérique ayant un plan de symétrie ;*

2° *L'écorce multiplie ses cellules autour de la piqûre et donne un abondant tissu de cicatrisation, entouré d'un réseau vasculaire, symétrique par rapport à un axe.*

Le pétiole présente une déformation analogue qui n'intéresse le plus souvent que la moitié de ses tissus.

Salix capræa L.

Cécidie produite par le *Rhabdophaga salicis* Schrank.

Ce diptère produit sur les jeunes rameaux du Saule Marsault des renflements fusiformes ou sphériques atteignant au moins 10 mm. de diamètre ; leur surface verdâtre est bosselée. En général, les cécidies sont pluriloculaires et leurs cavités larvaires bien nettes.

J'ai choisi pour cette étude l'extrémité d'une cécidie allongée afin que la coupe pratiquée au niveau A (en E, fig. 126) ne rencontre qu'une seule chambre larvaire.

La *tige normale* N (fig. 127) est cylindrique et a 2,3 mm. de diamètre ; son anneau libéro-ligneux *flb* est très épais.

La section de la *galle* est ovalaire (A, fig. 128), les dimensions de ses axes étant 2,5 mm. et 3,3 mm. C'est au niveau de l'assise génératrice interne que la larve a établi sa cavité larvaire *chl* et complètement modifié la région avoisinante : les faisceaux libéro-ligneux *flb'* les plus proches de cette cavité ont été éloignés les uns des autres par l'hypertrophie du parenchyme qui les séparait ; ils se sont de plus fortement allongés par suite de la production d'abondants tissus secondaires.

L'action cécidogène du parasite s'est fait sentir jusqu'à la même distance autour de la cavité larvaire. Ainsi, du côté de la moelle m, les cellules médullaires les plus proches m' se sont allongées radialement puis ont pris une ou deux cloisons tangentielles ; elles ont ensuite épaissi et lignifié leurs parois. Le même phénomène s'est produit vers l'extérieur au niveau des fibres péricycliques fp et finalement la cavité larvaire a été entourée par une zone scléreuse d'égale épaisseur.

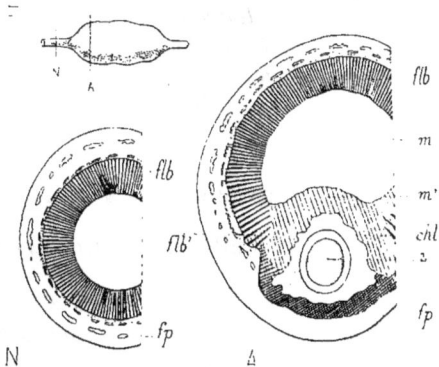

Fig. 126 (E). — Aspect de la cécidie de la tige de Saule Marsault (gr. 1).

Fig. 127 (N). — Schéma de la coupe transversale de la tige normale (gr. 15).

Fig. 128 (A). — Schéma de la coupe transversale de la cécidie (gr. 15).

fb, fb', anneau vasculaire ; *fp*, fibres péricycliques ; *m, m'*, moelle ; *chl*, chambre larvaire ; *z*, larve.

Le faible diamètre de cette zone scléreuse permet de considérer l'action cécidogène de la larve du *Rhabdophaga salicis* comme peu intense, et, si les galles produites par ce diptère peuvent atteindre la grosseur d'une noix, c'est qu'elles sont la résultante des actions cécidogènes combinées de plusieurs larves.

L'absence de modifications dans la région de la tige opposée à la cavité larvaire fait naître, dans les tissus gallaires rejetés latéralement, un plan de symétrie déterminé par la génératrice médiane de la région non déformée et par le centre de la cavité larvaire. Ce plan passe par l'axe du rameau.

En résumé, sous l'influence du *Rhabdophaga salicis,* la tige du *Salix capræa* présente les modifications suivantes :

1° *L'action cécidogène excite en un point le fonctionnement de l'assise génératrice libéro-ligneuse et détermine l'apparition d'une saillie latérale ayant un plan de symétrie ;*

2° *La moelle et la région péricyclique forment une couche scléreuse continue ;*

3° *L'écorce est peu altérée.*

Sarothamnus scoparius Koch.

Cécidie produite par le *Contarinia scoparii* Rübs.

Dès le mois de mai, les galles du *Contarinia scoparii* apparaissent sur les jeunes rameaux de l'année, à l'aisselle des feuilles. Leur forme est globuleuse (en E, fig. 129) et leur taille ne dépasse pas beaucoup celle d'un grain de chènevis ; aussi sont-elles difficiles à distinguer.

Chaque cécidie est constituée (E_2, fig. 131) par une partie globuleuse, presque sphérique, pédicellée, d'un vert jaunâtre, couverte de petits poils et présentant trois ou quatre côtes irrégulières peu saillantes. Ces côtes sont en relation à la partie supérieure de la galle avec deux petites feuilles *fe*, velues, peu ouvertes, comprenant entre elles un bourgeon terminal *bg*, entouré lui-même de deux autres feuilles plus réduites encore.

Il est facile de voir qu'une telle cécidie correspond à un jeune rameau développé à l'aisselle d'une feuille, tel que celui représenté en E_1 (fig. 130) et qui a exactement le même âge. Pendant que les jeunes rameaux non parasités continuent à croître, le rameau anormal cesse d'allonger son premier entre-nœud qui s'épaissit et devient globuleux ; la petite cécidie formée n'a que 6 à 8 mm. de longueur.

A l'intérieur de la partie globuleuse se trouve la larve du *Contarinia* qui agrandit de jour en jour sa cavité et finit par se constituer une chambre spacieuse à parois minces (L, fig. 132).

Voyons maintenant la structure anatomique de cette curieuse déformation : comparons une coupe transversale faite au milieu de la partie globuleuse de la galle (indiquée par la ligne A_1 en E_2, fig. 131) à une autre coupe pratiquée au travers du premier entre-nœud d'un jeune rameau ayant le même âge (indiquée par la ligne N, en E_1, fig. 130).

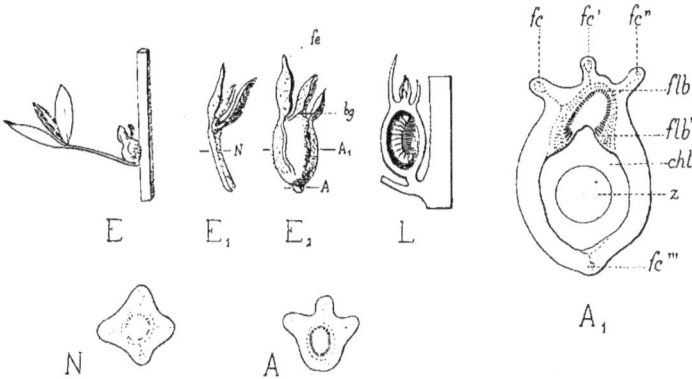

Fig. 129 (E). — Aspect de la diptérocécidie du Sarothamne (gr. 1).

Fig. 130 (E_1). — Aspect d'un jeune rameau (gr. 6).

Fig. 131 (E_2). — Vue de la cécidie plus grossie (gr. 6).

Fig. 132 (L). — Coupe longitudinale de la cécidie (gr. 6).

Fig. 133 (N). — Schéma de la coupe transversale du jeune rameau (gr. 15).

Fig. 134 (A). — Schéma de la coupe transversale du court pédicelle de la cécidie (gr. 15).

Fig. 135 (A_1). — Coupe transversale schématique pratiquée au milieu de la cécidie (gr. 15).

flb, flb', anneau vasculaire ; fc, fc', fc'', fc''', fibres corticales; fe, feuille ; bg, bourgeon ; chl, chambre larvaire ; z, larve.

La coupe transversale du jeune *rameau normal* n'a guère qu'un demi-millimètre de diamètre (N, fig. 133) ; elle est presque carrée et munie aux angles de quatre ailes arrondies. Son cylindre central comprend un anneau vasculaire encore peu développé dont les faisceaux ne possèdent que quelques vaisseaux de bois primaire b (en N, fig. 137) et un commencement de formations secondaires ag. L'endoderme *end* est bien différencié et présente dans chaque aile un diverticule qui entoure quelques fibres péricycliques fp non encore lignifiées.

Déjà le petit *pédicelle* qui supporte la partie globuleuse de la galle n'a plus une section aussi régulière que la tige normale et ses ailes sont de tailles différentes, comme l'indique la figure 134 (A). Son cylindre central conserve les mêmes dimensions que dans le rameau normal, mais le bois primaire est plus développé, de gros vaisseaux de métaxylème apparaissent et l'assise génératrice fonctionne avec une certaine activité entre les faisceaux ; les fibres péricycliques sont beaucoup plus grandes et lignifiées.

La coupe transversale de la partie globuleuse de la *galle* (A₁, fig. 135) présente une grande cavité larvaire *chl*, irrégulière, limitée par une paroi épaisse dont les cellules sont dévorées par la larve.

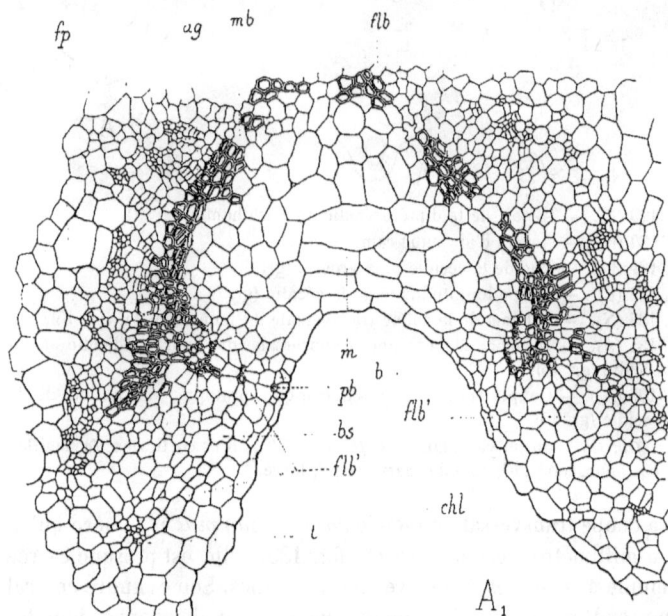

FIG. 136 (A₁). — Partie supérieure de la coupe transversale de la cécidie du Sarothamne, représentée par la figure 135 (gr. 150).

flb, flb′, faisceaux libéro-ligneux ; *pb, mb, b, bs*, bois ; *l*, liber ; *ag*, assise génératrice interne ; *fp*, fibres péricycliques ; *m*, moelle ; *chl*, chambre larvaire.

Trois des ailes corticales peu hypertrophiées et peu déformées *fc, fc′, fc″* sont rejetées d'un côté ; la quatrième ne se signale plus dans la paroi larvaire que par son amas *fc‴* de fibres corticales, situé à l'opposé des trois précédents. Ce dernier amas, représenté dans la figure 138 (A$_2$), diffère sensiblement des trois autres par la taille très irrégulière de ses fibres et aussi en ce qu'il est séparé de l'épiderme *ép* par cinq ou six assises de cellules à parois cellulosiques.

A l'opposé de la cavité larvaire, en *flb*, (fig. 135), le cylindre central présente une structure normale. Cette région étant peu déformée joue le rôle de point d'appui et les tissus gallaires qui environnent la cavité larvaire se disposent à droite et à gauche d'un plan de symétrie : ce plan est déterminé par l'aile médiane *fc'* et par le centre de la cavité larvaire ; il contient aussi l'axe du rameau.

Quand on quitte cette région résistante *flb* (en A$_1$, fig. 136) pour se rapprocher de la cavité larvaire, les faisceaux libéro-ligneux deviennent de plus en plus grands et de plus en plus espacés ; leur assise génératrice interne *ag* fonctionne activement et donne du bois

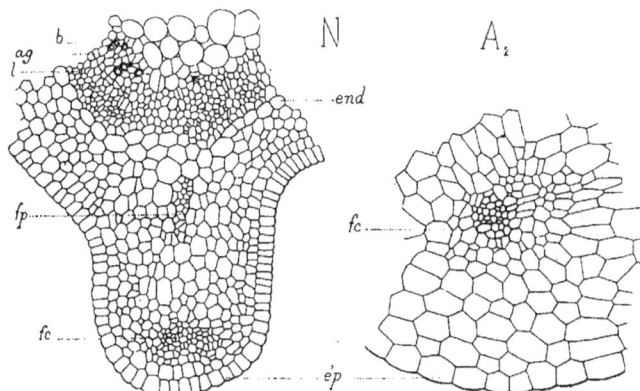

Fig. 137 (N). — Partie de la coupe transversale représentée par la figure 133 (gr. 150).

Fig. 138 (A$_2$). — Partie inférieure de la coupe représentée par la figure 135 (gr. 150).

ag, assise génératrice interne : *b*, bois ; *l*, liber ; *fp*, fibres péricycliques ; *fc*, fibres corticales ; *end*, endoderme ; *ép*. épiderme.

secondaire refoulé au dehors par le métaxylème *mb* qui prend beaucoup d'importance. Les fibres péricycliques *fp* deviennent plus grandes et leurs parois se lignifient un peu, mais restent

minces ; elles forment autour de l'anneau vasculaire une zone claire
très visible.

Enfin, tout près de la cavité larvaire, en *flb'*, les pôles ligneux
pb et libériens *l* des faisceaux les plus proches sont très écartés
par l'hypertrophie des éléments secondaires et en particulier par le
bois non lignifié *bs*.

L'orientation des faisceaux, leur taille de plus en plus grande au
fur et à mesure qu'on se rapproche de la cavité larvaire, tout cela
prouve bien qu'au début cette cavité a été creusée dans les tissus
secondaires produits par l'assise génératrice ; ces tissus ont servi de
nourriture au jeune parasite. Plus tard, quand la larve est devenue
beaucoup plus grosse, elle a détruit le tissu secondaire sur toute son
épaisseur et dévoré même une partie de la moelle. La galle,
arrivée à cet état, a été représentée dans les figures 135 et 136.

En résumé, sous l'influence du *Contarinia scoparii*, la tige du
Sarothammus scoparius présente les modifications suivantes :

1º *L'action cécidogène excite en un point le fonctionnement de
l'assise génératrice libéro-ligneuse et produit un renflement
latéral ayant un plan de symétrie ;*

2º *Le tissu gallaire est formé surtout de bois secondaire non
lignifié ;*

3º *L'écorce et la moelle sont fortement hypertrophiées.*

Quercus coccifera L.

Cécidie produite par le *Plagiotrochus fusifex* MAYR.

Plusieurs Hyménoptères appartenant au genre *Plagiotrochus*
produisent sur l'axe des chatons de divers Chênes méridionaux des
renflements fort accusés. C'est ainsi que le *Plagiotrochus amenti*
TAVARES contourne et renfle faiblement l'axe des chatons du *Quercus Suber* L., que le *Plagiotrochus fusifex* MAYR déforme les
chatons du *Quercus Ilex* L. var. *genuina* COUT., ceux du *Quercus
coccifera* L. et de quelques-unes de ses variétés (var. *vera* DC., var.
imbricata DC.).

Sur le *Quercus coccifera* L., le renflement est fusiforme, glabre, vert à l'état frais ; plus tard il se colore en rouge, puis en marron. Sa surface porte toujours quelques fleurs atrophiées (E, fig. 139) qui sont logées dans de petites anfractuosités. La longueur de la cécidie peut atteindre 20 mm. ; sa section est irrégulièrement arrondie, pluriloculaire et d'un diamètre six à dix fois supérieur à celui de l'axe du chaton. C'est ainsi que l'échantillon choisi pour cette étude avait 3,5 mm. de diamètre, tandis que l'axe ne comptait que 0,6 mm.

Structure de l'axe normal. — La section transversale de l'axe du chaton, pratiquée à quelque distance de la galle (N, fig. 141 et fig. 144), comprend d'abord un épiderme *ép* à petites cellules, très irrégulières de forme et de taille, serrées les unes contre les autres. Les cellules de l'écorce *éc* sont de même irrégulières, les plus

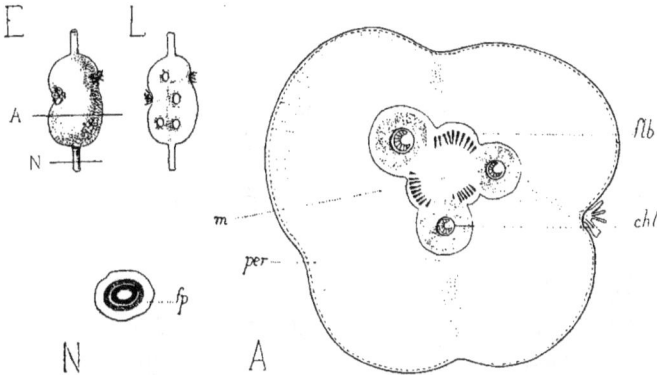

Fig. 139 (E). — Aspect de la cécidie des chatons du Chêne à cochenille (gr. 2).
Fig. 140 (L). — Coupe longitudinale de la cécidie (gr. 2).
Fig. 141 (N). — Schéma de la coupe transversale du chaton normal (gr. 15).
Fig. 142 (A). — Schéma de la coupe transversale de la cécidie (gr. 15).

flb, anneau vasculaire ; *fp*, fibres péricycliques ; *m*, moelle ; *pér*, périderme ; *chl*, chambre larvaire.

internes étant comprimées radialement et aplaties. Le cylindre central débute par un péricycle continu *fp* formé de cinq ou six épaisseurs de cellules irrégulières à parois minces et lignifiées ; il comprend ensuite un anneau vasculaire formé de 20 à 22 faisceaux libéro-ligneux, avec formations secondaires continues. Au centre, la moelle *m* n'est composée que de quelques cellules.

Structure de l'axe anormal. — L'œuf est déposé par la femelle du Cynipide dans l'assise génératrice interne. Il en résulte la production d'abondants tissus secondaires qui enveloppent peu à peu la larve et désorganisent l'anneau libéro-ligneux ; le tissu gallaire fait saillie sur le côté, à droite et à gauche d'un plan de symétrie déterminé par la génératrice de la portion non déformée du chaton et par le centre de la cavité larvaire. Mais la galle est très souvent pluriloculaire (A, fig. 142) : les saillies latérales que produisent les tissus hypertrophiés en face de chaque cavité larvaire confluent alors ; la section devient presque circulaire.

Au voisinage de la cavité larvaire *chl* (fig. 143), l'anneau libéro-ligneux est brisé. Les faisceaux *flb*, *flb'* les plus proches sont

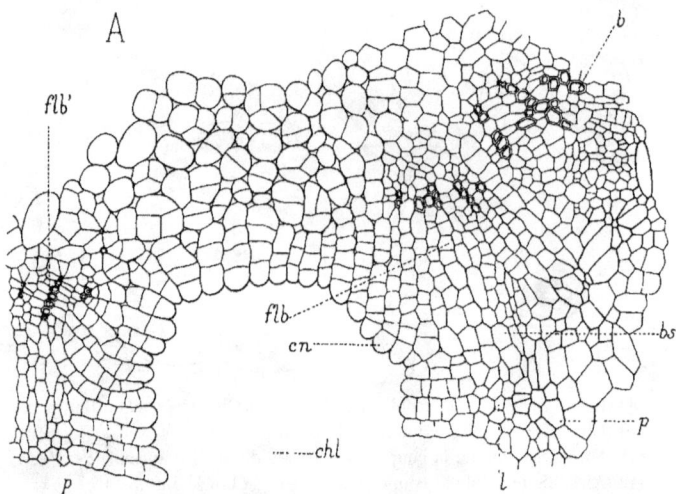

Fig. 143. — Partie de la coupe transversale représentée par la figure 142, aux environs d'une cavité larvaire *chl* ; *flb*, *flb'*, faisceaux libéro-ligneux écartés l'un de l'autre ; *b*, *bs*, bois ; *l*, liber ; *p*, péricycle ; *cn*, couche nourricière (gr. 150)

beaucoup hypertrophiés, étalés en éventail et deux ou trois fois plus longs que les faisceaux normaux. Les vaisseaux du bois primaire *b* sont plus gros et plus nombreux qu'à l'état sain, mais ils sont dissociés et écartés les uns des autres. Quant au bois secondaire *bs* il comprend des files de 8 à 12 cellules, non lignifiées pour la plupart, à parois minces, d'un diamètre transversal supérieur au diamètre normal. Les formations secondaires libériennes sont peu importantes, le liber primaire *l* est déformé et indifférencié et les éléments péricycliques *p*, non encore lignifiés, forment en face de chaque faisceau un amas irrégulier de petites cellules à parois épaisses.

Enfin, la cavité larvaire *chl* est bordée par de nombreuses cellules allongées *cn* qui proviennent du fonctionnement de l'assise génératrice et qui se sont disposées en files rayonnantes autour de cette cavité. Elles sont en général cloisonnées plusieurs fois et contiennent un protoplasme très dense et de gros noyaux hypertrophiés, constituant ainsi pour la larve un véritable tissu nourricier.

L'écorce de l'axe du chaton acquiert dans la galle un développement considérable dû à l'hypertrophie de toutes ses parties. Les cellules les plus internes, y compris les cellules endodermiques,

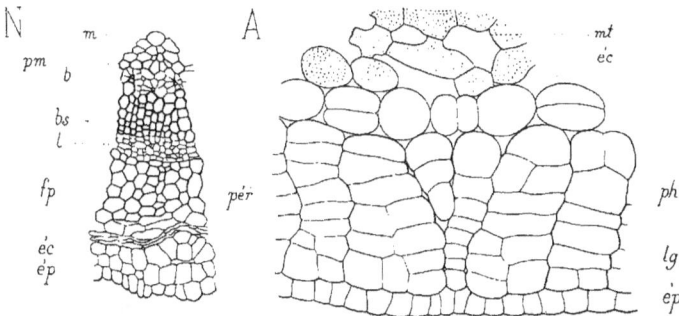

Fig. 144 (N). — Partie de la coupe transversale représentée par la figure 141 (gr. 150).

Fig. 145 (A). — Périderme anormal de la cécidie des chatons du Chêne à cochenille (gr. 150).

b, *bs*, bois ; *l*, liber ; *fp*, fibres péricycliques ; *pm*, fibres périmédullaires ; *m*, moelle ; *éc*, écorce ; *ép*, épiderme ; *pér*, périderme ; *lg*, liège ; *ph*, phelloderme ; *mt*, méat.

sont très allongées radialement et cloisonnées plusieurs fois. Les cellules de l'écorce moyenne *éc* (en A, fig. 145), sont considérablement agrandies et leurs méats *mt* sont développés ; par suite des pressions qu'elles supportent, elles se contournent dans tous les sens en donnant un tissu sinueux et lacuneux assez semblable à celui que nous avons vu dans la galle du *Contarinia tiliarum* (fig. 90).

L'assise génératrice subéro-phellodermique fonctionne en outre dans l'assise corticale la plus externe : elle y produit de grandes cellules de périderme *pér* souvent déviées de la direction radiale par les pressions irrégulières qu'elles supportent. L'action parasitaire a ainsi provoqué, dans la partie déformée de l'axe, l'apparition anticipée de liège et de phelloderme.

L'épiderme *ép* comprend des cellules régulières et à parois minces, non lignifiées, beaucoup plus larges que les cellules normales (24 μ au lieu de 9 μ).

En résumé, sous l'influence du *Plagiotrochus fusifex*, l'axe du chaton du *Quercus coccifera* subit les modifications suivantes :

1° *L'action cécidogène excite en un point le fonctionnement de l'assise génératrice interne et amène la production d'une saillie latérale ayant un plan de symétrie ;*

2° *L'anneau vasculaire est brisé et la moelle prend part à l'hypertrophie ;*

3° *L'écorce est hyperplasiée et comporte du tissu lacuneux sinueux ainsi que du périderme.*

Rubus fruticosus L.

Cécidie produite par le *Lasioptera rubi* HEEGER.

Les cécidies produites par ce diptère sont parmi les plus communes et connues sur une dizaine d'espèces de *Rubus* ; elles déforment les tiges et les pétioles et consistent en renflements noueux ou allongés, souvent latéraux, à surface non bossuée, mais fendillée longitudinalement. Une section transversale y montre des cavités larvaires peu distinctes contenant des larves orangées qui se métamorphosent dans la cécidie pour en sortir l'année suivante.

1º Galle de la tige.

La galle que j'ai étudiée était jeune ; elle produisait sur le côté de la tige (E, fig. 146) une saillie latérale de 3,5 mm. d'épaisseur et de 16 mm. de longueur.

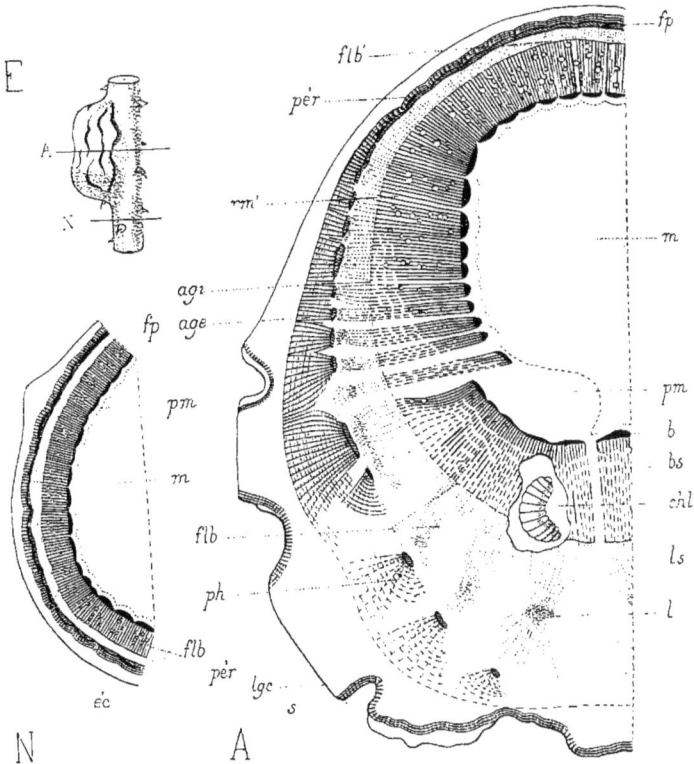

Fig. 146 (E). — Aspect de la cécidie de la tige de Ronce (gr. 1,5).
Fig. 147 (N). — Coupe transversale schématique de la tige normale (gr. 15).
Fig. 148 (A). — Coupe transversale schématique de la cécidie (gr. 15).

flb, flb', anneau vasculaire : b. bs. bois : l, ls, liber : fp, fibres péricycliques ; pm, zone périmédullaire : m, moelle : rm', rayon médullaire : agi, age, assises génératrices interne et externe : pér, périderme : ph, phelloderme ; lgc, liège cicatriciel : s, craquelure.

Structure de la tige normale. — Sa section a un diamètre de 4,2 mm. ; elle comprend une moelle m (en N, fig. 147) très épaisse, de 3 mm. environ de diamètre, dont les grandes cellules sont groupées en rosette autour des cellules du réseau tannifère.

L'anneau vasculaire *flb* possède un très grand nombre de gros faisceaux libéro-ligneux à formations secondaires bien développées. Aux extrémités de chaque faisceau, la zone périmédullaire *pm* est sclérifiée et les fibres péricycliques *fp* forment un arc résistant adossé à un périderme *pér* qui ne comprend encore que deux cloisons. Les cellules internes de l'écorce sont petites, arrondies et séparées par de grands méats; celles des trois assises les plus externes sont collenchymateuses (*co*, en N, fig. 149). Enfin, l'épiderme *ép* est formé de cellules de largeur variable.

Structure de la galle. — Un coup d'œil jeté sur une coupe transversale pratiquée au milieu de la cécidie (en A, fig. 148) montre que l'action cécidogène développée par le parasite se fait sentir sur une partie de l'assise génératrice *agi*; il en résulte une active formation de tissus gallaires qui, ne pouvant se développer du côté de la moelle et de l'anneau vasculaire peu altérés tous les deux, constituent alors une saillie latérale ayant un plan de symétrie. Ce plan est déterminé par la génératrice médiane de la région non déformée de la tige et par le centre de la cavité larvaire; il passe également par l'axe de la tige.

Dans la région de la coupe diamétralement opposée à celle où l'action du parasite se fait sentir, en *flb'*, la moelle *m* n'est pas modifiée et les formations secondaires libéro-ligneuses sont un peu plus développées que dans la tige normale; les arcs péricycliques *fp* sont un peu écartés les uns des autres. Enfin, l'assise génératrice externe *pér* a fonctionné déjà et donné trois ou quatre cellules de phelloderme *ph* (en A₁, fig. 150), contre une ou deux cellules de liège *lg*. L'écorce n'est pas du tout modifiée.

Au fur et à mesure qu'on s'écarte à droite et à gauche de cette région peu modifiée pour gagner la zone parasitée, on trouve que l'assise génératrice interne *agi* (A, fig. 148) a fonctionné avec une intensité toujours croissante. Les faisceaux libéro-ligneux présentent des couches épaisses de bois secondaire et de liber secondaire et sont de plus en plus séparés les uns des autres par l'hypertrophie des rayons médullaires *rm'*.

Le voisinage de la larve se signale, quand on dépasse la région médiane de la tige, par l'absence de lignification pour les dernières couches de bois secondaire *bs*; cette modification s'accentue

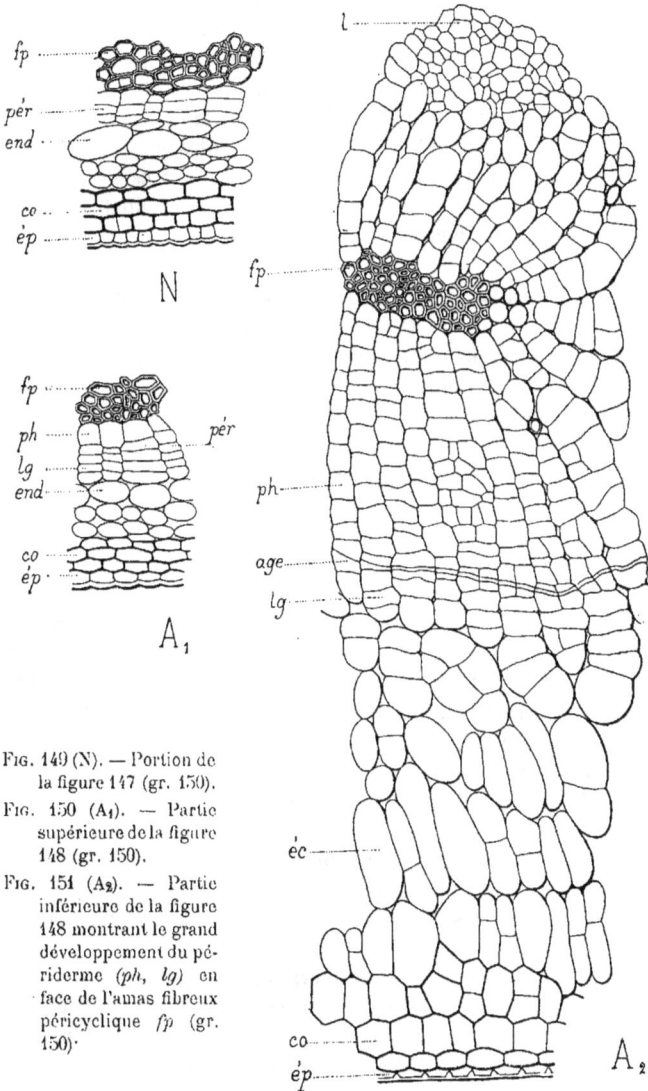

FIG. 149 (N). — Portion de la figure 147 (gr. 150).

FIG. 150 (A₁). — Partie supérieure de la figure 148 (gr. 150).

FIG. 151 (A₂). — Partie inférieure de la figure 148 montrant le grand développement du périderme (*ph*, *lg*) en face de l'amas fibreux péricyclique *fp* (gr. 150).

tellement autour de la cavité larvaire *chl* qu'on ne trouve plus que
quelques files très courtes de bois secondaire lignifié, disséminées
dans les faisceaux libéro-ligneux *flb*. Les vaisseaux ligneux les
plus rapprochés de la moelle sont assez réguliers, lignifiés et par
suite peu altérés, parce qu'ils avaient déjà atteint tout leur développement quand la larve a commencé à agir sur la tige.

C'est dans le tissu gallaire, à parois cellulosiques, à contenu
cellulaire riche en protoplasme, que se trouve la cavité larvaire
chl dont le contour est toujours irrégulier et dont la taille
augmente considérablement au fur et à mesure que la galle avance
en âge.

L'action parasitaire est si intense, bien souvent, et l'hypertrophie
des tissus secondaires si considérable que la zone périmédullaire
pm se trouve aussi modifiée : une large plage de tissu très cloisonné
et complètement cellulosique fait saillie dans la moelle, réduisant
quelque peu son étendue.

Pendant que l'assise génératrice interne *agi* fonctionne avec activité autour de la larve et produit la plus grande partie des tissus
gallaires, l'assise génératrice subéro-phellodermique *age* prend un
certain développement : le nombre des cellules du périderme
augmente, au fur et mesure qu'on s'éloigne de la portion de tige restée
normale, pour arriver, au niveau de la cavité larvaire, à donner des
files d'une trentaine de cellules. Ces files sont composées en
grande partie de cellules phellodermiques qui rayonnent autour des
amas de fibres péricycliques lignifiées, à parois épaisses. Quelques
cellules se lignifient de place en place dans les files de phelloderme
et constituent, en dehors du péricycle, de petites zones résistantes.

Entre le liber primaire *l* et les fibres péricycliques, des files de 15
à 20 cellules rayonnent à partir du pôle libérien.

La figure 151 (A_2) représente à un fort grossissement la portion de
la tige déformée comprise entre le liber primaire *l* et l'épiderme *ép*,
dans la région où l'assise génératrice externe *age* cesse de fonctionner régulièrement.

Enfin, juste en face de la cavité larvaire, c'est-à-dire aux environs
du plan de symétrie, l'assise génératrice externe, comme l'assise
génératrice interne, ne fonctionne plus que d'une façon discontinue
et ne produit de longues files rayonnantes de cellules qu'en face
des arcs péricycliques.

A l'extérieur de toutes ces productions secondaires anormales, l'écorce a acquis dans la région la plus hypertrophiée une épaisseur quatre à six fois aussi grande que celle de l'écorce normale ; cet accroissement tient surtout à l'allongement radial (80 μ. au lieu de 15 μ.) et au cloisonnement perpendiculaire de toutes les cellules de la région moyenne (*éc*, fig. 151). Les cellules les plus internes du collenchyme *co* s'allongent aussi beaucoup radialement (50 μ. au lieu de 15 μ.), mais sans modifier leur largeur ; la couche externe seule conserve ses cellules intactes. L'épiderme *ép* a des cellules plus larges que dans la tige normale, mais à parois externes moins bombées.

De place en place, l'écorce hyperplasiée n'a pu suivre l'accroissement de volume qui s'est manifesté dans le cylindre central : elle s'est alors fendue suivant des lignes longitudinales irrégulières. Ce sont ces craquelures que l'on aperçoit à la surface de la galle (fig. 146) et qui lui donnent un aspect si différent de la cécidie produite par le *Diastrophus rubi* HARTIG sur la même plante. Le grand dessin d'ensemble (A, fig. 148) montre que l'écorce s'est immédiatement protégée de ces fentes *s* par des arcs de liège cicatriciel *lgc*.

2° Galle du pétiole.

La galle que j'ai étudiée (E, fig. 152) était presque sphérique et déjà de la grosseur d'une noisette ; son diamètre atteignait 12 mm., tandis que celui du pétiole n'arrivait pas à 2 mm. ; sa surface était sillonnée de craquelures longitudinales et portait encore quelques petits aiguillons.

Structure du pétiole normal. — En section transversale (N, fig. 153), celui-ci montre un gros faisceau libéro-ligneux médian *flb* et de chaque côté quatre ou cinq faisceaux plus petits *flb'*. Ils sont tous isolés par des rayons médullaires *rm* assez larges et adossés à des arcs *fp* de fibres péricycliques à parois épaisses ; leur bois secondaire est très développé. Enfin, au centre, la moelle *m* est presque circulaire et son diamètre est de 0,5 mm.

Le détail de la partie interne de l'un des petits faisceaux est donné en X (fig. 155).

Structure de la galle. — Un simple coup d'œil jeté sur la coupe
de la cécidie permet de voir un extraordinaire enchevêtrement de
faisceaux dissociés dont tous les débris rayonnent dans des directions
variées (A, fig. 154). On peut cependant reconnaître presque au centre
un amas de cellules claires *m* correspondant à la moelle et dont les

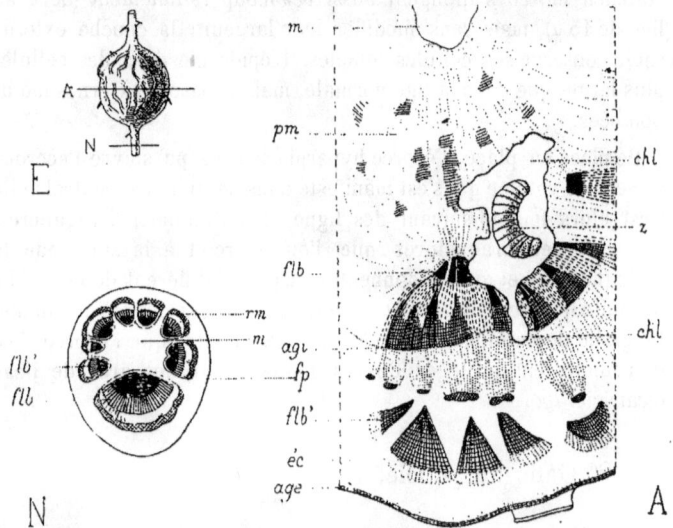

Fig. 152 (E). — Aspect de la cécidie du pétiole de Ronce (gr. 1).
Fig. 153 (N). — Schéma de la coupe transversale du pétiole normal (gr. 15).
Fig. 154 (A). — Schéma d'une partie de la coupe transversale médiane de la
cécidie (gr. 15).

> *flb*, *flb'*, faisceaux libéro-ligneux ; *agi*, assise génératrice interne ; *fp*,
> fibres péricycliques ; *pm*, zone périmédullaire ; *m*, moelle ; *rm*, rayon
> médullaire ; *éc*, écorce ; *age*, assise génératrice externe ; *chl*, *chl'*, chambres
> larvaires primitive et définitive ; *z*, larve.

dimensions ont peu varié ; on reconnaît également, dans la partie la
plus hypertrophiée du pétiole, une cavité larvaire irrégulière *chl*,
chl' située entre quelques faisceaux libéro-ligneux dissociés (tels que
flb) et plongée au milieu d'un tissu cellulosique *pm* dont les
nombreuses cellules sont alignées en longues files depuis la base des
faisceaux jusqu'à la moelle.

A l'extérieur de cette région, et surtout aux environs de la cavité larvaire, les faisceaux sont étalés en éventail ; leur assise génératrice libéro-ligneuse *agi* fonctionne activement et refoule vers l'extérieur les amas fibreux péricycliques *fp* qui eux-mêmes se scindent en plusieurs paquets. Enfin, derrière ce péricycle, de larges faisceaux étalés *flb'* existent de place en place et repoussent l'écorce craquelée *éc*, limitée par l'assise subéreuse *age*.

Ici, comme dans la galle de la tige, un plan de symétrie, déterminé par le centre de la cavité larvaire et par la génératrice médiane de la portion la moins déformée du pétiole, tente de s'ébaucher ; mais la symétrie des tissus gallaires n'est pas aussi nette que dans l'exemple précédent parce que les faisceaux libéro-ligneux du pétiole, ne formant pas un anneau continu, ont été facilement éloignés les uns des autres par l'hypertrophie des rayons médullaires qui les séparaient.

La déformation des faisceaux libéro-ligneux se produit là comme pour la tige : l'influence parasitaire ne s'étant fait sentir qu'un peu après la lignification du bois primaire et de quelques éléments secondaires, la base de ces faisceaux n'a pas été modifiée ; au contraire, les formations secondaires les plus récentes se sont produites dans des conditions anormales et ont fourni de nombreuses cellules de bois secondaire aplaties radialement et lignifiées en partie. Il en a été de même pour les fibres péricycliques qui ont été séparées en petits paquets. Les formations secondaires rayonnantes qui les entourent ont pris dans la galle du pétiole une part presque aussi active à la formation des tissus gallaires que dans la cécidie de la tige.

La plus grande partie du pétiole hypertrophié est constituée par les tissus cellulosiques *pm* qui s'étendent autour de la moelle jusqu'aux faisceaux libéro-ligneux et dans lesquels la larve s'est établie (en *chl'*) quand elle eut atteint une certaine taille. Pour connaître l'origine de ce tissu *pm*, il faut s'adresser à une galle très jeune. On voit alors, autour de la moelle, le tissu périmédullaire fortement hyperplasié en face des faisceaux libéro-ligneux, mais surtout en face du gros faisceau médian.

La figure 155 (N) représente les pôles ligneux *pb* d'un faisceau normal et les rangées 1, 2, 3 de cellules comprises entre ces pôles et la moelle *m*. Les cellules de la rangée numérotée 1 sont un peu allongées dans la galle jeune (en A_1, fig. 156). Celles de la deuxième rangée (2) s'allongent radialement et se cloisonnent dans une direction perpendiculaire ; leurs parois et leurs cloisons sont beaucoup plus épaisses vers le faisceau qu'à leur autre extrémité, ce qui prouve que leur différenciation s'est faite dans la direction de la moelle ; la longueur de ces cellules passe de 7 μ à 85 μ. Les cellules de la troisième assise (3) se cloisonnent de même et se différencient dans le même sens.

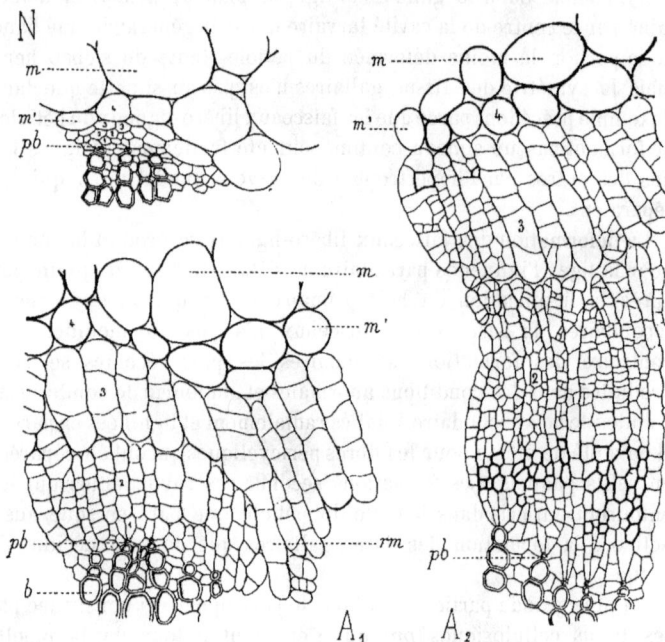

Fig. 155 (N). — Zone périmédullaire d'un faisceau normal du pétiole de Ronce (gr. 150).

Fig. 156 (A₁). — La même zone dans un faisceau d'une jeune cécidie (gr. 150).

Fig. 157 (A₂). — La même zone dans une cécidie plus âgée (gr. 150).

pb, pôle ligneux ; b, bois ; rm, rayon médullaire ; m, m', moelle.

A un état un peu plus avancé, tel que le représente la figure 157 (A₂), on distingue encore bien les deux assises 2 et 3 dont les cellules sont devenues très longues (230 μ et 150 μ) et ont conservé des parois épaisses facilement reconnaissables. Ces cellules se sont, de plus, divisées longitudinalement en même temps que transversalement et toutes sont alors formées d'un nombre considérable de petites cellules assez régulièrement empilées. Quelques-unes même de ces petites cellules, voisines des pôles ligneux, ont lignifié et épaissi leurs parois.

C'est le développement exagéré de ces assises 2 et 3 qui constitue le tissu central de la galle (en *pm*, fig. 154) autour de la cavité larvaire définitive *chl'*.

En résumé, sous l'influence du *Lasioptera rubi,* la tige et le pétiole du *Rubus fruticosus* présentent les modifications suivantes :

1° *L'action cécidogène excite en un point le fonctionnement de l'assise génératrice interne et détermine la production d'un renflement latéral ayant un plan de symétrie ;*

2° *Les tissus gallaires produits consistent principalement en bois secondaire non lignifié ;*

3° *L'assise génératrice externe de la tige fonctionne avec activité du côté de la larve et produit surtout du phelloderme ;*

4° *La galle du pétiole présente en outre une grande dissociation de tous les faisceaux libéro-ligneux et une hypertrophie énorme de leur zone périmédullaire ;*

5° *L'écorce s'hypertrophie et se crevasse longitudinalement.*

Brassica oleracea L.

Cécidie produite par le *Ceuthorrhynchus pleurostigma* Marsh.

Les larves de ce Coléoptère produisent à la base de la tige des jeunes choux des cécidies hémisphériques ayant la taille d'une noisette et qui, par leur réunion, peuvent donner un renflement de la grosseur du poing.

L'échantillon que j'ai choisi pour cette étude (E, fig. 158) a une section ovalaire dont les dimensions sont 13 et 10 mm. (A, fig. 160). La partie la plus large de l'ovale constitue la galle proprement dite et contient la cavité larvaire *chl* ; l'écorce et le cylindre central de la portion étroite conservent à peu près les rapports qu'ils ont dans la tige normale, mais tous leurs éléments sont un peu hypertrophiés :

la longueur des faisceaux libéro-ligneux est de 27 mm. au lieu 16 mm., l'épaisseur de l'écorce atteint 0,8 mm. au lieu de 0,5.

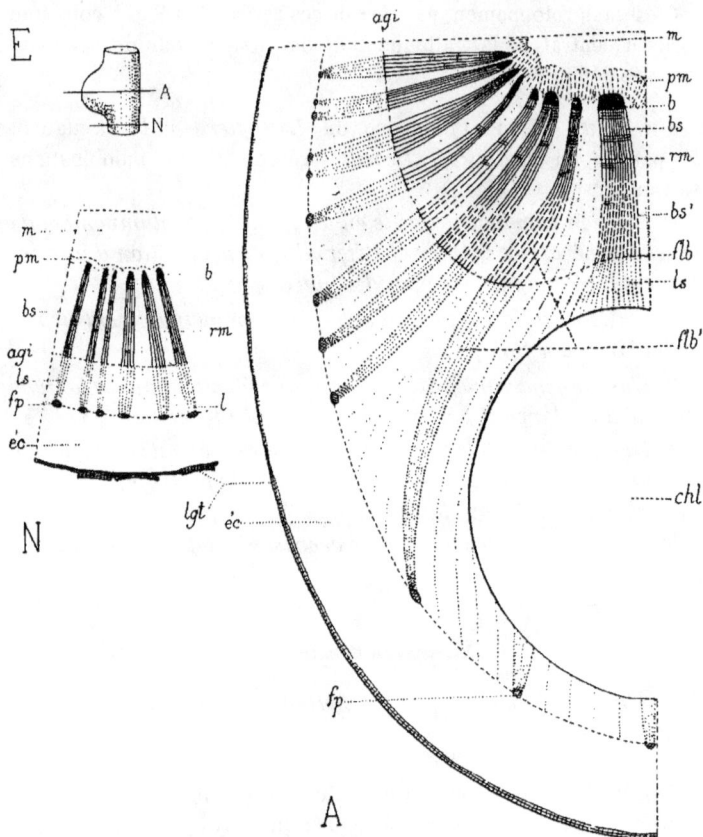

Fig. 158 (E). — Aspect de la cécidie de la tige de Chou (gr. 1).
Fig. 159 (N). — Coupe transversale schématique de la tige normale (gr. 15).
Fig. 160. (A). — Coupe transversale schématique de la cécidie (gr. 15).

flb, flb', faisceaux libéro-ligneux ; agi, assise génératrice interne ; b, bs, bs', bois ; l, ls, liber ; fp, fibres péricycliques ; pm, zone périmédullaire ; rm, rayon médullaire ; m, moelle ; éc, écorce ; lgt, liège de la tige ; chl, chambre larvaire.

Comme dans tous les cas étudiés jusqu'à présent, l'action cécidogène développée par le parasite s'est traduite du côté où il est situé par une abondante production de tissus secondaires. La partie opposée de la tige étant peu déformée joue le rôle de point d'appui. Les tissus gallaires sont repoussés latéralement dans le plan de symétrie déterminé par la génératrice médiane de la région non déformée de la tige et par le centre de la cavité larvaire ; ce plan passe lui-même par l'axe de la tige.

La cavité larvaire *chl* a 3,5 mm. de diamètre et contient la grosse larve blanche du Coléoptère. Elle est entourée par des tissus qui proviennent du fonctionnement de l'assise génératrice interne ; ces tissus sont eux-mêmes séparés du bord de la galle par les fibres péricycliques *fp*, disposées en amas fortement écartés les uns des autres, et par une écorce dont l'épaisseur reste à peu près constante autour de la cécidie.

Les faisceaux libéro-ligneux situés de ce côté sont très modifiés. Les plus rapprochés du plan de symétrie (en *flb*) sont beaucoup plus larges que les autres et plus espacés entre eux par l'hyperplasie des rayons médullaires *rm*. Leur partie centrale, comprenant le bois primaire *b*, est simplement hypertrophiée et les vaisseaux y sont écartés les uns des autres. Plus à l'extérieur, le bois secondaire *bs* des faisceaux est assez régulier sur une épaisseur d'une vingtaine de cellules environ et ressemble au bois secondaire normal : les cellules du parenchyme secondaire non lignifié, un peu plus allongées que les cellules normales (30 à 40 µ au lieu de 18 µ), entourent de place en place des amas de vaisseaux ligneux à parois épaisses et de fibres ligneuses disposées sans ordre. Le bois secondaire n'est plus composé au delà, en *bs′*, que de cellules irrégulières, mal alignées en files, très agrandies (100 µ), allongées radialement et souvent munies de cloisons tangentielles ; il ne contient que de rares vaisseaux isolés. Enfin, près de la cavité larvaire, les cellules dans lesquelles fonctionne l'assise génératrice sont courtes, aplaties et souvent rejetées sur le côté.

Cette distinction du bois secondaire en deux régions *bs* et *bs′*, l'une très peu modifiée, l'autre profondément altérée, tient à l'action de la larve. Quand celle-ci est jeune et que son action cécidogène commence seulement à se faire sentir, le bois secondaire est peu modifié : d'où *bs*. Plus tard, l'action parasitaire prend une intensité en rapport avec la taille de la larve, l'assise génératrice fonctionne d'une façon anormale et le bois secondaire est complètement déformé : d'où *bs′*.

Au fur et à mesure qu'on s'éloigne du plan de symétrie pour se rapprocher de la région opposée de la tige, les faisceaux libéro-ligneux diminuent graduellement de longueur (en *flb'*). En même temps, la partie normale du bois secondaire se rétrécit ; les vaisseaux ligneux y augmentent en nombre et leur répartition s'uniformise comme dans la tige normale, ce qui indique un fonctionnement plus régulier de l'assise génératrice. La région libérienne subit la même réduction.

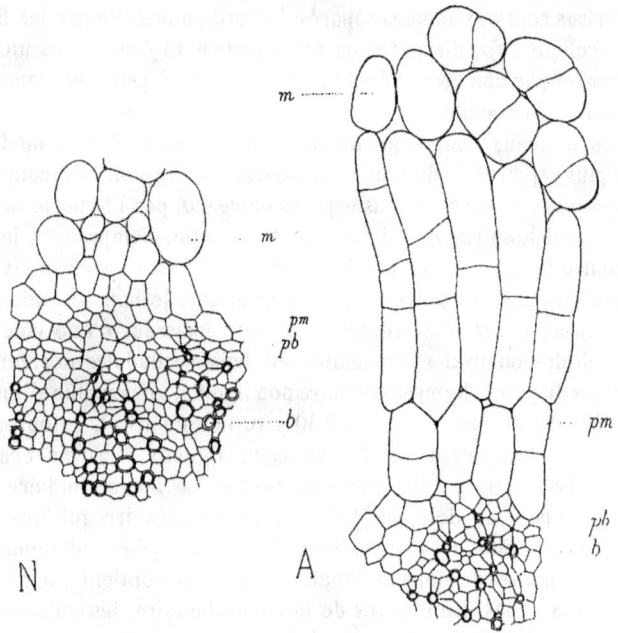

Fig. 161 (N). — Zone périmédullaire normale de la tige de Chou (gr. 150).
Fig. 162 (A). — La même zone dans la cécidie caulinaire (gr. 150).

pb, b, bois ; *pm*, zone périmédullaire ; *m*, moelle.

L'action cécidogène ne se localise pas à l'anneau vasculaire, mais s'étend aussi à la partie la plus rapprochée de la zone périmédullaire *pm* et de la moelle *m*. En face des faisceaux modifiés, les cellules de la zone périmédullaire *pm* (en A, fig. 162) s'allongent dans des proportions énormes : celles qui sont les plus rapprochées des pôles ligneux *pb* ont une seule cloison tangentielle tandis que celles qui les suivent en ont deux ou trois ; au delà, vers le centre, les cellules en contact avec la moelle et les cellules médullaires elles-mêmes *m* restent plus petites, se cloisonnent encore parfois, mais ne s'orientent plus radialement

Nous voyons ici, comme nous l'avons déjà constaté plusieurs fois ailleurs, que le faisceau libéro-ligneux tout entier est modifié, aussi bien dans sa partie fondamentale autour des pôles ligneux et libériens que dans ses tissus secondaires.

En résumé, sous l'action du *Ceuthorrhynchus pleurostigma*, la tige du *Brassica oleracea* présente les modifications suivantes :

1º *L'action cécidogène excite en un point le fonctionnement de l'assise génératrice libéro-ligneuse et amène la production d'une saillie latérale ayant un plan de symétrie ;*

2º *Le tissu gallaire est composé surtout de bois secondaire non lignifié et de liber secondaire ;*

3º *Du côté de la larve, la zone périmédullaire et les rayons médullaires sont fortement hypertrophiés et cloisonnés.*

Glechoma hederacea L.

Cécidie produite par l'*Aulax Latreillei* KIEFF.

On sait que le plus souvent les galles de cet Hyménoptère déforment les feuilles du Lierre terrestre ; elles consistent en renflements sphériques, charnus, de la grosseur d'un pois à celle d'une noix, d'aspect rosé, abondamment couverts de poils, et renferment une ou plusieurs loges à parois dures. La cécidie se trouve plus rarement sur la tige : elle fait alors saillie sur le côté (E, fig. 163).

Structure de la tige normale. — La section d'une tige normale est un carré de 1,2 mm. de côté (N, fig. 164 et fig. 166) dont les angles, arrondis et saillants, sont renforcés par de puissants cordons de collenchyme *co*. Les autres cellules corticales *éc* sont arrondies et séparées par de grands méats.

La moelle *m* est très homogène et entourée par un anneau

vasculaire qui comporte, en face des angles, quatre gros faisceaux libéro-ligneux *flb*.

Structure de la tige anormale. — C'est dans l'assise génératrice de l'un de ces gros faisceaux d'angle *flb* (en A, fig. 165) que l'*Aulax*

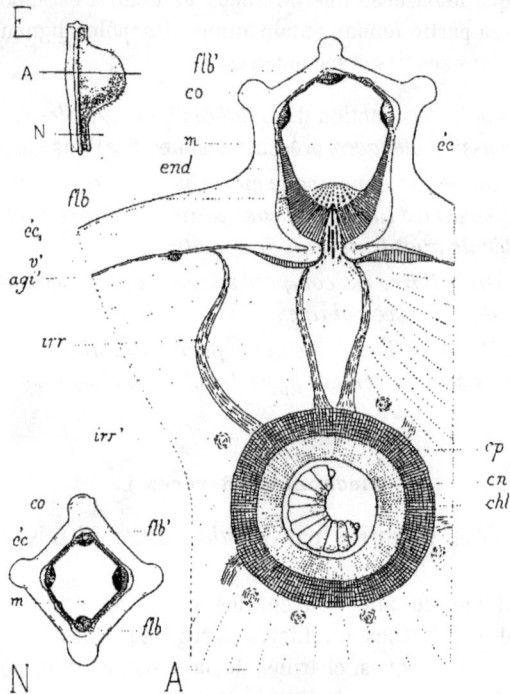

Fig. 163 (E). — Aspect de la cécidie de la tige de *Glechoma hederacea* (gr. 1).

Fig. 164 (N). — Coupe transversale schématique de la tige normale (gr. 15).

Fig. 165 (A). — Coupe transversale schématique de la cécidie (gr. 15).

flb, *flb'*, faisceaux libéro-ligneux ; *agi'*, assise génératrice interne ; *irr*, *irr'*, faisceaux d'irrigation ; *v'*, faisceau accessoire ; *m*, moelle ; *end*, endoderme ; *éc*, *éc₁*, écorce ; *co*, collenchyme ; *cp*, couche protectrice ; *cn*, couche nourricière ; *chl*, chambre larvaire.

dépose son œuf ; l'action cécidogène qui s'exerce autour de la petite larve détermine une hypertrophie considérable de la partie ligneuse

du faisceau et un actif fonctionnement de l'assise génératrice. La
région *flb′* non déformée, comprenant les trois autres faisceaux,
joue le rôle de point fixe : tous les tissus qui prennent naissance
autour de la larve sont repoussés latéralement et constituent une
énorme saillie ovoïde, de 10 à 12 mm. de diamètre. Cette masse
gallaire possède un plan de symétrie déterminé par la génératrice
de l'un des angles de la tige (*flb′*) et par le centre de la cavité
larvaire *chl*. Ce plan passe également par le milieu du gros faisceau
hypertrophié *flb* et par l'axe de la tige.

Le gros faisceau libéro-ligneux *flb* est seul intéressé par le
développement de la galle. Sa taille atteint presque dix fois celle d'un
faisceau normal. Du côté du centre de la tige, il est séparé de la
moelle *m* (en A, fig. 167) par une large zone périmédullaire *pm* à
éléments hypertrophiés. Les vaisseaux annelés et spiralés de son
bois primaire *b* sont beaucoup plus gros que dans la tige normale et
disséminés au milieu du parenchyme *pr* ; la disposition rayonnante
des cellules autour des pôles ligneux *pb* est fortement accentuée
(comparer les figures 166 et 167).

C'est exactement au milieu, dans le plan de symétrie, que le
faisceau présente la plus grande modification (fig. 167) : les vaisseaux
du bois primaire de la rangée ligneuse médiane sont plus écartés les
uns des autres que partout ailleurs. Après le cinquième vaisseau,
les cellules parenchymateuses *pr′* s'allongent énormément dans le
plan de la coupe. Il en est de même des vaisseaux spiralés *vs* qui
font suite et dont quelques-uns atteignent jusqu'à 280 µ de
longueur ; l'épaississement spiralé peut être double ou triple dans
le même vaisseau. Souvent même l'un d'eux possède des orne-
ments différents à ses deux extrémités : spirale à l'une,
réticulations à l'autre ; c'est justement cet aspect que présente le
vaisseau *vs*. Ces longs vaisseaux spiralés peuvent être latéralement
en contact avec de gros vaisseaux ponctués *vp* constituant le bois
secondaire.

Entre les vaisseaux spiralés et la cavité larvaire, ce sont de
grandes cellules à parois épaisses, un peu lignifiées, qui forment la
partie principale du renflement gallaire. Il faut donc considérer
celui-ci comme dérivant tout entier du fonctionnement exagéré de
la petite portion d'assise génératrice exactement située dans le plan
de symétrie du gros faisceau.

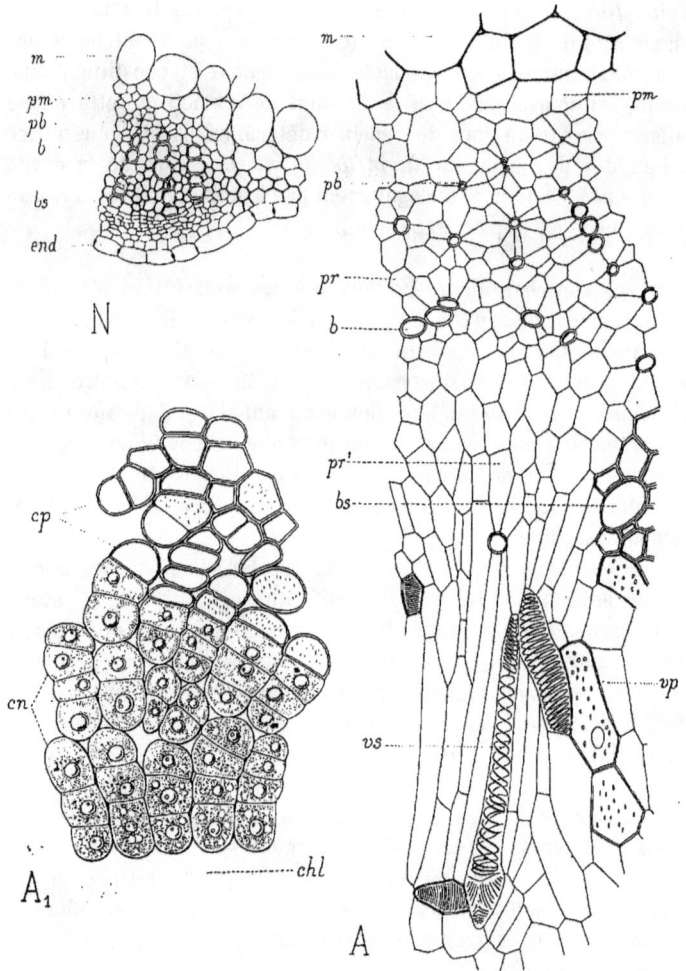

FIG. 166 (N). — Faisceau libéro-ligneux de la tige normale de *Glechoma* (gr. 150).

FIG. 167 (A). — Partie de la coupe transversale représentée par la figure 165, montrant l'hyperplasie considérable du bois primaire (*pb*, *b*, *vs*) du faisceau libéro-ligneux (gr. 150).

FIG. 168 (A₁). — Fragment de la couche nourricière *cn* et de la couche protectrice *cp*, indiquant les relations qui existent entre leurs cellules (gr. 150).

vs, vaisseau spiralé ; *vp*, vaisseau ponctué ; *bs*, bois secondaire.

Les deux autres parties de l'assise génératrice du gros faisceau, restées en relation avec la région non déformée de la tige, sont brusquement recourbées (en A, fig. 165) et produisent deux boucles fermées par un endoderme très net *end* ; dans l'intérieur de ces boucles, l'assise génératrice donne du liber qui vient s'adosser au liber des parties latérales du gros faisceau.

Autour de la masse gallaire sphérique, se trouvent de petits faisceaux *v'* reliés entre eux par de longs éléments vasculaires. Chaque petit faisceau est très aplati et très allongé (en A_2, fig. 168) ; il comprend quelques vaisseaux de bois primaire *v'*, surmontés par du bois et du liber secondaires peu développés.

A l'intérieur de cet anneau vasculaire *agi'* (en A, fig. 165), le tissu de la galle est traversé par de petits faisceaux *irr*, à course irrégulière mais à direction rayonnante, qui vont irriguer la région larvaire et qui sont en relation avec un autre cercle de petits faisceaux *irr'* à section circulaire. La partie ligneuse de ces petits faisceaux est enfin en rapport, plus au centre de la galle, avec une couche scléreuse protectrice *cp* formée de cellules ponctuées, à parois minces, ayant environ 50 μ de diamètre.

Lorsque les cellules de l'assise protectrice sont très jeunes, elles se montrent alignées en files rayonnant du centre de la cavité larvaire et en relation directe avec les cellules plus internes de la couche nutritive *cn*. Ces dernières cellules ont des parois minces, cellulosiques et leur taille est de 60 à 70 μ ; elles contiennent un protoplasme riche en matières grasses et un gros noyau hypertrophié de 18 μ de

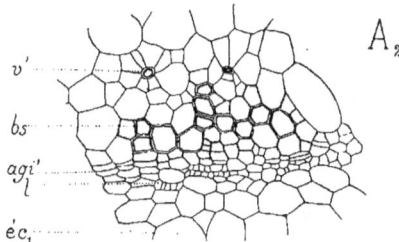

Fig. 168bis (A_2). — Petit faisceau accessoire de la cécidie : *v'*, *bs*, bois ; *l*, liber ; *agi'*, assise génératrice interne ; *éc₁*, écorce (gr. 150).

diamètre (A_1, fig. 168) ; elles servent de nourriture à la larve.

Notons enfin en passant que ce sont les petits faisceaux d'irrigation *irr* décrits plus haut qui forment dans la galle sèche les tractus ligneux tenant la coque scléreuse suspendue au centre de la cécidie.

L'écorce de la galle *éc₁* (en A, fig. 165) est trois ou quatre fois aussi épaisse que l'écorce de la tige ; elle comporte des cellules très allongées tangentiellement (jusqu'à 150 μ). Elle est recouverte par les cellules épidermiques hypertrophiées.

En résumé, sous l'influence de l'*Aulax Latreillei*, la tige du *Glechoma hederacea* présente les modifications suivantes :

1° *L'action cécidogène, se faisant sentir sur une partie de l'assise génératrice du gros faisceau libéro-ligneux d'un angle, détermine la production d'une forte saillie latérale ayant un plan de symétrie ;*

2° *Les tissus gallaires produits contiennent deux zones vasculaires circulaires, réunies par de petits faisceaux qui irriguent, autour de la cavité larvaire, une couche protectrice scléreuse et une couche nourricière ;*

3° *L'écorce de la région déformée est hypertrophiée.*

Cytisus albus LINK.

Cécidie produite par l'*Agromyza Kiefferi* TAVARES.

Description et évolution de la galle.

La déformation produite par ce diptère consiste en un renflement unilatéral, légèrement fusiforme, des pousses du Cytise blanc (E, fig. 169). Ce renflement a de 20 à 25 mm. de longueur sur 6 à 8 mm. d'épaisseur et affecte quelquefois plusieurs entre-nœuds ; sa surface est colorée en vert et garnie de sillons qui continuent ceux de la tige.

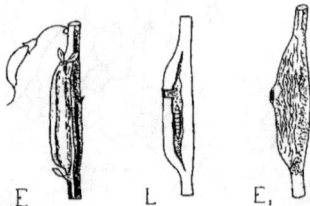

FIG. 169 (E). — Aspect de la cécidie de la tige de Cytise blanc (gr. 1).

FIG. 170 (L). — Coupe longitudinale de la cécidie caulinaire (gr. 1).

FIG. 171 (E₁). — Aspect d'une cécidie âgée et éclose (gr. 1).

On ne sait pas encore dans quelles conditions éclôt l'œuf de l'Agromyzine ; toujours est-il que la déformation apparaît pendant les mois de septembre, octobre et novembre, sur les pousses de la première année et que l'adulte en sort l'année d'après, en mai ou juin. A ce moment, la galle est un peu desséchée, sa surface est sillonnée de nombreuses rides longitudinales irrégulières (E_1, fig. 171) et elle présente un trou d'éclosion circulaire, au sommet d'un léger mamelon.

En coupe longitudinale (L, fig. 170), la cécidie montre une cavité allongée, étroite, terminée en pointe aux deux extrémités et garnie de parois épaisses ; si la nymphe se trouve encore à l'intérieur de la cavité larvaire, c'est-à-dire si l'éclosion n'a pas eu lieu, le conduit circulaire creusé par la larve pour la sortie de l'adulte est fermé par une fine membrane : c'est l'épiderme respecté par la larve et que l'adulte brisera pour quitter la cécidie.

Mes échantillons proviennent des environs de S. Fiel, en Portugal.

Anatomie de la galle.

Premier exemple. — La cécidie choisie a été cueillie pendant la deuxième année, un peu avant la sortie de l'adulte. Une section transversale pratiquée en son milieu (en A_1, fig. 174) est presque circulaire et de diamètre environ deux fois plus grand que celui de la tige normale (N, fig. 172) ; il atteint 2,4 mm. au lieu de 1,3.

Une forte assise subéreuse a fonctionné autour de la galle dans la couche corticale externe et rendu le bord de la coupe plus régulier. De place en place, adossés à cette assise, se trouvent des amas fibreux fc (fig. 174), en forme de triangle isocèle à pointe tournée vers l'intérieur, qui représentent les cordons scléreux corticaux des ailes de la tige normale. Plus au centre, on distingue encore facilement un cercle presque régulier de petits amas de fibres péricycliques fp ; ce cercle contient, d'une part, un tissu très abondant, assez homogène, formé de très nombreuses petites cellules au milieu desquelles se trouve la cavité larvaire irrégulière, et contient, d'autre part, la moelle m entourée des couches ligneuses.

Tout cet ensemble présente nettement un plan de symétrie déterminé par le centre de la cavité larvaire chl et par la génératrice médiane de la région non déformée de l'écorce. Ce plan passe également par le milieu de la moelle, c'est-à-dire par l'axe de la tige.

L'anneau vasculaire présente deux assises ligneuses, l'une de bois secondaire de première année bs_1, l'autre de bois secondaire de deuxième année bs_2 ; toutes deux s'épaississent au fur et à

mesure qu'on s'éloigne du plan de symétrie pour se rapprocher de
la région centrale de la galle. Puis, brusquement, en face de la cavité

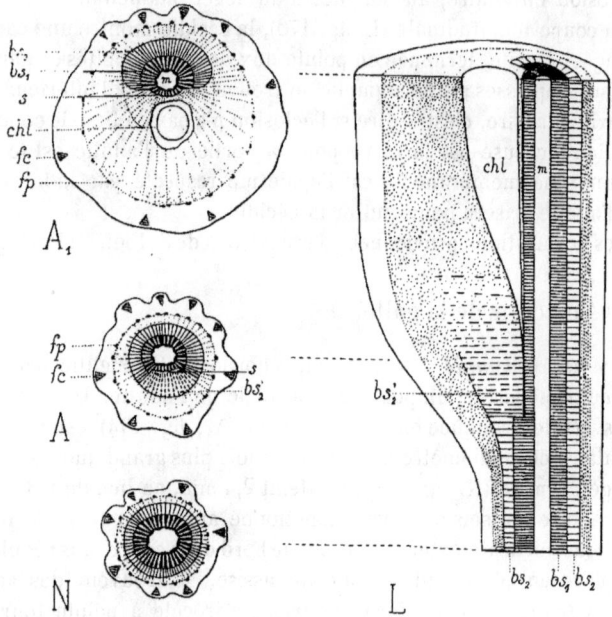

larvaire, elles se modifient : la couche ligneuse de première année
bs_1 est incomplète et interrompue nettement par une fente semi-
circulaire *s*; la couche ligneuse de seconde année bs_2 ne dépasse
pas les deux extrémités de cette fente.

Pour se rendre compte ce qui s'est passé, il faut faire des coupes
successives depuis ce niveau médian jusqu'à la base de la galle, là
où la tige n'est plus modifiée. En A (fig. 173), un peu après la

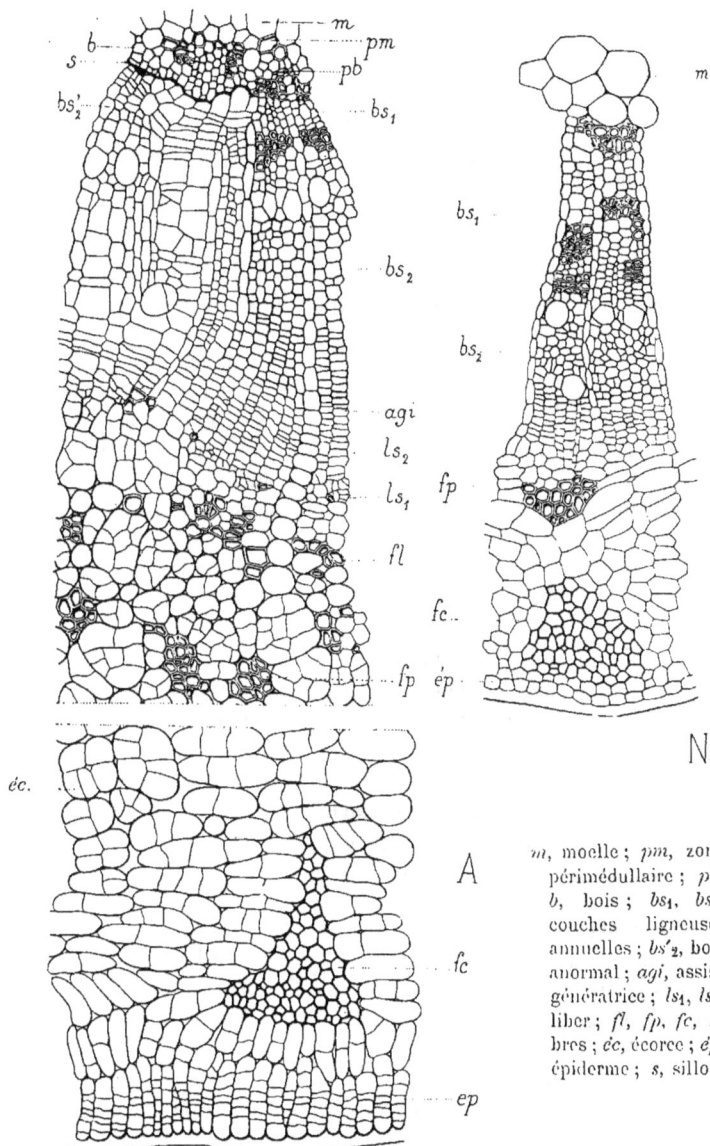

FIG. 176 (N). — Partie de la coupe transversale de la tige normale de Cytise, représentée par la figure 172 (gr. 150).

FIG. 177 (A). — Portion correspondante de la coupe de la cécidie (gr. 150).

m, moelle ; pm, zone périmédullaire ; pb, b, bois ; bs_1, bs_2, couches ligneuses annuelles ; bs'_2, bois anormal ; agi, assise génératrice ; ls_1, ls_2, liber ; fl, fp, fc, fibres ; $éc$, écorce ; $ép$, épiderme ; s, sillon.

disparition de la cavité larvaire, la tige a presque repris sa taille
normale. L'anneau vasculaire a retrouvé son contour circulaire,
mais la fente s, qui limitait vers l'extérieur une partie du bois secondaire de première année, subsiste encore et elle est en rapport avec
des éléments lignifiés bs'_2 remplaçant le quadrant disparu. Le tissu
qui compose cette région bs'_2 est assez différent du bois normal de
deuxième année bs_2 situé de chaque côté. Il est, en effet, formé de
grandes cellules irrégulières (bs'_2, en A, fig. 177), allongées tangentiellement, alignées en longues files radiales et à cloisons minces.
Vers la fente s, les cellules de ce tissu anormal ne sont pas du tout
en continuité avec celles du bois de printemps de première année b ;
elles épousent simplement la forme de la cavité dans laquelle elles
sont fortement pressées et constituent un tissu de remplissage.
Les cellules de la partie externe de ce quadrant modifié sont en
relation avec l'assise génératrice agi qui produisait, au moment de
la cueillette de la galle, le bois d'été de deuxième année bs_2.

Cette curieuse structure nous conduit à penser que, vers le milieu
de la première année de végétation du jeune rameau, la larve étant
au contact de l'assise génératrice interne en arrête le fonctionnement sur une petite surface verticale adossée au bois, à peu près
aussi haute que large et dont la largeur nous est représentée sensiblement par la fente s. La tige continue ensuite à s'accroître en
longueur et en épaisseur. Son accroissement en épaisseur se fait
par l'assise génératrice interne, dont les trois quarts environ
fonctionnent normalement, produisant le bois d'automne de première
année, puis le bois de printemps de seconde année. Autour de
la larve, les deux extrémités de l'assise génératrice fonctionnent
très activement et produisent un abondant tissu secondaire :
les éléments de ce tissu resté cellulosique sont très riches en
protoplasme et en noyaux volumineux, comme la plupart des
tissus en active voie de division. La multiplication cellulaire gagne
aussi les tissus libériens, les éléments péricycliques et se propage
jusqu'à l'épiderme.

L'accroissement en longueur de la tige augmente beaucoup
la dimension verticale de la région où l'assise génératrice a
cessé de fonctionner sous l'influence de la larve, région qui conserve
sensiblement la même largeur comme nous l'avons vu. Plusieurs
mois après, cette région affecte une longueur voisine de deux centi-

mètres puisqu'elle est un peu plus longue que la cavité larvaire. Le tissu secondaire, en contact avec elle à son extrémité supérieure, comme à son extrémité inférieure, est le bois irrégulier et lignifié bs'_2 qui a été décrit plus haut.

Pendant ce temps, la larve a grandi et elle s'est peu à peu rapprochée du centre de la tige. Entre elle et le tissu ligneux de l'anneau vasculaire, un peu de parenchyme non lignifié forme la paroi de la cavité larvaire.

La figure 175 (L) représente schématiquement la partie inférieure de la section longitudinale de la galle pratiquée suivant le plan de symétrie. La cavité larvaire chl est entourée, dans la partie la plus large, par le tissu gallaire qui dérive du fonctionnement de l'assise génératrice interne et, à sa partie inférieure, se termine par le sillon séparant le bois secondaire de première année bs_1 du bois secondaire anormal de seconde année bs'_2 (tissu de remplissage).

Les modifications anatomiques présentées par les tissus hyperplasiés sont très accentuées ; je n'y insisterai pas, car il suffit pour s'en rendre compte de comparer les figures 176 (N) et 177 (A). La première figure représente une portion de tige normale depuis la moelle jusqu'à l'épiderme. La figure 177 montre la région correspondante prise au niveau A de la figure 173 : on y voit la fente s du bois de première année, le tissu de remplissage de seconde année bs'_2, l'assise génératrice interne agi, l'hypertrophie de la région péricyclique fp, le cloisonnement dans deux directions perpendiculaires des cellules de l'écorce $\acute{e}c$, enfin le cloisonnement très actif des cellules épidermiques $\acute{e}p$ et sous-épidermiques, en face de l'amas fibreux cortical fc.

L'épiderme anormal a des cellules plus irrégulières que les cellules normales et se cloisonne activement.

Deuxième exemple. — Souvent la galle présente un aspect un peu différent de celui que nous venons de voir : la section transversale pratiquée au-dessous de la cavité larvaire (en A_2, fig. 179) comprend comme précédemment un massif ligneux flb composé de bois de première année bs_1 et de bois de deuxième année bs_2, occupant environ trois quadrants ; le quadrant qui manque se retrouve à l'opposé de la section, en flb', dans le plan de symétrie, et il possède aussi deux zones de bois secondaire bs_1, bs_2 appartenant à deux années successives.

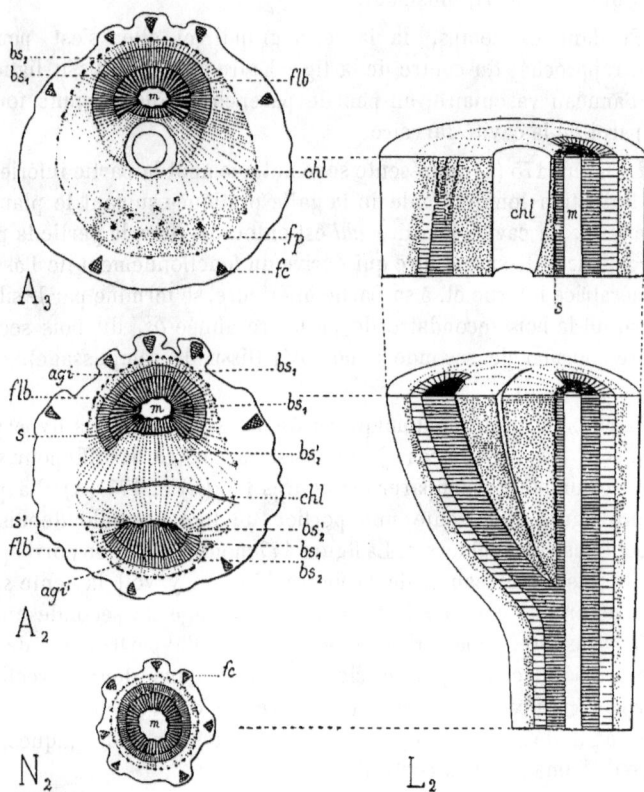

FIG. 178 (N_2). — Schéma de la coupe transversale de la tige normale de Cytise blanc (gr. 15).

FIG. 179 (A_2). — Coupe transversale schématique de la cécidie caulinaire pratiquée vers l'extrémité inférieure de la cavité larvaire *chl* (gr. 15).

FIG. 180 (A_3). — Coupe transversale schématique de la cécidie caulinaire pratiquée au milieu de la chambre larvaire (gr. 15).

FIG. 181 (L_2). — Coupe longitudinale schématique de la même cécidie (gr. 15).

Mêmes lettres que précédemment ; *s*, *s'*, sillons ; *flb*, *flb'*, anneau vasculaire dissocié ; *agi*, *agi'*, assises génératrices.

Les deux massifs ligneux *flb*, *flb'* sont séparés par un tissu non lignifié, composé de nombreuses petites cellules. Ce tissu est en relation de continuité très nette avec le bois de seconde année bs_2 au bord des deux massifs ligneux ; ses éléments viennent buter contre le bois de première année bs_1 et en épouser le contour tout en ménageant deux longs sillons s, s', identiques à celui que nous avons vu plus haut entre le bois de première année et le tissu de remplissage de seconde année. La différence principale qui se manifeste ici c'est que le tissu nouveau n'est pas lignifié.

Au niveau de la cavité larvaire (en A_3, fig. 180), on retrouve encore le gros massif ligneux primitif flb, mais le plus petit a presque complètement disparu. Les éléments de ce dernier ont été écartés les uns des autres et disséminés au milieu du tissu gallaire ; on les reconnaît à leurs parois lignifiées.

Il est facile de comprendre comment cette curieuse modification s'est produite. La jeune larve a interrompu, au milieu de la première année, le fonctionnement de l'assise génératrice suivant une petite surface verticale et, dès lors, aux environs de la cavité larvaire, tout se passe comme dans le premier cas examiné. Mais, dans la région de raccord entre la tige normale et la galle, l'assise génératrice n'a pas cessé de fonctionner, comme cela avait lieu dans l'exemple précédent ; elle a été écartée latéralement et a continué à produire une épaisse couche de bois de première année, puis une couche de bois de deuxième année ; c'est l'ensemble de ces deux couches qui constitue le quadrant rejeté latéralement. Et comme, au fur et à mesure, la tige s'accroissait en longueur et la larve grossissait, il en est résulté un écartement de plus en plus grand des massifs ligneux pendant la fin de la première année et le commencement de la seconde.

Au niveau A_2 (fig. 179), c'est-à-dire dans la région de raccord, l'intervalle compris entre les deux massifs ligneux se comble, à mesure qu'il se produit, par le fonctionnement très actif des deux assises génératrices agi, agi' en dehors des faisceaux vasculaires : les éléments secondaires bs'_2 qui prennent naissance s'appliquent en longues files de 15 à 20 cellules chacune contre les vaisseaux de bois primaire bs_1, mais sans se souder à eux, séparés qu'ils en sont par les deux sillons s et s'.

Ces mêmes tissus secondaires bs'_2 marchent à la rencontre l'un de l'autre vers le centre, et se juxtaposent suivant un diamètre horizontal chl, qui représente l'extrémité de la chambre larvaire.

La figure 182 (A$_2$) donne le détail de ce qui se passe à l'extrémité droite du gros amas vasculaire primitif; l'assise génératrice *agi* a contourné le bois de première année *bs$_1$* et produit le tissu gallaire *bs'$_2$* dont on voit les longues files cellulaires.

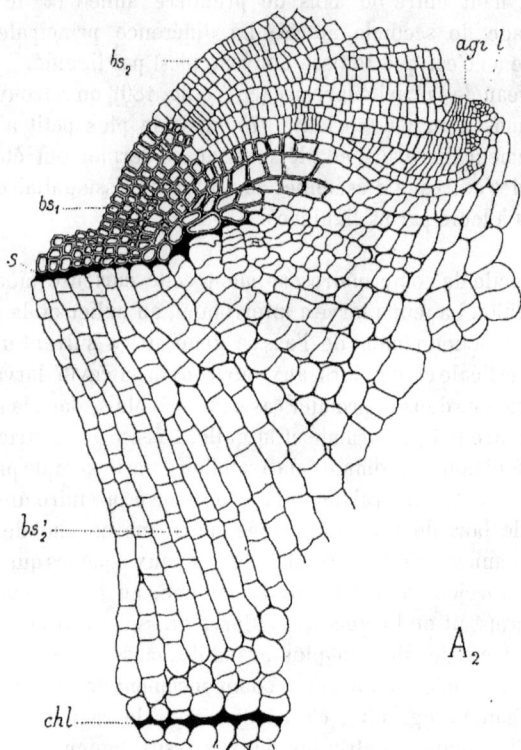

Fig. 182 (A$_2$). — Partie de la coupe transversale de la cécidie caulinaire du Cytise, représentée par la figure 179, montrant comment le tissu secondaire anormal *bs'$_2$* comble l'intervalle *s* compris entre la cavité larvaire *chl* et le bois secondaire normal *bs$_1$* (gr. 150).

Enfin, j'ai schématisé comme précédemment, en L$_2$ (fig. 181), la section longitudinale de la galle dans la région de raccord.

Troisième exemple. — La division de l'anneau vasculaire de la tige en masses ligneuses peut être plus complet que dans le cas qui précède et produire trois et même quatre amas ligneux plongés dans le tissu gallaire. Chacun d'eux comprend un arc de bois secondaire de première année entouré par le bois de seconde année. Toutes les assises génératrices partielles prennent part à la déformation et produisent, en dehors des amas ligneux, des tissus secondaires qui marchent à la rencontre les uns des autres, sans toutefois se confondre.

L'exemple représenté par la figure 183 (A₄) comprend trois masses ligneuses *flb*, *flb'*, *flb''* : on y voit nettement en outre les

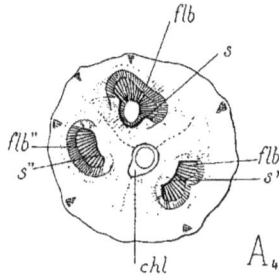

Fig. 183 (A₄). — Coupe transversale schématique d'une cécidie caulinaire de Cytise, dans laquelle l'anneau vasculaire est dissocié en trois amas *flb*, *flb'*, *flb''* ; *s*, *s'*, *s''*, sillons ; *chl*, chambre larvaire (gr. 15).

lacunes de séparation des tissus gallaires et les sillons *s*, *s'*, *s''*.

En résumé, sous l'influence de l'*Agromyza Kiefferi*, la tige du *Cytisus albus* présente les modifications suivantes :

1° *L'action cécidogène excite en un point le fonctionnement de l'assise génératrice interne et détermine la production d'une saillie latérale ayant un plan de symétrie ;*

2° *Une partie du bois de première année est détruite ou refoulée vers l'extérieur ;*

3° *L'hyperplasie porte aussi sur les éléments péricycliques et corticaux.*

Sarothamnus scoparius Koch.

Cécidie produite par l'*Agromyza pulicaria* Meigen.

La cécidie produite par cet autre Diptère est toute semblable comme aspect à celle que nous venons d'étudier, mais ses dimensions sont un peu plus grandes, car elle peut atteindre 30 et même 40 mm. de longueur sur 6 à 8 mm. de diamètre (E, fig. 184) ; les parois en sont épaisses et la cavité larvaire est très allongée (L, fig. 185).

La galle est située latéralement au rameau sur lequel elle se développe ; elle est plane entre les deux ailes de la tige qui ne sont pas déformées (*fc*, en A, fig. 187) et ailleurs presque régulièrement arrondie : les autres ailes, telles que *fc'*, ne font pas saillie. Une couche subéreuse *lgt* entoure la région hypertrophiée.

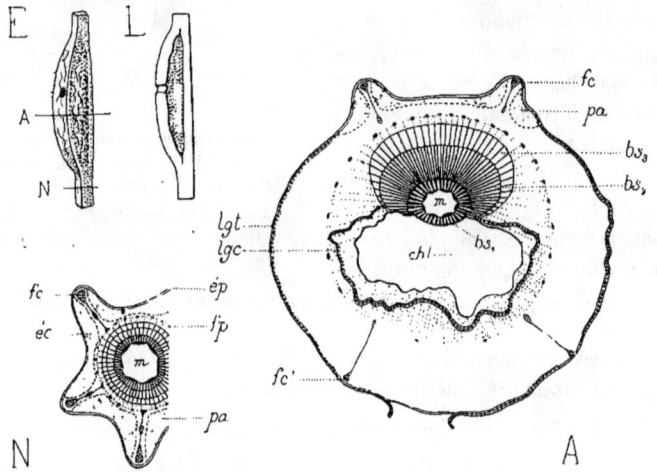

Fig. 184 (E). — Aspect de la cécidie caulinaire de la tige de Sarothamne (gr. 1).
Fig. 185 (L). — Coupe longitudinale de la cécidie (gr. 1).
Fig. 186 (N). — Schéma de la coupe transversale de la tige normale (gr. 15).
Fig. 187 (A). — Schéma de la coupe transversale de la cécidie (gr. 15).

bs_1, bs_2, bs_3, couches annuelles de bois ; *fp*, *fc*, *fc'*, fibres ; *pa*, tissu palissadique ; *éc*, écorce ; *ép*, épiderme ; *lgt*, liège de la tige ; *lgc*, liège cicatriciel ; *chl*, chambre larvaire.

Comme dans la cécidie précédente, il y a un plan de symétrie très net, déterminé par le centre de la cavité larvaire et par la génératrice médiane de la portion non altérée de la tige.

L'anneau vasculaire se comporte comme dans le premier exemple de la galle du *Cytisus albus* : le bois de première année bs_1 a disparu en partie et ce qui reste est en contact direct avec la cavité larvaire *chl* ; le bois de seconde année bs_2 ne s'est pas développé du côté du parasite.

Il est bon de remarquer ici la grande part que prend l'écorce dans la production de la galle. Sur une coupe normale (en N, fig. 186), l'écorce *éc* contient cinq bandes de tissu palissadique *pa* séparées par les petits amas de fibres péricycliques *fp* et de fibres corticales *fc* qui renforcent les ailes. Dans la cécidie, seules les deux ailes non déformées *fc* (en A, fig. 187) conservent autour d'elles quelques lambeaux de tissu chlorophyllien *pa*. Le tissu cortical est abondamment cloisonné partout ailleurs et les fibres des ailes déformées de la tige sont éloignées les unes des autres.

Quand l'adulte a quitté la cécidie, celle-ci présente une cavité larvaire grande et irrégulière, qui se cicatrise bientôt par une couche assez épaisse de liège cicatriciel *lgc*. A ce moment, au-dessus et au-dessous de la cavité larvaire, le rétablissement des couches annuelles commence à se faire, ce qui ne se produit qu'un peu plus tard dans la partie médiane de la galle.

En résumé, sous l'influence de l'*Agromyza pulicaria*, la tige du *Sarothamnus scoparius* subit des modifications comparables à celles que présente la tige du *Cytisus albus*; les régions péricyclique et corticale s'hyperplasient un peu plus que dans l'exemple précédent.

Quercus pedunculata Ehrh.

Cécidie produite par l'*Andricus Sieboldi* Hartig.

Évolution de la galle.

Les cécidies que ce Cynipide produit à la base de la tige des jeunes Chênes de deux à cinq ans sont parmi les plus belles et les plus curieuses que l'on connaisse.

Elles apparaissent en mai, au travers de l'écorce éclatée, isolées ou réunies, sous la forme de petits cônes obtus, teintés de rouge (en A_2, fig. 188). A la fin de la deuxième année, elles forment sur la tige des saillies de 7 ou 8 mm. (en A_3); à ce moment l'enveloppe charnue extérieure se dessèche et tombe, mettant alors à nu une cécidie interne, conique, très dure, haute de 5 ou 6 mm., ayant 4 ou 5 mm. de diamètre et qui présente des stries longitudinales allant de la base au sommet (en A_4). C'est seulement au mois de mars suivant (troisième année) que l'adulte sort de la galle par un petit trou rond latéral pour aller pondre ses œufs dans un bourgeon et produire ainsi sur les pétioles et les nervures des feuilles une nouvelle galle d'où sortira cette fois la forme sexuée appelée *Andricus testaceipes* HARTIG.

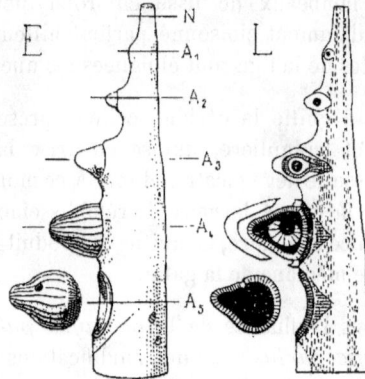

FIG. 188 (E). — Figure schématique indiquant l'aspect extérieur de la cécidie de la tige de Chêne, depuis son apparition jusqu'à sa chute (gr. 1).

FIG. 189 (L). — Coupes longitudinales de la tige et des cécidies dessinées à divers âges (gr. 1).

Anatomie de la galle jeune.

Ce cycle évolutif étant rappelé, étudions l'anatomie de la galle en pratiquant une section transversale d'un rameau là où une petite bosselette nous révèle sous l'écorce une jeune cécidie en voie de développement (A_1, en E, fig. 188). La tige a 5 mm. de diamètre et est âgée de trois ans ; elle possède une moelle légèrement sclérifiée, entourée par un épais anneau vasculaire dont les couches annuelles sont plus épaisses d'un côté ; les fibres péricycliques et corticales sont également plus développées au fur et à mesure qu'on se rapproche de cette région hypertrophiée. C'est là, en effet, que se trouve, au niveau de l'assise génératrice, un tissu très serré, nettement délimité par une lacune circulaire s (en A_1, fig. 191) des fibres péricycliques fp et de l'écorce $éc$; au centre de cette petite masse, qui a 1 mm. de diamètre, existe une grande cavité larvaire chl dont le diamètre est d'un demi-millimètre. Les cellules du tissu gallaire sont disposées, autour de la cavité, en files rayonnantes extrêmement longues à la base de la galle et en relation avec l'assise génératrice interne *agi* de la tige.

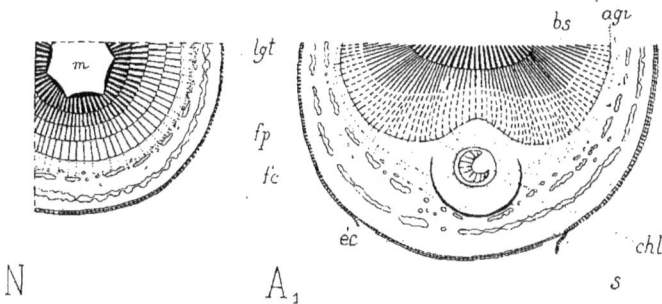

FIG. 190 (N). — Schéma de la coupe transversale de la tige normale de Chêne (gr. 15).

FIG. 191 (A₁). — Schéma de la coupe transversale passant par le milieu d'une cécidie très jeune (gr. 15).

bs, bois secondaire ; *agi*, assise génératrice interne ; *fp, fc*, fibres ; *éc,* écorce ; *m*, moelle ; *lgt*, liège de la tige ; *s*, sillon ; *chl*, chambre larvaire.

La forme qu'affecte à ce moment la petite cécidie est donc sensiblement celle d'une demi-sphère appuyée par sa base à la base d'un cône dont la pointe est tournée vers le centre de la tige. L'œuf, déposé par le Cynipide dans une petite cavité pratiquée aux environs de l'assise génératrice, a été entouré par les tissus secondaires qui ne se sont pas fusionnés avec les couches corticales voisines, puisque le sillon *s* apparaît toujours très nettement.

La cécidie de l'*Andricus Sieboldi* constitue une déformation latérale de tige et possède un *plan de symétrie* comme toutes les galles qui ont été précédemment étudiées. Ce plan est déterminé par le centre de la cavité larvaire et par la génératrice médiane de la région non déformée ; il passe aussi par l'axe de la tige. Mais, contenu dans ce plan de symétrie, la galle possède en outre un *axe de symétrie* déterminé par le centre de la cavité larvaire et par le sommet de la partie conique.

Il est facile de vérifier que la cécidie possède un axe de symétrie en faisant des coupes longitudinales tangentielles, c'est-à-dire parallèles à la surface de la tige, en un point où une petite bosselette se fait remarquer : la section de la galle se montre parfaitement circulaire et le tissu secondaire gallaire y est encore disposé en files radiales autour de la cavité larvaire. Les figures 192 et 195, qui représentent des cécidies un peu plus âgées que celle de la figure 191, montrent d'une façon bien nette que les sections de la galle pratiquées perpendiculairement à son axe de symétrie sont circulaires.

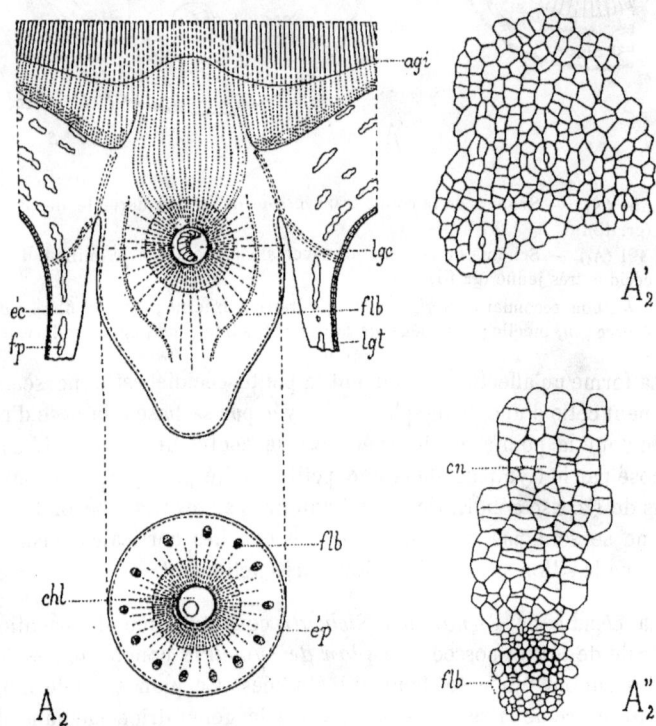

FIG. 192 (A₂). — Schéma de la coupe transversale et de la coupe tangentielle d'une cécidie caulinaire de Chêne, un peu plus âgée que celle de la figure 191 et qui a fendu l'écorce (gr. 15).

FIG. 193 (A′₂). — Épiderme de la cécidie (gr. 150).

FIG. 194 (A″₂). — Partie de la coupe tangentielle A₂ (gr. 150).

agi, assise génératrice, interne de la tige ; *fp*, fibres ; *éc*, écorce ; *lgt*, liège de la tige ; *lgc*, liège cicatriciel ; *flb*, faisceau libéro-ligneux de la cécidie ; *ép*, épiderme de la cécidie ; *cn*, couche nourricière ; *chl*, chambre larvaire.

La galle se développe très rapidement, ses parois deviennent plus épaisses, mais la chambre larvaire garde un diamètre à peu près constant. A ce moment la pression sur les tissus corticaux est assez forte pour les rompre et la cécidie apparaît au dehors (A₂, enE et L, fig. 188 et 189); sa surface se teinte en rose.

L'étude de la paroi de la galle est intéressante. La surface externe est recouverte par un véritable épiderme à stomates plongés au milieu de nombreuses petites cellules polyédriques irrégulièrement allongées (A′₂, fig. 193); les parois de ces cellules sont épaisses et munies de nombreuses ponctuations.

Au-dessous, la paroi de la galle contient de petits faisceaux libéro-ligneux *flb* (en A₂, fig. 192), au nombre de 13 à 15, composés chacun de 30 à 50 courts vaisseaux spiralés qui se lignifient de bonne heure. Enfin, près de la cavité larvaire (en A″₂, fig. 194), les cellules sont allongées vers cette cavité et munies de deux à cinq cloisons transversales; elles contiennent un épais protoplasme, de gros noyaux et constituent pour la larve une véritable couche nourricière *cn*.

L'origine interne de cette galle, la présence dans sa structure d'un épiderme à stomates et d'un cercle de faisceaux libéro-ligneux, permettent de la comparer aux petites branches adventives qui sortent des troncs des arbres à la suite de blessures ou de piqûres. L'excitation cécidogène aurait ici pour résultat la production d'une petite tige adventive dont la taille resterait courte et ne dépasserait pas 5 ou 6 mm. de longueur par suite de la présence du parasite.

Anatomie de la galle âgée.

A la fin de l'année, la galle fait fortement saillie au dehors (en A₃, fig. 188) et est colorée en rouge groseille; elle est large à la base de 4 mm. environ et terminée en pointe obtuse. Sa section (A₃, fig. 189) montre une grande cavité larvaire de 3 mm. de diamètre, entourée d'une épaisse couche scléreuse. Cette couche débute au point d'insertion de la galle, en *cp′* (A₃, fig. 195), et là ses cellules allongées, ligneuses, à parois ponctuées peu épaisses (en *cp′*, A″₃, fig. 197) sont disposées en longues files faisant suite aux files cellulaires du tissu nourricier *cn′*.

Il en est de même dans la partie terminale obtuse de la galle, en *cp* (A₃, fig. 195), où la couche scléreuse est également très développée et très épaisse. Le tissu nourricier *cn* (A′₃, fig. 196), qui

entoure la cavité larvaire dans cette région, comprend une épaisseur
de 6 à 8 grosses cellules isodiamétriques, à épais protoplasme et

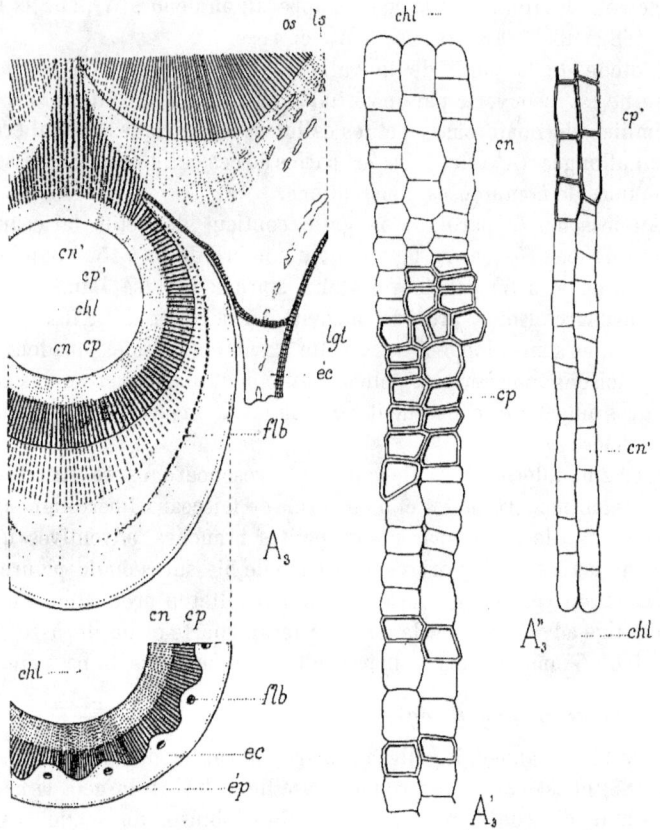

Fig. 195 (A₃). — Schéma de la coupe transversale et de la coupe tangentielle
d'une cécidie caulinaire de chêne, âgée et fortement sclérifiée (gr. 15).

Fig. 196 (A′₃). — Détail des couches nourricière *cn* et protectrice *cp*, situées
vers la pointe de la cécidie (gr. 150).

Fig. 197 (A″₃). — Détail des mêmes couches *cn′*, *cp′*, situées à la base de la
cécidie (gr. 150).

   bs, *ls*, anneau vasculaire de la tige ; *lgt*, liège de la tige ; *flb*, faisceau libéro-
ligneux de la cécidie ; *ép*, épiderme de la cécidie ; *chl*, chambre larvaire.

à noyaux hypertrophiés : les cellules bordant la cavité larvaire *chl* sont fortement convexes et y font saillie ; au contraire, les cellules les plus externes du tissu nourricier sont aplaties et en relation directe avec les files cellulaires du tissu protecteur *cp*. Les cellules de cette dernière couche ont des parois épaisses, lignifiées et finement ponctuées ; elles alternent vers l'extérieur avec quelques éléments restés cellulosiques.

L'extrémité obtuse de la galle est donc constituée par de longues files cellulaires dont les éléments sont différenciés en une couche nutritive et en une couche protectrice ; ces files témoignent du fonctionnement actif d'une assise génératrice située entre les deux couches.

Les relations de position qui existent entre la couche scléreuse et les petits faisceaux libéro-ligneux de la galle sont faciles à mettre en évidence par une coupe transversale semblable à celle qui a été représenté à la partie inférieure de la figure 195 (A_3). On y voit la couche protectrice *cp* présenter une série de sillons concaves dans chacun desquels se loge un faisceau libéro-ligneux *flb*. Quand la galle se dessèche, ce qui a lieu à la fin de la deuxième année, les faisceaux et le tissu cortical situé plus en dehors se détachent de la galle et tombent : la paroi externe gallaire se montre striée longitudinalement et présente l'aspect dessiné en A_4 (E, fig. 188).

Chute de la galle ; rétablissement de la structure normale de la tige.

Enfin, l'année suivante, l'habitant de la galle éclôt et quitte sa demeure par un petit trou rond de la paroi latérale. La galle vide reste fixée à son support pendant plusieurs années, car elle est insérée par une large base, et c'est seulement lorsque la tige a atteint sept ou huit ans que la cécidie tombe en laissant une cicatrice circulaire, un peu concave, de 6 ou 7 mm. de diamètre (A_5, fig. 188 189).

Une coupe transversale, pratiquée sur une tige de sept ans (A_5, fig. 198), un peu avant la chute de la galle, montre que cette chute sera provoquée par l'apparition, sous la couche scléreuse gallaire *cp*, d'une couche de liège cicatriciel *lgc*, en relation avec celui de la tige *lgt*. A l'abri de cette couche subéreuse, l'anneau vasculaire a travaillé, depuis plusieurs années déjà, à réparer le trouble que la présence de la galle avait apporté dans la structure de la tige.

Dans toute cette région, à droite et à gauche du plan de symétrie,
les couches annuelles de bois sont complètement altérées pendant
les deuxième, troisième et quatrième années (bs_2, bs_3, bs_4); leur
épaisseur est très variable. Si on suit ces couches vers le plan de
symétrie, en allant ainsi de la région normale à la région anormale,
on voit d'abord les gros vaisseaux de printemps disparaître, puis les
rangées radiales de cellules ligneuses devenir sinueuses; enfin, on
arrive à un tissu de remplissage composé d'éléments secondaires
ligneux complètement déformés.

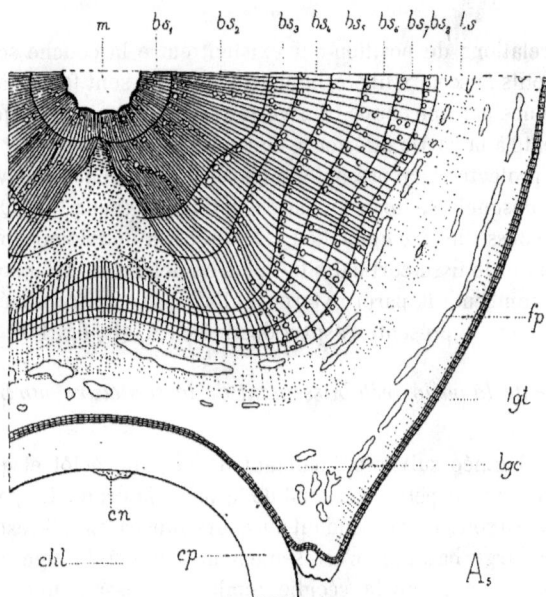

Fig. 198 (A_5). — Schéma de la coupe transversale de la tige de Chêne et de la
cécidie très âgée; les couches annuelles ligneuses les plus récentes bs_6, bs_7,
bs_8 ont repris une certaine régularité et une forte assise cicatricielle lgc
isole complètement la tige de la cécidie (gr. 15).

fp, fibres; lgt, liège de la tige; cn, cp, couches nourricière et protectrice;
chl, ancienne chambre larvaire.

L'assise génératrice commence à fonctionner plus régulièrement
à la fin de la cinquième année, dans l'échantillon que j'ai dessiné, et
donne une couche de bois secondaire bs_5, peu épaisse, mais assez

homogène, contenant des cellules ligneuses et des vaisseaux ligneux à section normale ; cette assise fonctionne jusqu'au plan de symétrie et isole complètement la galle des tissus altérés et du tissu de remplissage.

L'assise génératrice travaille d'une façon plus normale à partir de ce moment et fait peu à peu disparaître la concavité très accentuée qu'elle a présentée jusqu'alors en face de la galle. Enfin, pendant les années qui suivront, l'écorce elle-même régularisera son contour et rien n'indiquera plus, à l'extérieur, qu'une galle s'est formée là plusieurs années auparavant.

En résumé, sous l'influence de l'*Andricus Sieboldi*, la tige du *Quercus pedunculata* présente les modifications suivantes :

1° *L'action cécidogène excite en un point le fonctionnement de l'assise génératrice interne et détermine la production d'une saillie latérale hémisphérique ayant un plan de symétrie ;*

2° *La galle possède encore un axe de symétrie, un cercle de faisceaux libéro-ligneux et un épiderme à stomates : ces caractères sont ceux d'une petite tige adventive arrêtée dans son développement ;*

3° *Une couche nourricière et une couche protectrice se forment autour de la cavité larvaire ;*

4° *La galle fait saillie hors de l'écorce et s'isole de la tige par une couche de liège ;*

5° *La structure normale de la tige ne se rétablit qu'après la chute de la galle.*

RÉSUMÉ DU CHAPITRE III, RELATIF AUX CÉCIDIES CAULINAIRES LATÉRALES PRODUITES PAR UN PARASITE SITUÉ DANS LES FORMATIONS SECONDAIRES LIBÉRO-LIGNEUSES.

Après l'étude détaillée que nous venons de faire des onze cécidies précédentes, nous pouvons chercher les caractères communs qu'elles présentent et les ressemblances qu'elles peuvent avoir entre elles.

Caractères communs. — Ce sont les suivants :

1° Le parasite est situé dans l'assise génératrice libéro-ligneuse ;

2° L'action cécidogène qu'il engendre excite le fonctionnement de cette assise en un point de l'anneau vasculaire de l'année qui est complètement déformé ; le tissu qui se produit en plus grande abondance et dans lequel la cavité larvaire s'établit en général est du bois secondaire non lignifié ;

3° Les tissus gallaires sont refoulés par la portion non déformée de la tige et produisent une saillie latérale ayant un plan de symétrie. Ce plan est déterminé par le centre de la cavité larvaire et la génératrice opposée de la tige ; il passe également par l'axe du rameau ;

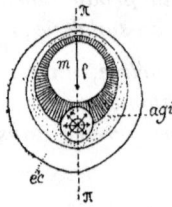

Fig. 199. — Schéma indiquant les relations qui existent entre la tige et le parasite, quand celui-ci est situé dans les formations secondaires libéro-ligneuses *agi* ; *éc*, écorce ; *m*, moelle ; α, action cécidogène ; ρ, réaction végétale ; π, plan de symétrie.

4° L'action cécidogène s'étend aussi, dans une certaine mesure, à l'écorce dont l'hypertrophie accentue la déformation.

La figure 199 schématise le mode de production des galles appartenant au troisième chapitre.

Ressemblances. — En général, l'action parasitaire ne dépasse pas, vers le centre, la zone périmédullaire qui est en dépendance étroite avec les pôles ligneux ; la moelle n'est donc pas altérée, le plus souvent.

Dans les cécidies du *Tilia silvestris*, du *Salix capræa* et du *Populus Tremula*, l'action cécidogène de la larve s'étend à la moelle dont les cellules sont d'abord hypertrophiées, puis plus tard fortement lignifiées. Il y a donc, pour ces cécidies, à ajouter l'hypertrophie centripète du tissu médullaire à l'hypertrophie centrifuge commune à toutes les galles de ce chapitre.

La galle du *Sarothamnus scoparius* (produite par la larve de *Contarinia*) et celle du *Quercus coccifera* ont leur anneau vasculaire complètement brisé en un point, mais l'hypertrophie centrifuge est beaucoup plus accusée que celle de la moelle dont les éléments ne se lignifient pas.

L'action du parasite dans ces cinq galles se fait sentir dès le printemps, alors que la tige toute jeune ne possède pas encore un anneau vasculaire résistant; les différents faisceaux libéro-ligneux sont écartés par l'hypertrophie des rayons médullaires et l'action parasitaire peut gagner la moelle.

Dans toutes les autres galles étudiées, l'hypertrophie s'effectue seulement dans une direction centrifuge par suite de la présence d'un anneau libéro-ligneux capable de résister lorsque le parasite commence à faire sentir son action. C'est ce que les figures d'ensemble 148 et 160 pour le *Rubus fruticosus* et le *Brassica oleracea* montrent déjà. Cependant leur anneau vasculaire n'offre pas une résistance complète : il est quelquefois brisé par places (c'est le cas pour le *Rubus*) et l'hyperplasie gagne encore la zone périmédullaire.

La cécidie du *Glechoma hederacea* possède un gros faisceau vasculaire qui n'est détruit qu'en partie; l'hyperplasie des tissus se fait alors toute en direction centrifuge, et elle se traduit par la production d'un tissu gallaire de taille énorme par rapport aux dimensions normales de la tige : c'est ainsi que le rayon de la galle devient cinq fois supérieur à celui de l'axe. Cette grande hyperplasie entraîne la production de petits faisceaux d'irrigation.

Enfin, les galles du *Quercus pedunculata*, du *Cytisus albus* et du *Sarothamnus scoparius* (cette dernière produite par une larve d'Agromyzide) ont pour caractère commun de présenter un anneau libéro-ligneux complètement lignifié, et par suite indéformable, au moment où l'action larvaire commence à se faire sentir. Dans ces conditions, l'hyperplasie ne peut être que centrifuge. De plus, dans la première de ces cécidies (celle produite par l'*Andricus Sieboldi*), le tissu gallaire dérive tout entier du fonctionnement de l'assise génératrice et est complètement distinct de l'écorce qu'il refoule; dans les deux autres, au contraire, l'écorce prend part à la déformation et confond ses tissus hyperplasiés avec ceux qui dérivent de l'assise génératrice.

Le tableau suivant résume ces ressemblances :

		Rapport du rayon de la galle au rayon de la tige.
Cécidies provenant du fonctionnement de l'assise génératrice interne ; l'anneau vasculaire de l'année est déformé en un point.	La moelle prend part à la déformation ; hypertrophies centripète et centrifuge simultanément :	
	Tilia silvestris (Contarinia tiliarum).........	3
	Populus Tremula (Harmandia petioli)	2
	Salix capræa (Rhabdophaga salicis).........	2
	Sarothamnus scoparius (Contarinia scoparii).	4
	Quercus coccifera (Plagiotrochus fusifex)....	5
	La moelle ne participe pas à la déformation ; hypertrophie centrifuge :	
	Rubus fruticosus (Lasioptera rubi)...........	2,5
	Brassica oleracea (Ceuthorrh. pleurostigma)..	3
	Glechoma hederacea (Aulax Latreillei).......	5
	La moelle et les couches ligneuses des années précédentes ne participent pas à la déformation ; hypertrophie centrifuge :	
	Cytisus albus (Agromyza Kiefferi)..........	2,5
	Sarothamnus scoparius (Agromyza pulicaria).	3
	Quercus pedunculata (Andricus Sieboldi)....	2

Notons enfin, pour terminer, que les cécidies produites par les larves du *Contarinia tiliarum*, de l'*Harmandia petioli* et de l'*Andricus Sieboldi* ont un axe de symétrie perpendiculaire à celui de la tige et contenu dans le plan de symétrie qu'elles possèdent également.

CHAPITRE IV

CÉCIDIES CAULINAIRES

PRODUITES PAR

UN PARASITE SITUÉ DANS LA MOELLE.

Depuis longtemps, Friedrich Thomas, le célèbre cécidologue d'Ohrdruf, a désigné sous le nom de Myélocécidies [87] les déformations des tiges dans lesquelles le parasite est situé à l'intérieur de la moelle. La position topographique de l'animal étant sensiblement axiale il en résulte que l'action cécidogène se fait sentir dans toutes les directions avec la même intensité : les tissus de la tige s'hypertrophient uniformément et produisent un renflement fusiforme régulier ayant un axe de symétrie.

Les cécidies appartenant à ce chapitre sont fort nombreuses, parce que les larves qui les produisent sont bien abritées et qu'elles peuvent se déplacer facilement dans un tissu où elles trouvent une nourriture abondante. La plupart des Lépidoptérocécidies appartiennent à ce groupe.

Toutes ces cécidies ont suscité de nombreux mémoires de systématique pure. Leur anatomie est moins avancée ; aussi n'a-t-on à signaler sur ce sujet que quelques études peu détaillées. M. W. Beijerinck [82], dans son beau travail sur les premières phases du développement des galles de Cynipides, a indiqué comment se forme la cavité larvaire dans la cécidie de l'*Aulax hieracii* (page 45-58, Pl. I, fig. 1-11). La galle d'un autre *Aulax* déformant les inflorescences du *Picridium vulgare* a été étudiée par O. Kruch [91]. Enfin, de courts renseignements anatomiques existent encore dans les mémoires de Hieronymus [90, n°s 621, 739, 794, 798, 799, etc.], de Gain [94], de l'abbé Pierre [97], de Skrzipietz [00], de Houard [01, p. 40-42, fig. 28-31, Lépidoptérocécidie de *Fagonia*], de Vayssière et Gerber [02, p. 30-36, Pl. II, fig. 14-16].

Sisymbrium (Arabis) Thalianum Gay.

Cécidie produite par le *Ceuthorrhynchus atomus* Boh.

Dès le mois d'avril on trouve communément dans l'inflorescence de cette Crucifère, sur l'axe principal ou sur les rameaux latéraux, des renflements fusiformes allongés (E, fig. 200), le plus souvent courbés en arc. Ils déforment la tige sur une longueur de 15 à 20 mm., mais ne dépassent guère 4 mm. d'épaisseur. Une cavité larvaire allongée occupe la moelle (L, fig. 201).

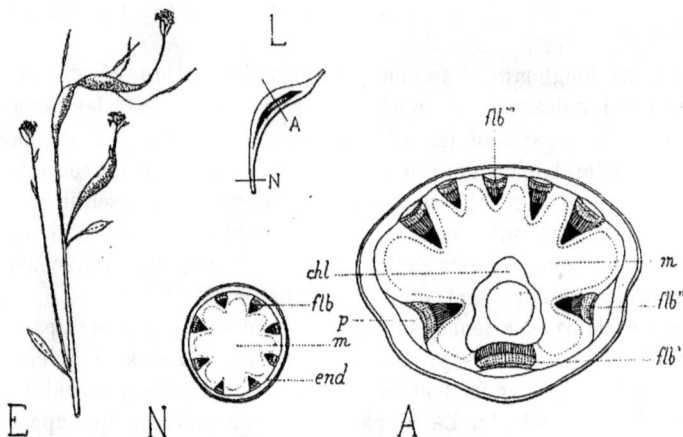

Fig. 200 (E). — Aspect de la cécidie de la tige de *Sisymbrium Thalianum* (gr. 1).
Fig. 201 (L). — Coupe longitudinale de la cécidie (gr. 1).
Fig. 202 (N). — Schéma de la coupe transversale de la tige normale (gr. 15).
Fig. 203 (A). — Schéma de la coupe transversale de la cécidie (gr. 15).

flb, *flb'*, etc., faisceaux libéro-ligneux ; *p*, péricycle ; *m*, moelle ; *end*, endoderme ; *chl*, chambre larvaire.

Structure de la tige normale. — La section transversale de la tige pratiquée au-dessous de la galle possède 1,2 mm. de diamètre (N, fig. 202) ; elle comporte un épiderme *ép* (en N, fig. 204) à cuticule épaisse, une écorce lacuneuse *éc* dont les cellules contiennent de gros chloroleucites peu nombreux et dont l'endoderme *end* est formé de cellules allongées tangentiellement. Le cylindre central contient huit petits faisceaux libéro-ligneux *flb* reliés entre eux par de nombreuses fibres à parois épaisses ; les formations secondaires sont peu développées. Les cellules du péricycle *p* sont grandes et à contours sinueux.

Structure de la tige anormale. — La section transversale de la cécidie n'est pas circulaire (A, fig. 203), mais un peu aplatie ; ses dimensions sont 2,4 mm. sur 3 mm. La cavité larvaire *chl* est située un peu de côté dans la moelle *m*. Il en résulte que l'action cécidogène du parasite s'est surtout fait sentir sur les faisceaux libéro-ligneux les plus rapprochés, tels que *flb′*, *flb″*, qui se sont fortement hypertrophiés, et aussi sur une bonne partie de l'écorce située au voisinage de la cavité larvaire. Au contraire, la région opposée, en *flb‴*, est peu modifiée : les cellules épidermiques, l'écorce, les faisceaux libéro-ligneux et la moelle y conservent la taille normale. Cette région joue le rôle de point fixe dans le développement de la galle.

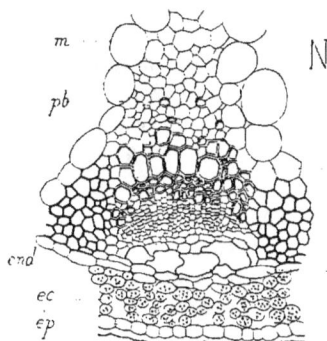

Fig. 204 (N). — Portion de la coupe transversale représentée par la figure 202 (gr. 150).

Fig. 205 (A). — Portion correspondante de la cécidie (gr. 150).

flb, *flb′*, faisceaux libéro-ligneux ; *pb*, pôle ligneux ; *agi*, assise génératrice interne ; *p*, péricycle ; *m*, moelle ; *end*, endoderme ; *éc*, écorce ; *ép*, épiderme.

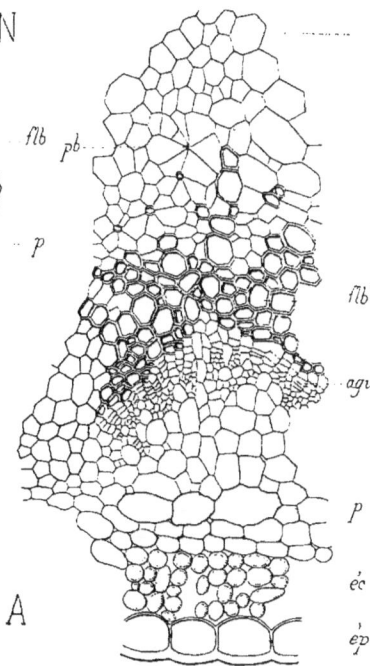

De cette disposition, qui rappelle beaucoup celle que nous avions rencontrée dans l'étude des cécidies appartenant aux trois premiers chapitres, il résulte que la galle du *Sisymbrium Thalianum*

présente un plan de symétrie. Ce plan est déterminé par le centre de la cavité larvaire et par la génératrice médiane de la portion non déformée de la tige.

La position excentrique de la larve et l'hypertrophie considérable qu'elle entraîne pour une partie de la tige permet de comprendre la courbure des rameaux et des cécidies que nous avons signalée et figurée plus haut.

La présence de la galle produit dans la structure de la tige des modifications anatomiques qui n'ont rien de bien remarquable. C'est dans les régions latérales, à droite et à gauche de la cavité larvaire, au voisinage du faisceau libéro-ligneux *flb''*, qu'on les observe le mieux.

Les cellules épidermiques *ép* (en A, fig. 205) sont beaucoup plus larges que les cellules normales (50 μ au lieu de 12 μ), mais elles sont de moitié plus courtes, et plus irrégulières (comparer les figures 206 et 207) ; leurs stomates sont le plus souvent développés d'une façon incomplète.

L'écorce *éc* (fig. 205) est devenue beaucoup plus épaisse (170 μ au lieu de 50 μ) et possède des cellules souvent étirées tangentiellement, contenant de très nombreux, mais très petits chloroleucites. Les cellules péricycliques *p* sont encore grandes et sinueuses.

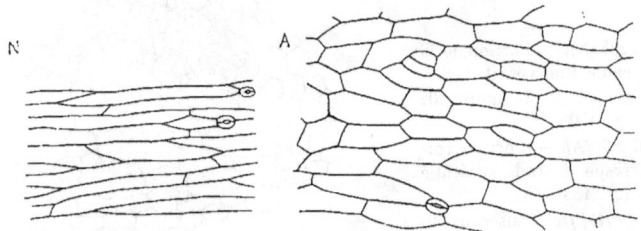

Fig. 206 (N). — Épiderme de la tige normale de *Sisymbrium Thalianum* (gr. 150).
Fig. 207 (A). — Épiderme de la cécidie de la même plante (gr. 150).

Quant aux faisceaux libéro-ligneux, leur taille devient énorme : ils sont plus larges et plus allongés que les faisceaux normaux ; leur assise génératrice *agi* a activement fonctionné et les vaisseaux du bois primaire sont écartés les uns des autres par l'hypertrophie du parenchyme. De plus, les fibres qui réunissent les faisceaux entre eux sont de beaucoup plus nombreuses et plus grandes, mais leurs parois lignifiées restent minces.

Le gros faisceau libéro-ligneux *flb′* (fig. 203), situé dans le plan de symétrie et très rapproché de la cavité larvaire, est le plus modifié ; sa région interne est en général dévorée par la larve.

Les parties supérieure et inférieure de la cavité larvaire, dans lesquelles la larve ne se trouve plus par suite de l'allongement de la tige, sont comblées par les cellules du bord de la cavité, qui se sont transformées en gros poils contournés, atteignant parfois 250 μ.

En résumé, sous l'influence du *Ceuthorrhynchus atomus*, la tige du *Sisymbrium Thalianum* subit les modifications suivantes :

1° *L'action cécidogène se faisant sentir plus particulièrement sur une région de la tige, à cause de la position latérale de la larve, y détermine un renflement ayant un plan de symétrie ;*

2° *La tige se courbe en arc dans ce plan ;*

3° *La moelle est considérablement hypertrophiée ainsi que les faisceaux libéro-ligneux et l'écorce voisins de la cavité larvaire.*

Potentilla reptans L.

Cécidie produite par le *Xestophanes potentillæ* VILLERS.

Pendant l'été on rencontre en abondance sur les stolons et sur les pétioles de la Potentille rampante les chapelets de renflements que provoquent les larves de ce Cynipide.

1° Galle de la tige rampante.

En juillet, ces renflements sont verts et petits (A_1, en E_1, fig. 208). Plus tard, en octobre ou en novembre, ils atteignent parfois 12 à 15 mm. de diamètre et 20 à 30 mm. de long (A_3); leur surface est alors crevassée longitudinalement. Une section transversale pratiquée au travers montre plusieurs petites logettes, à paroi dure, renfermant chacune une grosse larve blanchâtre qui y passera l'hiver et s'y métamorphosera au printemps suivant.

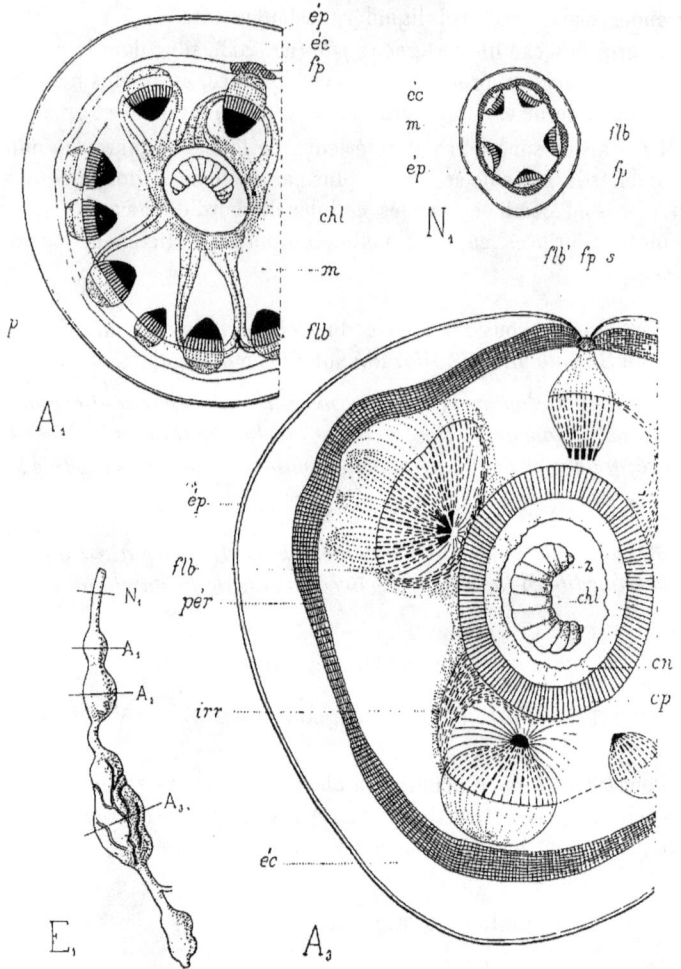

Fig. 208 (E₁). — Figure schématique donnant l'aspect extérieur de plusieurs
cécidies de la tige de *Potentilla reptans*, à des âges variés (gr. 1).

Fig. 209 (N₁). — Coupe transversale schématique de la tige normale (gr. 15).

Fig. 210 (A₁). — Coupe transversale schématique d'une cécidie jeune (gr. 15).

Fig. 211 (A₃). — Coupe transversale schématique d'une cécidie âgée (gr. 15).

    flb, *flb'*, faisceaux libéro-ligneux ; *fp*, fibres péricycliques ; *m*, moelle ;
éc, écorce ; *ép*, épiderme ; *pér*, périderme ; *cn*, couche nourricière ; *cp*,
couche protectrice ; *irr*, faisceau d'irrigation ; *s*, craquelure ; *chl*, chambre
larvaire ; *z*, larve.

Structure de la tige normale.

La section est circulaire (N_1, fig. 209) et son diamètre atteint 1, 2 mm.; en dedans d'un fort anneau de fibres péricycliques *fp*, son cylindre central contient cinq faisceaux libéro-ligneux *flb* dont les formations secondaires sont peu développées (N_1, fig. 212). Les cellules de la moelle *m* sont arrondies et ont 80 μ de diamètre environ. Enfin, l'écorce *éc* est composée d'un endoderme *end* très net et de cinq ou six assises de petites cellules arrondies.

Structure d'une galle jeune.

Etudions d'abord la structure d'une galle jeune, uniloculaire, dont la section presque circulaire a 3,4 mm. de diamètre (A_1, fig. 210). A peu près au centre de la moelle *m* se trouve une grande cavité larvaire *chl*, irrégulière, entourée par de nombreuses cellules cloisonnées dont le contenu est abondant et granuleux. Les faisceaux libéro-ligneux *flb*, autour du cylindre central, sont plus nombreux que dans la tige normale et de taille deux ou trois fois supérieure. L'écorce *éc* est également beaucoup plus épaisse.

Voyons maintenant comment l'action du parasite a pu amener de telles modifications dans la structure de la tige.

Sous l'influence de la petite larve de *Xestophanes* située dans la moelle, les cellules de ce tissu se cloisonnent d'abord dans

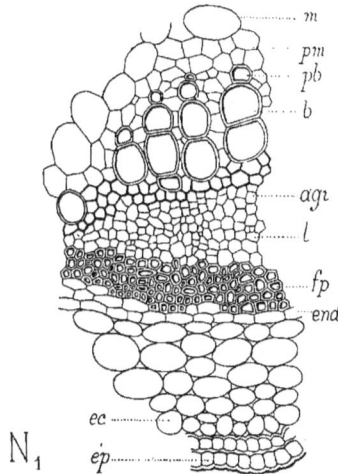

FIG. 212 (N_1). — Partie de la coupe transversale représentée par la figure 209 : *m*. moelle ; *pm*, zone périmédullaire ; *pb*, *b*, bois ; *l*, liber ; *agi*, assise génératrice interne ; *fp*, fibres péricycliques ; *end*, endoderme ; *éc*, écorce ; *ép*, épiderme (gr. 150).

deux directions perpendiculaires (M_1, fig. 213); leur taille augmente ensuite rapidement en même temps que leur contour devient polygonal, avec côtés sinueux, et que leurs méats disparaissent (M_2, fig. 214). Puis les cellules dérivant de ces premiers cloisonnements perpendiculaires se divisent à leur tour, dans tous les sens, par des cloisons secondaires très minces, et produisent parfois jusqu'à 30 et 40 petites cellules polygonales, très serrées les unes contre les autres (M_3, fig. 215). Ces petits amas de cellules c sont toujours entourés par la paroi primitive c' de la cellule-mère qui s'est fortement épaissie tout en restant cellulosique. A ce moment la cellule-mère atteint un diamètre de 150 à 200 μ. Toutes les petites cellules c possèdent un protoplasme abondant, riche en matières grasses, et contiennent un gros noyau nucléolé de 10 μ de diamètre; elles constituent autour de la chambre larvaire un riche tissu nutritif qui sert de nourriture au parasite.

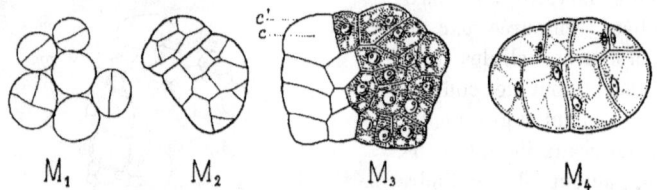

FIG. 213 (M_1). — Cellules médullaires de la tige de *Potentilla reptans* commençant à se cloisonner (gr. 150).

FIG. 214 (M_2). — Deux cellules dans lesquelles le cloisonnement est un peu plus accentué (gr. 150).

FIG. 215 (M_3). — Cellule médullaire c' très rapprochée du parasite et ayant donné naissance à 22 cellules filles c (gr. 150).

FIG. 216 (M_4). — Aspect d'une cellule médullaire périphérique (gr. 150).

Les cellules périphériques de la moelle subissent moins fortement l'action cécidogène que les cellules centrales; aussi sont-elles beaucoup moins cloisonnées (M_4, fig. 216) et donnent-elles naissance à 7 ou 8 petites cellules seulement dont le protoplasme est peu abondant et dont les noyaux, s'hypertrophiant peu, restent allongés.

Ce fait que le contour des cellules primitives de la moelle est plus épais que les cloisons secondaires nouvellement apparues et reste longtemps distinct dans les tissus environnant la cavité larvaire, provient, sans doute, de la différenciation déjà très accentuée du tissu médullaire au moment où l'action parasitaire a commencé à se faire sentir. Du reste, on rencontre très souvent dans les zoocécidies cette hyperplasie spéciale des cellules, et je l'ai déjà signalée plus haut à propos des galles de l'*Eriophyes pini* (page 192) et de l'*Agromyza Kiefferi* (page 254, fig. 177).

Cette active multiplication du tissu médullaire, accompagnée d'une grande accumulation de protoplasme et de matières nutritives dans les cellules, entraîne forcément :

1° Une modification spéciale des faisceaux libéro-ligneux en vue de nourrir le tissu hyperplasié ;

2° Une hypertrophie et une dissociation de ces faisceaux.

L'hyperplasie de la moelle se propage, en effet, dans les rayons médullaires *rm* (en A_1, fig. 217) dont les cellules s'accroissent en diamètre, puis se cloisonnent. Il en résulte que les faisceaux libéro-ligneux *flb*, *flb'* sont écartés les uns des autres et que les assises génératrices internes *agi*, *agi'* ne fonctionnent plus que très peu entre les fais - ceaux, ou même pas du tout si ceux-ci sont suf- fisamment éloi- gnés, et s'in- curvent vers la partie axiale de la coupe. Toutes les cellules du parenchyme et de la zone péri- médullaire *pm*, qui entourent la portion ligneuse

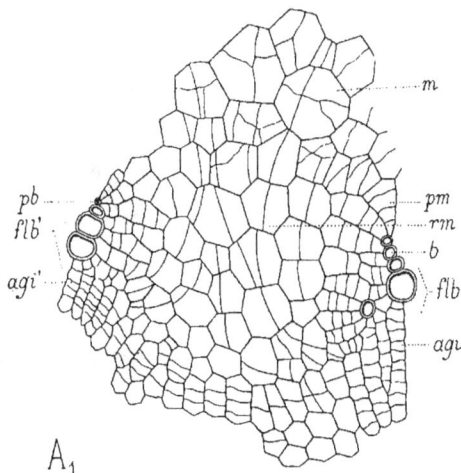

Fig. 217 (A_1). — Partie de la coupe transversale d'une galle très jeune de la tige de *Potentilla reptans* : les assises génératrices internes *agi, agi'* cessent de fonctionner entre les faisceaux *flb, flb'* et s'établissent dans le rayon médullaire *rm* ; *m*, moelle ; *pm*, zone périmédullaire ; *pb, b*, bois. (gr. 150)

b, *pb* des faisceaux, s'allongent énormément, deviennent quatre ou cinq fois plus grandes que dans la tige normale et prennent un grand nombre de cloisons parallèles ; dans toutes ces cellules, la membrane primitive reste beaucoup plus épaisse que les cloisons secondaires et la disposition étoilée autour des pôles ligneux *pb* se trouve accentuée.

A un état un peu plus avancé, représenté en A_2 (fig. 218), l'assise génératrice *agi* a produit dans le faisceau de nombreux éléments secondaires : bois secondaire non lignifié *bs* et liber secondaire *ls* ; les cellules périmédullaires *pm* se sont fortement allongées tout en restant très distinctes les unes des autres et elles ont pris quelques cloisons de plus. Enfin, cette assise génératrice s'est établie dans les cellules médullaires déjà cloisonnées qui séparent le faisceau libéro-

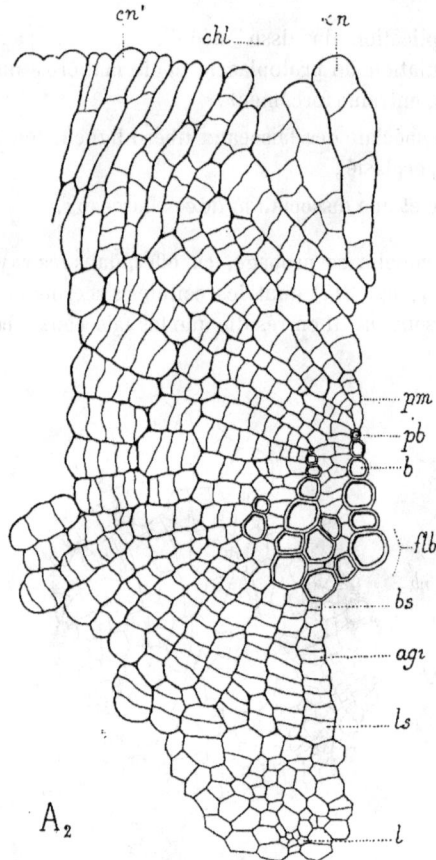

Fig. 218 (A_2). — Portion de la coupe transversale d'une cécidie encore jeune de la tige de *Potentilla reptans* : l'assise génératrice *agi* a cloisonné toutes les cellules médullaires bordant la cavité larvaire *chl* et produit une abondante couche nourricière *cn, cn'* ; *pm*, zone périmédullaire ; *pb, b, bs*, bois ; *l, ls*, liber ; *flb*, faisceau vasculaire (gr. 150).

ligneux de la cavité larvaire *chl* : elle a entouré le faisceau et marché à la rencontre de l'autre moitié de l'assise génératrice du même faisceau. Toutes les cellules médullaires, excitées par le fonctionnement de ces assises, s'allongent alors considérablement (jusqu'à 220 μ) dans une direction rayonnante par rapport au pôle ligneux du faisceau et se cloisonnent perpendiculairement un très grand nombre de fois. Les cellules les plus longues sont celles qui se trouvent dans le plan médian du faisceau, en *cn* ; celles qui sont situées en *cn′*, dans la zone influencée par l'assise génératrice du faisceau voisin, sont aussi très longues, mais bien plus étroites, comprimées les unes contre les autres et courbées vers l'assise génératrice. Toutes ces petites cellules, qui dérivent du fonctionnement actif des assises génératrices des faisceaux libéro-ligneux autour de la cavité larvaire, contiennent un épais protoplasme, ainsi que de gros noyaux et de nombreuses matières grasses ; dès le début de la formation de la galle, elles constituent pour la jeune larve une couche alimentaire, un tissu nourricier très abondant.

Le schéma S_1 (fig. 222) représente, dans une galle jeune, la formation de cette couche nourricière *cn* aux dépens des diverticules émanés des assises génératrices internes des faisceaux voisins.

Une telle hypertrophie de la partie centrale de la tige a aussi un grand retentissement sur les faisceaux libéro-ligneux et sur l'écorce.

Nous avons vu plus haut l'allongement considérable éprouvé par les cellules de la zone périmédullaire *pm* (en A_2, fig. 218). Les vaisseaux du bois primaire *b*, déjà différenciés au moment où l'action parasitaire commence à se faire sentir, conservent leur diamètre, et leurs files sont écartées les unes des autres par l'hypertrophie du parenchyme.

A l'extérieur du faisceau, les cellules péricycliques ne constituent plus, comme dans la tige normale, une zone fibreuse continue, mais forment un amas d'une cinquantaine de fibres, souvent même non lignifiées. En dehors de ces fibres, le périderme commence à se développer, alors qu'il n'a pas encore apparu dans la tige saine, et il comporte environ six couches de cellules ; il n'en possède que deux ou trois quand les fibres sont lignifiées.

On peut donc admettre que ces amas fibreux lignifiés, différenciés de bonne heure, constituent des points résistants, insensibles à l'action cécidogène et l'empêchant même de se manifester plus loin. Et, en effet, en face d'eux, les cellules de l'écorce ne sont pas munies de cloisons radiales et sont fort peu allongées tangentiellement.

L'épiderme cloisonne activement ses cellules dont la largeur augmente peu (A, fig. 220); elles deviennent isodiamétriques (45 μ) et sinueuses, au lieu d'êtres longues de 100 μ et rectilignes comme dans la tige normale (N, fig. 219).

L'amidon est surtout localisé entre les faisceaux libéro-ligneux et dans la région interne de l'écorce.

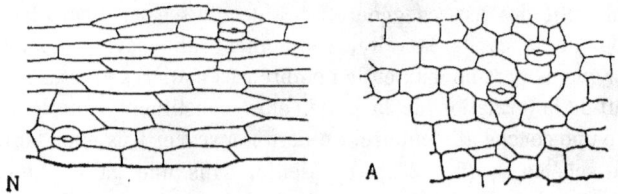

FIG. 219 (N). — Épiderme de la tige normale de *Potentilla reptans* (gr. 150).
FIG. 220 (A). — Épiderme de la cécidie de la même plante (gr. 150).

En somme, l'action cécidogène développée par la petite larve se manifeste, à partir du centre de la moelle, avec une intensité sensiblement égale dans toutes les directions et produit un renflement régulier dont l'axe de symétrie coïncide avec celui de la tige.

Le rapide cloisonnement des cellules médullaires détermine un appel de matériaux nutritifs et entraîne le fonctionnement actif des assises génératrices internes des faisceaux vers la cavité larvaire.

La présence de la larve empêche le plus souvent la lignification des fibres péricycliques, retarde celle des éléments du bois secondaire et provoque l'apparition hâtive du périderme.

Les nombreux cloisonnements que subissent l'écorce et l'épiderme leur permettent de suivre l'hyperplasie des tissus plus internes.

Structure d'une galle âgée. — Vers la fin de l'année, en octobre, les renflements de la tige rampante atteignent facilement 10 à 12 mm. de diamètre transversal et une longueur de 30 à 40 mm. (A$_3$, en E$_4$, fig. 208); leur surface est de teinte marron et présente de grandes craquelures irrégulières. Ces grosses cécidies sont toujours pluriloculaires et proviennent de la fusion de nombreuses petites galles.

La figure 211 (A$_3$) représente une section pratiquée dans la région terminale d'une grosse galle, là où il n'y a qu'une seule loge. La cavité larvaire *chl* y est grande ; elle est entourée par le tissu nutritif *cn* (en A$_3$, fig. 221) que nous avons vu naître dans la galle jeune. Les cellules internes de ce tissu sont maintenant isolées les unes des autres et possèdent un diamètre beaucoup plus grand (60 μ) ; leur noyau hypertrophié *n* atteint presque 20 μ et leur protoplasme abondant contient encore beaucoup de gouttelettes huileuses *h*. Les plus externes de ces cellules nourricières sont toujours alignées en files radiales et en relation directe avec celles d'une forte couche protectrice *cp*.

Les cellules scléreuses de cette dernière zone ont environ 40 μ de diamètre et des parois épaisses, ponctuées ; elles sont disposées un peu irrégulièrement, mais proviennent en réalité du fonctionnement de l'assise génératrice située entre la cavité larvaire et le faisceau libéro-ligneux ; les cellules externes produites par cette assise ont perdu leur disposition radiale ; elles se sont isolées les unes des autres et leur abondant protoplasme a servi à épaissir leurs parois qui se sont lignifiées. C'est à l'abri de cette couche scléreuse que la larve se métamorphose.

Les cellules scléreuses se relient du reste directement à la partie ligneuse des petits faisceaux d'irrigation formés par les assises génératrices entre les gros faisceaux caulinaires et la cavité larvaire. De longs vaisseaux striés ont pris naissance à la base d'un petit faisceau d'irrigation et sont en contact avec les vaisseaux secondaires du gros faisceau ; puis, au fur et à mesure qu'on se rapproche de la couche scléreuse en *agi″*, ces vaisseaux lignifiés deviennent de plus en plus courts ; en *v″* ils ont encore 60 μ de longueur et leurs ponctuations sont toujours allongées, mais moins serrées ; en *v′*, dans la région de transition, beaucoup d'entre eux possèdent une moitié réticulée, l'autre moitié étant ponctuée ; enfin, en *v*, au contact de la couche protectrice *cp*, tous les vaisseaux sont largement ponctués et munis de parois encore assez minces.

Le schéma S$_2$ (fig. 223) montre comment le petit faisceau d'irrigation *irr* est relié au gros faisceau libéro-ligneux caulinaire d'une part et, d'autre part, aux couches protectrice et nourricière.

Comme le représente le dessin A₃ (fig. 221), le faisceau libéro-

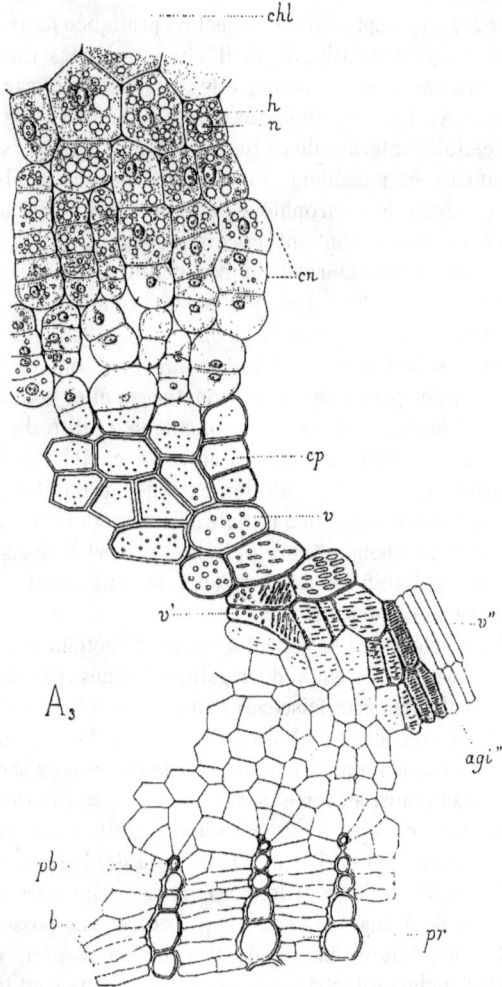

Fig. 221 (A₃). — Portion de la coupe transversale d'une cécidie âgée de la tige de *Potentilla reptans*, indiquant les relations qui existent entre la partie ligneuse du faisceau d'irrigation *agi"* et la couche protectrice *cp*; *v*, *v"*, vaisseaux ponctués et striés; *v'*, vaisseau intermédiaire — *cn*, couche nourricière; *h*, gouttelette huileuse; *n*, noyau — *pb*, *b*, bois; *pr*, parenchyme; *chl*, chambre larvaire.

ligneux de la tige a acquis une taille considérable dans la cécidie âgée : l'hypertrophie du parenchyme *pr* a écarté les files de vaisseaux primaires *b* les unes des autres ; autour des pôles ligneux *pb*, les cellules se sont allongées et sont devenues rayonnantes. De plus, l'assise génératrice interne a fonctionné très activement dans le faisceau et produit un abondant bois secondaire ne possédant que quelques vaisseaux lignifiés, disposés sans ordre, souvent isolés, en relation latéralement avec la partie ligneuse des petits faisceaux d'irrigation ; le liber secondaire est peu développé.

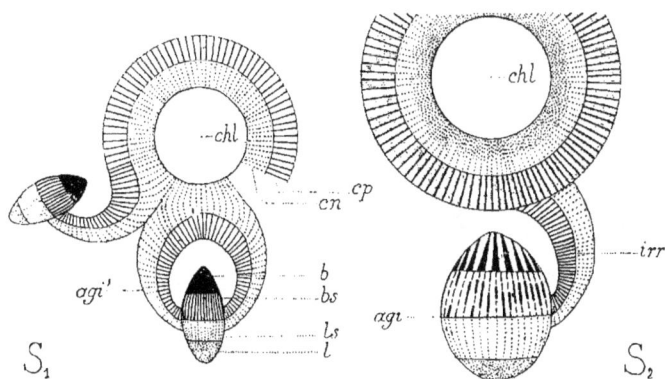

Fig. 222 (S₁). — Cécidie jeune : schéma indiquant comment l'assise génératrice *agi'* d'un faisceau (*b*, *bs*, *l*. *ls*) fonctionne vers la cavité larvaire *chl* et donne naissance aux couches nourricière *cn* et protectrice *cp*.

Fig. 223 (S₂). — Schéma identique pour une cécidie âgée : *irr*, faisceau d'irrigation.

La forme générale du faisceau varie beaucoup selon que le petit amas fibreux péricyclique, situé en face de son pôle libérien, était ou non lignifié au moment où l'action cécidogène s'est fait sentir.

Supposons qu'il y ait seulement des éléments péricycliques non lignifiés, en face du faisceau, comme c'est le cas pour *flb* (en A₃. fig. 211) : le faisceau est alors ovalaire, très étalé et en contact par sa large base avec un périderme bien développé *pér*, à files radiales comprenant jusqu'à douze cellules arrondies. Dans ce cas, l'écorce située vis-à-vis du faisceau est fortement épaissie, car elle a pu se cloisonner avec activité.

Au contraire, si un petit amas lignifié existe en face du pôle libérien, et c'est le cas pour *flb'* (en A₃, fig. 211), le faisceau est plus long que large ; assez étalé à son pôle ligneux, il est rétréci au pôle opposé et juste de la largeur de l'amas fibreux péricyclique *fp*. L'écorce contiguë ne s'est pas cloisonnée et a dû se briser par suite de l'hyperplasie latérale : une crevasse longitudinale *s*, visible à l'extérieur, a ainsi pris naissance.

En résumé, la galle âgée est surtout caractérisée par l'hypertrophie considérable des faisceaux libéro-ligneux, par le grand développement du périderme et par la haute différenciation des faisceaux d'irrigation.

2° Galle du pétiole.

Le Cynipide pique le pétiole jeune sur la face supérieure dans le sillon pétiolaire et y dépose plusieurs œufs : au bout de quelques

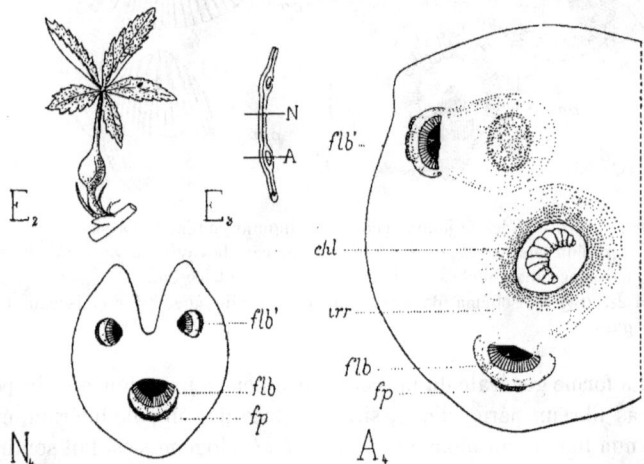

Fig. 224 (E₂). — Aspect de la cécidie du pétiole de *Potentilla reptans* (gr. 1).
Fig. 225 (E₃). — Pétiole avec deux cécidies très jeunes (gr. 1).
Fig. 226 (N₄). — Coupe transversale schématique du pétiole normal (gr. 15).
Fig. 227 (A₄). — Coupe transversale schématique de la cécidie (gr. 15).

   flb, *flb'*, faisceaux libéro-ligneux ; *fp*, fibres ; *irr*, faisceau d'irrigation ; *chl*, chambre larvaire.

jours, apparaît dans ce sillon une série de minimes renflements hémisphériques (E₃, fig. 225), présentant une tache brune en leur milieu. Plus tard, ces renflements forment de gros chapelets pouvant atteindre 10 mm. de diamètre (E₂, fig. 224).

Le *pétiole normal* possède deux ailes assez accentuées sur sa face supérieure (N₄, fig. 226) et trois faisceaux libéro-ligneux *flb*, *flb′*, munis chacun d'un arc de fibres péricycliques lignifiées *fp*.

La section d'une *galle âgée* a un contour très différent (A₄, fig. 227), presque circulaire, ne présentant plus que deux ailes pétiolaires, très réduites, mais elle possède toujours le plan de symétrie du pétiole sain ; au centre se trouvent, en général, plusieurs cavités larvaires *chl*.

Les principales modifications que nous avons rencontrées dans la tige parasitée se voient encore ici :

a) Le tissu compris entre les faisceaux cloisonne activement ses cellules dont les contours primitifs restent cellulosiques et longtemps visibles ; autour de la cavité larvaire, les cellules s'organisent en une couche nutritive et, plus tard, en une couche scléreuse externe ;

b) Les faisceaux libéro-ligneux des ailes *flb′* et le faisceau médian *flb* s'hypertrophient considérablement, par suite du fonctionnement actif de leurs assises génératrices internes, et produisent encore de petits faisceaux *irr* qui vont irriguer les environs de la cavité larvaire ;

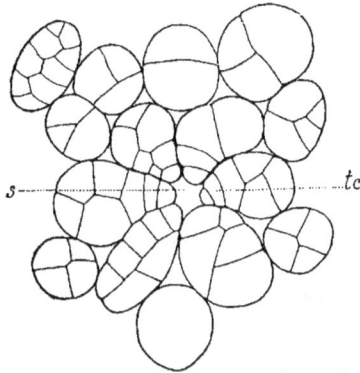

FIG. 228. — Formation de tissu cicatriciel *tc* autour du sillon larvaire *s* (gr. 150).

c) Les arcs péricycliques ne lignifient plus leurs cellules ou fort peu.

Enfin, au milieu du tissu hyperplasié situé entre les faisceaux, on voit très souvent le petit sillon longitudinal (*s*, fig. 228) qu'a parcouru une larve avant de se fixer au point où la galle s'est

développée; les cellules *tc* bordant ce sillon ont dû s'allonger
vers la cavité qu'elles ont comblée, puis se sont cloisonnées
transversalement plusieurs fois. Nous avons déjà rencontré, au
cours de cette étude, maints exemples d'une telle cicatrisation
s'effectuant au sein de tissus anormaux.

En résumé, sous l'action du *Xestophanes potentillæ*, la tige
rampante du *Potentilla reptans* présente les modifications suivantes :

1º *L'action cécidogène se fait sentir sur la moelle uniformément
dans toutes les directions et produit un renflement fusiforme
ayant un axe de symétrie;*

2º *Les cellules médullaires se cloisonnent avec activité et leur
membrane se distingue longtemps;*

3º *Les faisceaux libéro-ligneux s'hypertrophient et envoient
dans la moelle de petits faisceaux d'irrigation qui produisent
autour de la cavité larvaire une couche nourricière et une couche
protectrice scléreuse;*

4º *Les fibres péricycliques se lignifient rarement; le périderme apparaît de bonne heure et se développe beaucoup;*

5º *L'écorce suit l'hypertrophie de la partie centrale et se
crevasse en face des amas péricycliques lignifiés.*

Hieracium umbellatum L.

Cécidie produite par l'*Aulax hieracii* BOUCHÉ.

Les larves de l'*Aulax hieracii* produisent des galles sur un grand
nombre d'espèces du genre *Hieracium*. La cécidie caulinaire de
l'*Hieracium umbellatum*, que nous étudierons ici, est fusiforme,
allongée, multiloculaire et peut atteindre 15 mm. de diamètre
transversal.

BEIJERINCK [82], dans son important travail sur les premiers
stades du développement des galles de Cynipides, a montré
comment s'opérait la ponte des œufs d'*Aulax* près du point végétatif,

au sommet de la jeune tige, et comment les larves s'établissaient dans de petites chambres au sein du tissu médullaire hyperplasié (*Gallplastem*), après avoir quitté la cavité des œufs (*Eihöhle*).

Je m'occuperai surtout ici de la production des tissus gallaires durant les premiers stades du développement.

Structure de la galle jeune. — Une coupe transversale pratiquée au-dessus de la cavité larvaire, dans une très jeune galle n'ayant encore que 2 mm. de diamètre (E, fig. 229), présente un contour un peu supérieur (A, fig. 231) à celui de la tige normale (N, fig. 230) et montre la cavité des œufs *s*, assez irrégulière.

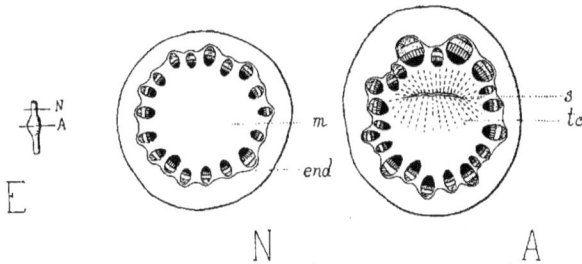

Fig. 229 (E). — Aspect d'une cécidie très jeune de la tige de l'Épervière (gr. 1).
Fig. 230 (N). — Schéma de la coupe transversale de la tige normale (gr. 15).
Fig. 231 (A). — Schéma de la coupe transversale de la cécidie, pratiquée un peu au-dessus de la cavité larvaire (gr. 15).

 m, moelle ; *end*, endoderme, *tc*, tissu cicatriciel ; *s*, cavité aux œufs.

Cette cavité *s* (en A, fig. 232) est tapissée par de longues cellules rayonnantes *tc*, renflées, arrondies ou allongées en poils dans leur région proximale lignifiée ; toutes ces cellules sont cloisonnées transversalement un grand nombre de fois et peuvent présenter jusqu'à une dizaine de cloisons. D'autres cellules *tc'*, en contact elles-mêmes avec les cellules médullaires plus externes *tc''*, présentent une seule cloison ou pas du tout. A la marche du cloisonnement, on reconnaît là du tissu cicatriciel.

Si l'on coupe ensuite transversalement une galle un peu plus âgée que la précédente et ayant 4,3 mm. de diamètre (en E₁, fig. 233), on obtient une section circulaire (A₁, fig. 234). La

cavité des œufs *s* est très allongée, mais toujours peu élargie ;
elle est entourée par le tissu cicatriciel *tc*, très développé,

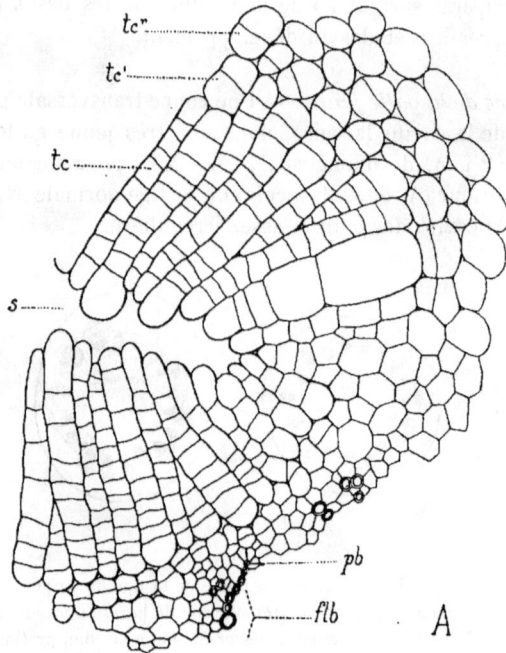

Fig. 232 (A). — Partie de la coupe représentée par la figure précédente et
montrant la production du tissu cicatriciel *tc, tc', tc''*, autour de la cavité
aux œufs *s* ; *flb*, faisceau vasculaire ; *pb*, pôle ligneux (gr. 150).

qui occupe maintenant toute la moelle. Les cellules de ce tissu se
sont activement cloisonnées et disposées en longues files rayonnantes allant depuis la cavité des œufs *s* jusqu'aux faisceaux
libéro-ligneux *flb*. Le nombre des petites cellules ainsi formées
est considérable, même pour une galle n'ayant encore que quelques
millimètres de diamètre, comme celle qui est dessinée en A_1, et
cinquante à cent fois supérieur au nombre des cellules médullaires
de la tige normale.

Ces petites cellules *tc* (en A_1, fig. 236) ont presque toutes la
même taille et l'espacement des deux cloisons tangentielles qui

limitent chacunes d'elles dépasse rarement 15 μ ; elles contiennent un abondant protoplasme et des noyaux un peu hypertrophiés, ovoïdes ou sphériques, de 7 μ de diamètre.

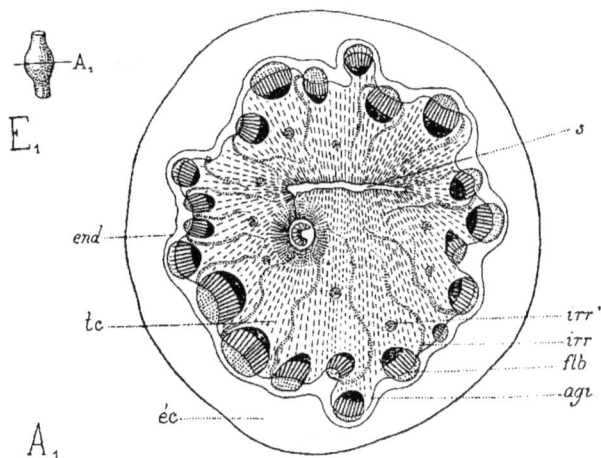

Fig. 233 (E₁). — Aspect d'une cécidie caulinaire de l'Épervière, un peu plus âgée que la précédente (gr. 1).

Fig. 234 (A₁). — Schéma de la coupe transversale médiane de la cécidie : le tissu cicatriciel *tc* est sillonné de nombreux faisceaux d'irrigation *irr*, *irr'* ; *flb*, faisceau vasculaire ; *agi*, assise génératrice interne ; *end*, endoderme ; *éc*, écorce ; *s*, cavité aux œufs (gr. 150).

C'est au milieu de ce tissu cicatriciel abondant que la petite larve établit sa cavité larvaire (en A₁, fig. 234) ; les cellules environnantes se gorgent aussitôt de matières de réserve.

La nutrition d'un tel tissu est assurée par les faisceaux libéro-ligneux de la tige. Ceux-ci sont devenus très irréguliers dans leur forme et leur orientation ; leur taille a beaucoup augmenté. C'est l'assise génératrice interne de ces faisceaux qui fonctionne active-ment dans les espaces interfasciculaires et qui donne naissance à de petits faisceaux d'irrigation *irr* ; ces derniers contournent la partie ligneuse des gros faisceaux de la tige et se dirigent au travers du tissu cicatriciel vers la cavité larvaire. Ces petits faisceaux d'irrigation sont du reste très sinueux, parfois ramifiés, et serpentent dans toutes les directions ; la coupe transversale de la galle en donne alors des sections transversales *irr'* aussi bien que des sections longitudinales *irr*.

Dans les galles très jeunes, ces faisceaux d'irrigation sont composés surtout de longs éléments libériens cellulosiques ; les vaisseaux ligneux, à épaississements serrés et régulièrement espacés, apparaissent seulement dans les galles dont le diamètre atteint 6 à 8 mm.

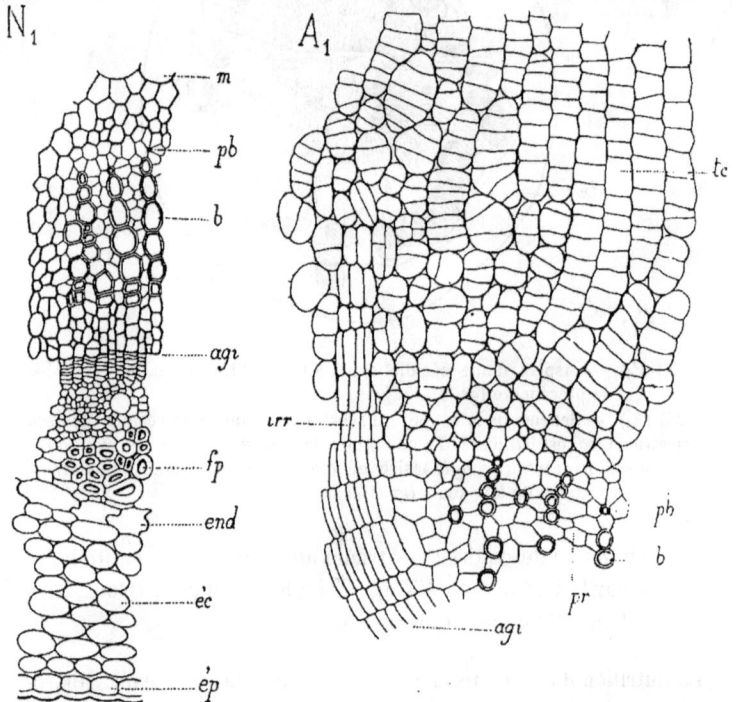

FIG. 235 (N₁). — Partie de la coupe transversale de la tige normale de l'Épervière (gr. 150).

FIG. 236 (A₁). — Portion de la figure 234 montrant comment l'assise génératrice
interne *agi* produit un faisceau d'irrigation au milieu du tissu cicatriciel
tc de la cécidie (gr. 150).

   m, moelle ; *pb*, *b*, bois ; *pr*, parenchyme, *fp*, fibres péricycliques ; *end*,
endoderme ; *éc*, écorce ; *ép*, épiderme.

La figure 236 (A₁) montre en *irr* l'assise génératrice libéro-ligneuse *agi* commençant à fonctionner au milieu des cellules du
tissu cicatriciel *tc*.

En F (fig. 237), j'ai représenté la section transversale d'un petit faisceau d'irrigation, cylindrique, dans lequel le liber *l* occupe le centre et dont le bois ne possède encore qu'un vaisseau différencié *b*.

Structure de la galle âgée.
— Dans la galle âgée, la cavité larvaire, un peu agrandie, est entourée des deux couches nourricière et scléreuse que l'on rencontre habituellement dans toutes les galles produites par les Cynipides. Comme pour la cécidie du *Xestophanes potentillæ*, ces deux zones sont en relation directe avec

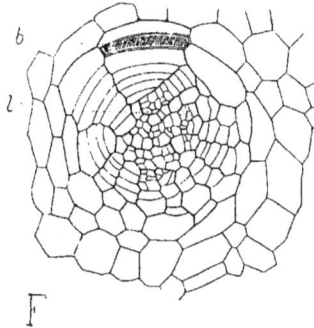

FIG. 237 (F). — Coupe transversale d'un faisceau d'irrigation ; *b*, bois ; *l*, liber (gr. 150).

quelques petits faisceaux irrigateurs. Toutes les cellules nutritives *cn* (fig. 238) et toutes les cellules protectrices *cp* ont un diamètre transversal de 50 à 55 µ ; elles sont disposées en files rayonnantes convergeant vers la cavité larvaire *chl* et proviennent de cellules primitives dont on reconnaît encore très facilement le contour, cellules qui se sont cloisonnées cinq ou six fois au maximum sous l'influence de l'assise génératrice des petits faisceaux d'irrigation. Souvent, les cellules

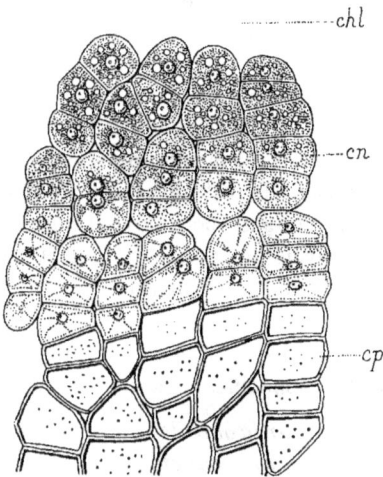

FIG. 238. — Fragment de coupe, prise au bord de la cavité larvaire *chl*, montrant les relations qui existent entre les cellules de la couche nourricière *cn* et celles de la couche protectrice *cp* (gr. 150).

les plus externes, dérivées d'une même cellule primitive, ont fortement épaissi et lignifié leurs parois (en *cp*) et appartiennent par suite à la zone protectrice, tandis que les plus internes, restées avec des parois minces, se sont bourrées de matières de réserve et font partie de la zone nutritive.

En même temps que ces intenses modifications se produisent dans la moelle de la tige, les faisceaux libéro-ligneux s'hypertrophient considérablement. Les vaisseaux ligneux primaires ne sont plus alignés en files radiales régulières, mais dispersés au milieu du parenchyme très hypertrophié lui-même ; l'assise génératrice interne de chaque faisceau a activement fonctionné et son bois secondaire ne s'est pas lignifié, pas plus du reste que les éléments de l'arc fibreux péricyclique. L'assise externe du péricycle est toujours parenchymateuse et contient un réseau laticifère dont les cellules peuvent atteindre 80 μ et plus de diamètre.

Enfin, l'écorce parasitée peut acquérir une épaisseur cinq ou six fois supérieure à celle de l'écorce saine. Ses cellules endodermiques, très reconnaissables à leurs plissements dans la tige normale âgée (*end*, en N_1, fig. 235), sont complètement déformées. Les autres cellules plus externes augmentent peu en nombre : elles s'allongent surtout tangentiellement jusqu'à atteindre 210 μ (au lieu de 30 μ) et prennent quatre ou cinq cloisons radiales ; la membrane des cellules primitives est facile à reconnaître, car elle reste épaisse et cellulosique. En dehors, l'épiderme se cloisonne aussi pour suivre l'augmentation en volume de la région centrale de la tige et fournit des cellules un peu plus longues que les cellules normales.

En résumé, sous l'influence de l'*Aulax hieracii*, la tige de l'*Hieracium umbellatum* présente les modifications suivantes :

1° *L'action cécidogène se fait sentir sur la moelle uniformément dans toutes les directions, et produit un renflement fusiforme ayant un axe de symétrie ;*

2° *La moelle se transforme tout entière en un énorme tissu cicatriciel rayonnant autour de la cavité des œufs ; la larve s'établit dans ce tissu ;*

3° *De petits faisceaux d'irrigation assurent la nutrition du tissu cicatriciel et la production des couches nourricière et protectrice ;*

4° *Les faisceaux libéro-ligneux de la tige sont hypertrophiés et déformés; leur réseau laticifère péricyclique est très développé;*

5° *L'écorce épaissie a ses cellules allongées tangentiellement.*

Hypochœris radicata L.

Cécidie produite par l'*Aulax hypochœridis* KIEFF.

J'ai récolté en abondance le 15 juillet 1898, dans le jardin de l'ancien Laboratoire de Wimereux, de beaux échantillons de cette cécidie qui déforme les pédoncules floraux de l'*Hypochœris radicata* et en arrête le développement. Les plus gros renflements pluriloculaires atteignaient 10 mm. de diamètre et 50 à 60 mm. de long.

Structure du pédoncule normal. — Sa section est un polygone irrégulier (N, fig. 240), de 1,5 mm. de diamètre, dont les angles sont saillants et occupés par un peu de collenchyme. L'épiderme *ép* (en N, fig. 243) comprend des cellules régulières, à cuticule épaisse; au-dessous de lui, les trois assises de cellules corticales *éc* contiennent de nombreux grains de chlorophylle et sont en relation avec les cellules de l'endoderme *end.*

Le système vasculaire comprend une dizaine de faisceaux libéro-ligneux à gros vaisseaux ligneux primaires *b* et à formations secondaires peu développées; en face de chacun des faisceaux, les fibres péricycliques *fp* forment de petits amas reliés latéralement à l'anneau fibreux qui entoure le cylindre central.

Au centre, la moelle *m* possède des cellules serrées les unes contre les autres, de tailles diverses, les plus grandes atteignant 100 µ de diamètre; leur protoplasme est peu abondant et leurs noyaux n'ont guère que 6 µ de longueur.

Structure d'une galle jeune. — Examinons d'abord une jeune cécidie uniloculaire, de 4,3 mm. de diamètre (A, en E, fig. 239); sa section est plus arrondie que celle de la tige normale. Un examen rapide de la coupe (en A, fig. 241) montre que la ceinture vasculaire comporte une quinzaine de faisceaux libéro-ligneux *flb* et qu'elle

entoure une moelle *m* beaucoup plus développée que dans l'axe
sain (3 mm. au lieu de 1 mm.).

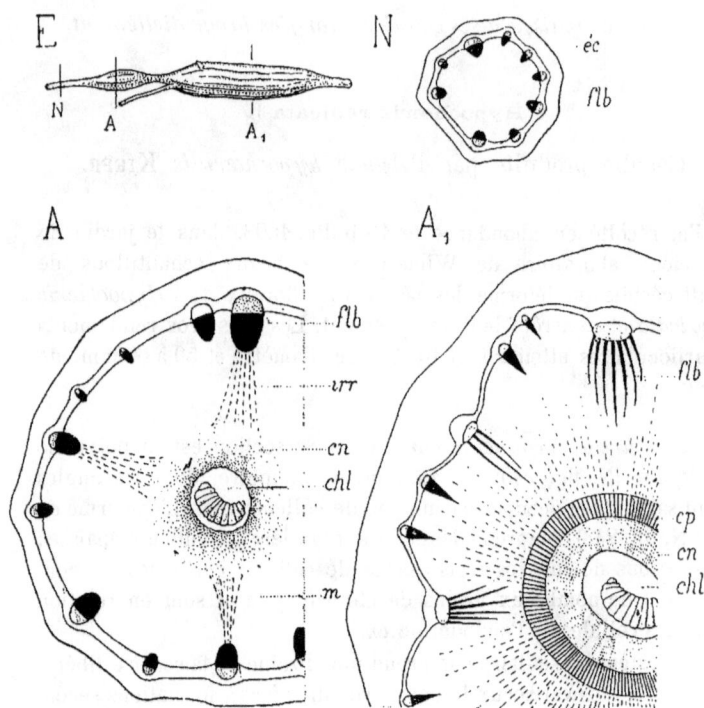

Fig. 239 (E). — Aspect de la cécidie de la tige de *l'Hypochœris radicata* (gr. 1).
Fig. 240 (N). — Coupe transversale schématique de la tige normale (gr. 15).
Fig. 241 (A). — Coupe transversale schématique de la cécidie jeune (gr. 15).
Fig. 242 (A₁). — Même coupe pour une cécidie âgée (gr. 15).

m, moelle ; *flb*, faisceau libéro-ligneux ; *éc*, écorce ; *irr*, cellules irrigatrices ; *cn*, couche nourricière ; *cp*, couche protectrice ; *chl*, chambre larvaire.

C'est dans ce tissu médullaire spongieux que la larve a creusé sa
cavité *chl*, bientôt entourée d'une couronne de grosses cellules
isodiamétriques *cn*, de 80 µ de diamètre, dont l'ensemble tranche
bien sur les cellules claires de la moelle périphérique. On reconnaît
facilement là une couche nutritive, car les noyaux volumineux *n*
(en A, fig. 244) y atteignent parfois 29 µ de diamètre et possèdent

de beaux nucléoles; de plus, le protoplasme très épais contient de
nombreuses gouttelettes huileuses très réfringentes *h* qui lui donnent
un aspect réticulé bien caractéristique.

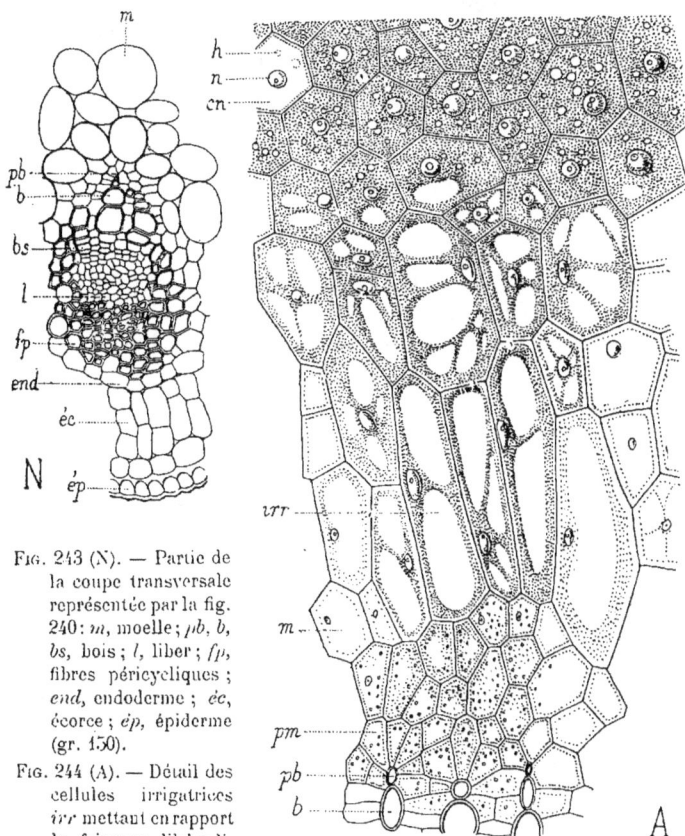

FIG. 243 (N). — Partie de
la coupe transversale
représentée par la fig.
240 : *m*, moelle ; *pb, b,
bs*, bois ; *l*, liber ; *fp*,
fibres péricycliques ;
end, endoderme ; *éc*,
écorce ; *ép*, épiderme
(gr. 150).

FIG. 244 (A). — Détail des
cellules irrigatrices
irr mettant en rapport
le faisceau libéro-li-
gneux *pb, b* avec les cellules de la couche nourricière *cn* ; *n*, noyau
h, gouttelettes d'huile ; *m*, moelle ; *pm*, zone périmédullaire (gr. 150).

Pour se rendre compte de la façon dont s'est formé ce tissu nourricier, il est nécessaire de pratiquer des coupes transversales dans
de très jeunes galles : le diamètre de la moelle s'y montre peu
supérieur au diamètre normal et comprend quelques cellules en

plus. La larve se trouve dans une très petite cavité, à peu près au centre de la moelle. Autour d'elle, les cellules s'allongent radialement, puis se cloisonnent dans une direction perpendiculaire; leur protoplasme devient plus abondant que partout ailleurs et leurs noyaux, toujours ovoïdes, atteignent 12 μ de longueur. Ensuite, le cloisonnement se manifeste de la même façon, mais un peu plus loin ; les matières nutritives s'accumulent dans les cellules, les noyaux deviennent plus volumineux et sphériques: le tissu nourricier est constitué.

La présence de ce tissu riche en protoplasme et en réserves nutritives entraîne forcément des modifications dans la structure des faisceaux libéro-ligneux de la tige. Et, en effet, les faisceaux ligneux sont maintenant très élargis dans leur région centrale et leurs pôles ligneux *pb* (en A, fig. 244) sont écartés les uns des autres par suite de l'allongement tangentiel des cellules de parenchyme qui les séparent. En face de chaque pôle ligneux, les cellules de la zone périmédullaire *pm* sont allongées vers le centre de la galle et contiennent de nombreux grains d'amidon.

Enfin, plus au centre, les cellules *irr* de la moelle, comprises entre le tissu nourricier *cn* et la zone périmédullaire *pm*, sont très allongées radialement (250 μ) ; leur protoplasme est devenu abondant et leurs noyaux sont intermédiaires comme taille et comme forme entre ceux de la moelle proprement dite (noyaux fusiformes de 6 μ de longueur) et ceux du tissu nourricier (noyaux sphériques atteignant 30 μ de diamètre). Ces cellules élancées, sveltes, pleines de vie et de sève, contrastent singulièrement avec les cellules polygonales, lourdes et obèses de la couche nourricière. Ce sont de véritables cellules d'irrigation.

En même temps que cette importante modification se produit dans le tissu médullaire, toute la région située en dehors des faisceaux ligneux s'hypertrophie ; les cellules corticales, toujours riches en chloroleucites, s'arrondissent et se séparent les unes des autres par de grands méats. Enfin, l'épiderme, qui ne possédait dans la tige normale (fig. 245) que des cellules allongées ayant 14 μ de longueur , s'est cloisonné et se montre constitué par des cellules polygonales, irrégulières, isodiamétriques, de 40 μ de largeur (fig. 246) ; ses stomates ont peu augmenté leur taille, mais ils sont très écartés les uns des autres.

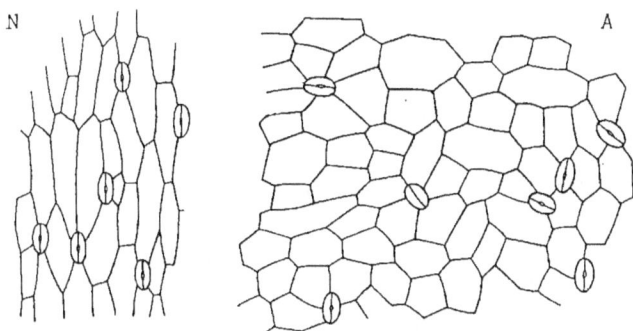

FIG. 245 (N). — Épiderme de la tige normale de l'*Hypochœris radicata* (gr. 150).
FIG. 246 (A). — Épiderme de la cécidie caulinaire de la même plante (gr. 150).

Structure d'une galle âgée. — La section transversale d'une galle recueillie vers la fin de l'année, en novembre, est sensible-ment circulaire et possède 8 mm. de diamètre (A_1, fig. 242).

L'écorce y est hypertrophiée, mais moins cependant que dans la moelle ; en face des gros faisceaux libéro-ligneux, ses cellules les plus internes sont transformées en de longs poils contournés (*éc*, en A_1, fig. 247).

Les faisceaux libéro-ligneux sont aussi très allongés et leurs fibres péricycliques *fp* sont grandes, polygonales, à parois minces lignifiées. Le liber *l* est peu développé. Les vaisseaux du bois primaire *b* et du bois secondaire *bs* ne sont plus arrondis, comme dans la tige normale où ils avaient un diamètre moyen de 27 µ ; ils s'allongent, arrivent parfois à 120 µ et leurs files sont souvent dissociées par l'hypertrophie du parenchyme. Enfin, autour des pôles ligneux *pb*, les cellules peuvent atteindre 180 µ de longueur au lieu des 10 µ qu'elles ont normalement.

C'est la région médullaire située autour de la cavité larvaire qui présente la plus grande hypertrophie. Dans cette région est apparu un large anneau *cp* de cellules à parois épaisses et cellulosiques. Ces cellules sont serrées les unes contre les autres, très allongées radialement, et ne laissent entre elles que de minuscules méats; toutes se multiplient activement et présentent des cloisons tangentielles. Celles du centre sont en relation directe avec les cellules nourricières; ce sont aussi les plus longues et les plus cloisonnées, car elles atteignent parfois 500 μ et peuvent posséder

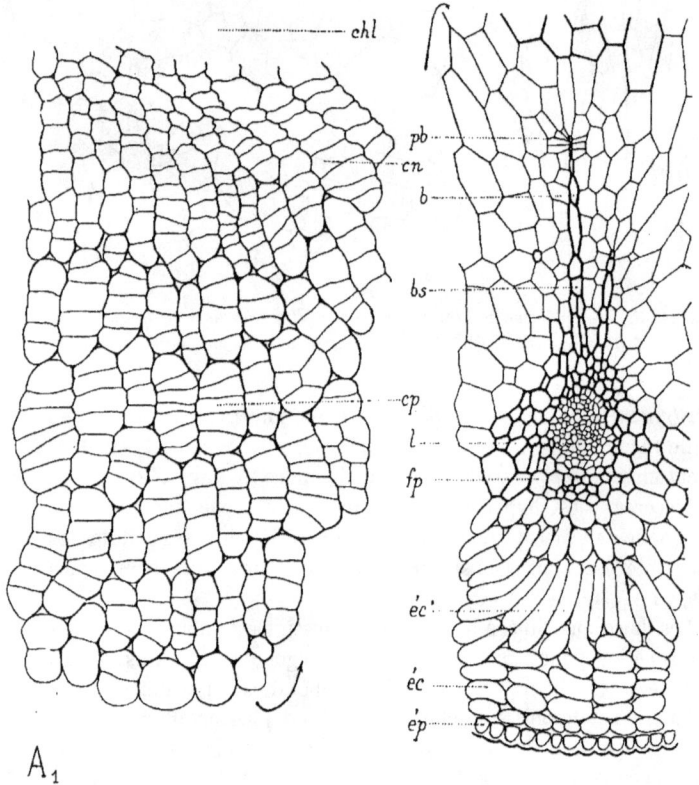

Fig. 247 (A₁). — Partie de la coupe représentée par la figure 242 : on y voit le cloisonnement très actif qui se manifeste dans les couches nourricière *cn* et protectrice *cp*, ainsi que le grand allongement radial du faisceau libéro-ligneux (*pb*, *b*, *bs*, *l*) et de l'écorce (*éc'*, *éc*); *fp*, fibres péricycliques; *ép*, épiderme ; *chl*, chambre larvaire (gr. 60).

jusqu'à 9 cloisons à peu près parallèles. Enfin, les cellules de la couche nourricière *cn* qui entourent la cavité larvaire sont encore riches en matières nutritives, en protoplasme, et possèdent de gros noyaux ainsi que des parois sinueuses : elles servent à l'entretien de la larve pendant l'hiver.

Les cellules médullaires présentent de moins en moins de cloisons au fur et à mesure qu'on se rapproche des pointes ligneuses des faisceaux ; là, elles sont simplement allongées et par suite peu modifiées.

Plus tard, toutes les cellules de la couche protectrice *cp* lignifient leurs parois, sans jamais cependant les épaissir beaucoup, et forment autour de la cavité larvaire une coque scléreuse peu résistante.

Il faut bien remarquer que la production du tissu nourricier et de la couche protectrice, ainsi que leur irrigation, ne se font pas ici comme dans les autres tiges déformées par des Aulax. Nous avons vu, en effet, dans les cécidies du *Potentilla reptans* et de l'*Hieracium umbellatum*, les assises génératrices des faisceaux fonctionner très facilement en dehors d'eux et produire de petits faisceaux d'irrigation qui prennent une part active à la formation des couches nutritive et protectrice. Ici, dans le pédoncule floral de l'*Hypochœris*, les formations secondaires sont peu abondantes, même à l'intérieur des faisceaux libéro-ligneux, et c'est tout à fait par exception, dans les galles très volumineuses, que l'on rencontre un ou deux petits faisceaux d'irrigation ; la nutrition des couches médullaires voisines de la larve est en général assurée par l'intermédiaire de longues cellules irrigatrices, situées en face des faisceaux.

En résumé, sous l'action de l'*Aulax hypochœridis*, la tige de l'*Hypochœris radicala* présente les modifications suivantes :

1° *L'action cécidogène se fait sentir sur la moelle avec la même intensité dans toutes les directions et détermine l'apparition d'un renflement fusiforme ayant un axe de symétrie ;*

2° *Les cellules médullaires se différencient de bonne heure autour de la cavité larvaire en une couche nourricière, puis, plus tard, en une couche scléreuse externe ;*

3° *La nutrition de ces tissus est assurée par de longues cellules irrigatrices situées en face des faisceaux ;*

4° *Les faisceaux libéro-ligneux sont fortement hypertrophiés ; les files ligneuses sont étirées et dissociées ;*

5° *L'écorce est très épaissie ; ses cellules internes sont allongées et contournées.*

Atriplex Halimus L.

Cécidie produite par le *Stefaniella Trinacriæ* STEFANI.

En Sicile, en Algérie et dans le Midi de la France, ce Diptère produit de petits renflements fusiformes sur les tiges, les nervures médianes des feuilles et les bractées florales de l'*Atriplex Halimus*. J'étudierai ici avec quelques détails la galle des tiges que j'ai recueillie en grande abondance à Saint-Denis-du-Sig (Algérie).

Les cécidies des tiges consistent en renflements fusiformes, assez réguliers quand ils ne contiennent qu'une larve (en E, fig. 248), et atteignent 5 à 7 mm. de diamètre ; au contraire, si elles sont pluriloculaires (en E_1, fig. 252), elles peuvent avoir 15 à 20 mm. de diamètre, mais elles sont plus irrégulières. Chaque larve blanche se creuse dans le tissu gallaire une cavité courbe bouchée par l'épiderme qu'elle respecte, puis se métamorphose dans sa loge.

Examinons successivement les galles uniloculaires, les galles pluriloculaires, puis les déformations de l'inflorescence.

1° *Structure d'une cécidie uniloculaire.*—Une coupe transversale pratiquée dans la cécidie au niveau de la cavité larvaire (en A, fig. 251) a un contour beaucoup plus arrondi que la coupe de la tige normale (en N, fig. 250) ; son diamètre est de 5 mm. au lieu de 1,3. La surface de la galle est couverte de poils abondants et l'épiderme *ép* (en A, fig. 251) possède des cellules polygonales irrégulières, bien plus larges que les cellules normales (34 µ au lieu de 10 µ), mais plus courtes. L'écorce présente, de place en place, des amas de collenchyme *co* beaucoup plus étalés que dans la tige saine, puis de grandes cellules corticales irrégulières *éc*, allongées un peu radialement et pouvant atteindre de deux à quatre fois la taille ordinaire.

Les formations de l'assise génératrice péricyclique surnuméraire *agp* sont les plus régulières, car elles constituent, en dedans de l'écorce, une couche presque circulaire d'un diamètre cinq fois supérieur au diamètre normal. Par contre, l'épaisseur de cet anneau est beaucoup plus petite que dans la tige non parasitée et, au lieu d'y trouver de huit à dix assises de parenchyme secondaire,

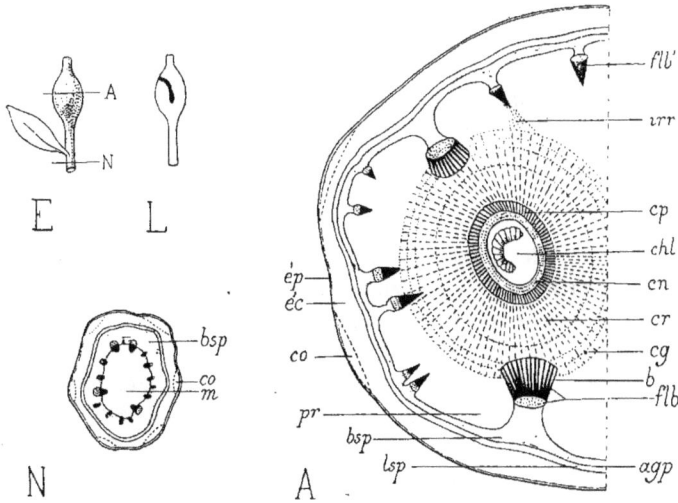

FIG. 248 (E). — Aspect de la cécidie caulinaire de l'*Atriplex Halimus* (gr. 1).
FIG. 249 (L). — Coupe longitudinale de la même cécidie (gr. 1).
FIG. 250 (N). — Schéma de la coupe transversale de la tige normale (gr. 15).
FIG. 251 (A). — Schéma de la coupe transversale médiane d'une cécidie *uniloculaire* (gr. 15). .

m, moelle ; *flb*, *flb′*, faisceaux libéro-ligneux ; *b*, bois ; *agp*, *bsp*, *lsp*, formations secondaires péricycliques ; *pr*, parenchyme ; *co*, collenchyme ; *éc*, écorce ; *ép*, épiderme ; *irr*, cellules irrigatrices ; *cg*, *cr*, *cp*, *cn*, couches génératrice, radiale, protectrice et nourricière ; *chl*, chambre larvaire.

il n'est pas rare d'en rencontrer une ou deux. Le fonctionnement de l'assise génératrice péricyclique est un peu actif, en face des gros faisceaux primaires *flb*, et tous les éléments produits sont à parois minces, faiblement lignifiées. De plus, les faisceaux libéroligneux primaires *flb* et les faisceaux secondaires péricycliques *flb′* sont très écartés les uns des autres et séparés par un parenchyme régulier *pr* formé de cellules polygonales à parois minces, peu lignifiées.

C'est autour de la cavité larvaire que les phénomènes les

plus intéressants se passent. Les gros faisceaux primaires *flb* sont
élargis en éventail vers le centre de la galle : leurs vaisseaux de
bois primaire *b* sont écartés les uns des autres et en rapport, par de
longues cellules d'irrigation *irr*, avec d'autres cellules *cg* qui
entourent la cavité larvaire *chl* et qui sont allongées tangentiellement. Les cellules de cette *première zone* ont des parois minces,
d'abord cellulosiques, plus tard lignifiées légèrement et finement
ponctuées ; elles sont en active voie de cloisonnement, tant que la
larve ne se métamorphose pas, et produisent des files cellulaires
radiales qui s'ajoutent aux cellules des assises plus internes : c'est
la *couche génératrice cg*.

On trouve, en se rapprochant de la cavité larvaire, une
deuxième zone de longues cellules disposées en files radiales,
atteignant 80 à 100 μ de longueur : c'est la *couche radiale cr*. Ses
cellules sont serrées les unes contre les autres et plus étroites à leur
extrémité centrale ; leurs parois sont minces et ponctuées et elles se
lignifient quand les cellules ont atteint leur plus grande taille.

Plus au centre, se trouve une *troisième zone* composée cette fois
de cellules courtes, isodiamétriques, de 25 μ de diamètre au maximum, à parois épaisses de 4 μ, fortement lignifiées et ponctuées :
c'est une *couche protectrice cp* ou scléreuse. Chaque cellule de cette
zone contient une grosse mâcle d'oxalate de calcium, comme les
cellules des couches précédentes.

Enfin, en dedans de cet anneau scléreux, une *quatrième zone* de
petites cellules de 40 à 50 μ de diamètre, à parois minces et non
sclérifiées, borde la cavité larvaire *chl* : c'est la *couche nutritive cn*
dont toutes les cellules contiennent un protoplasme abondant qui sert
de nourriture à la larve.

En somme, autour de la chambre larvaire, on distingue très
bien les quatre couches suivantes : couche nutritive *cn*, couche
protectrice *cp*, couche radiale *cr*, couche génératrice *cg*.

Les trois premières zones tirent leur origine de la couche génératrice *cg* : les cellules scléreuses de la troisième zone, par exemple,
ne sont autres que les cellules radiales les plus internes ayant
épaissi et lignifié leurs parois.

C'est dans la couche de cellules aplaties *cg* que débute le cloisonnement, et l'activité qui se manifeste à ce niveau explique
pourquoi les gros faisceaux libéro-ligneux primaires et même
beaucoup de faisceaux secondaires irriguent toute cette région.

Le même phénomène nous a du reste été présenté par la galle de l'*Hypochœris radicata*; dans cette cécidie, le cloisonnement était beaucoup plus actif qu'ici, mais, par contre, les cellules scléreuses n'épaississaient pas autant leurs parois.

En résumé, dans le cas d'une galle uniloculaire, c'est surtout la partie périphérique de la moelle qui subit l'action cécidogène et qui s'hyperplasie.

2° *Structure d'une cécidie pluriloculaire*. — Quand plusieurs larves occupent la moelle de la tige, l'hyperplasie est beaucoup plus forte et la galle atteint 10 mm. de diamètre (en E_1, fig. 252). Autour de chaque cavité larvaire, le tissu médullaire m (en A_1, fig. 253) se différencie en couches nutritive, protectrice et génératrice comme il a été dit plus haut. La nutrition de ces nouveaux tissus

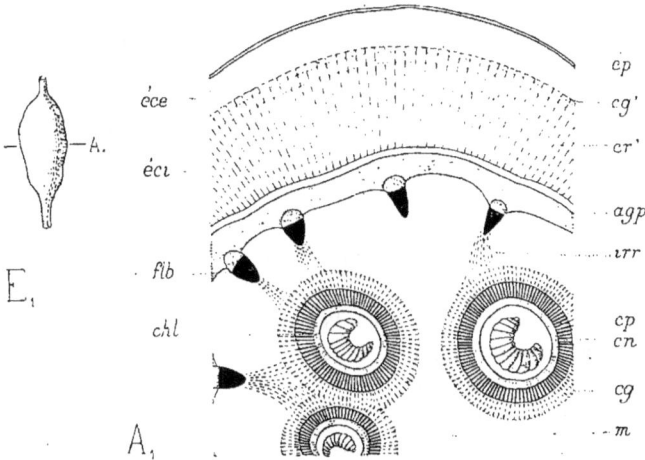

Fig. 252 (E_1). — Aspect d'une cécidie caulinaire âgée de l'*Atriplex Halimus* (gr. 1).

Fig. 253 (A_1). — Schéma de la coupe transversale médiane d'une cécidie *multiloculaire*: l'action parasitaire s'étend jusqu'à l'écorce interne *éci* (gr. 15).

Les lettres ont la même signification que dans la figure précédente.

est assurée par les faisceaux libéro-ligneux les plus proches, grâce à de longues cellules d'irrigation *irr* disposées en éventail à la partie interne des faisceaux; ces cellules contiennent de nombreuses mâcles.

L'écorce est surtout influencée par l'action parasitaire. Elle devient très épaisse et comprend deux couches bien nettes, l'une externe restée mince, l'autre interne très développée. L'écorce externe *éce* est composée de petites cellules collenchymateuses tandis que l'écorce interne *éci* a allongé radialement ses cellules *cr'* et les a transformées en de longs poils contournés, serrés les uns contre les autres, atteignant parfois 500 μ, c'est-à-dire un demi-millimètre. Les cellules les plus internes, proches des cellules endodermiques, sont modifiées comme les autres et contiennent de nombreuses mâcles; leurs noyaux sont volumineux (30 μ); leurs parois, munies de quelques petites ponctuations irrégulières, se lignifient quand la galle est un peu âgée. C'est suivant la ligne de séparation des deux couches corticales, en *cg'*, que les cellules s'allongent, puis se cloisonnent perpendiculairement : les zones *cg'* et *cr'* sont ainsi les homologues des zones *cg* et *cr* qui prennent naissance dans le tissu médullaire.

Il est intéressant de constater, dans le cas de la galle multiloculaire, que la présence de quatre cavités larvaires au sein de la moelle se traduit par une hyperplasie très accusée des tissus situés en dehors du cylindre central; l'action cécidogène, plus puissante que dans la galle uniloculaire, a agi à une distance beaucoup plus grande.

3° *Structure d'une galle de l'inflorescence.* — Dans ce cas, la cécidie se développe presque toujours latéralement et porte à sa surface des fleurs ou des fruits; elle est uniloculaire le plus souvent. En coupe transversale, le cylindre central se montre peu modifié : la cavité larvaire occupe presque toute la moelle et est enserrée par les faisceaux libéro-ligneux qui n'ont pas besoin de s'étaler ni de s'allonger pour irriguer le tissu nourricier. Toute l'action parasitaire se reporte alors sur l'écorce dont les cellules externes, comme les cellules internes, s'allongent radialement; celles avoisinant le cylindre central subissent l'hypertrophie la plus forte puisqu'elles sont moins éloignées du parasite que les autres.

En résumé, sous l'influence du *Stefaniella Trinacriæ*, la tige de l'*Atriplex Halimus* présente les modifications suivantes :

1° *L'action cécidogène se fait sentir également dans toutes les directions et détermine l'apparition d'un renflement qui possède un axe de symétrie ;*

2º *Cette action est d'autant plus intense que le nombre des parasites est plus grand ; l'hyperplasie se produit à la périphérie de la moelle pour une cécidie uniloculaire et s'étend à l'écorce quand elle est pluriloculaire ;*

3º *Autour de chaque cavité larvaire, le tissu médullaire, irrigué directement par les faisceaux libéro-ligneux, se différencie en une couche nourricière et une couche scléreuse.*

Eryngium campestre L.

Cécidie produite par le *Lasioptera eryngii* VALLOT.

En 1828, VALLOT a signalé les déformations que le *Lasioptera eryngii* produit sur les tiges et les pétioles du Panicaut champêtre. Les renflements déterminés par ce diptère sont pluriloculaires en général et particulièrement gros sur les pétioles des feuilles où ils peuvent atteindre 25 à 30 mm. de diamètre. Les larves orangées qui vivent dans les petites loges s'y métamorphosent, mais auparavant creusent dans le tissu gallaire une galerie irrégulière séparée de l'extérieur par l'épiderme respecté.

Cette cécidie était très abondante en juillet 1902 aux environs du Laboratoire de Biologie végétale de Fontainebleau.

Examinons successivement les galles de la tige, des rameaux et du pétiole.

1º Galle de la tige.

Structure de la tige normale. — Elle est cylindrique et a 6 mm. de diamètre (N_1, fig. 255 et fig. 257). Sa moelle *m* est très développée et entourée par un cercle de faisceaux libéro-ligneux *flb* de tailles variées, ayant tous des vaisseaux ligneux à très grande section (50 μ), arrondis et peu serrés les uns contre les autres. Les faisceaux libéro-ligneux sont réunis par du tissu secon-

daire et chacun d'eux est entouré par les cellules lignifiées de la
zone périmédullaire *pm*.

L'écorce *éc* comprend de place en place des amas de collenchyme
séparés par un tissu lacuneux *cl* dont les cellules sont bourrées
de grains de chlorophylle ; ce sont les bandes de ce tissu vert qui
donnent à la tige son aspect strié. Les cellules épidermiques
sont isodiamétriques en coupe transversale. Enfin, des canaux

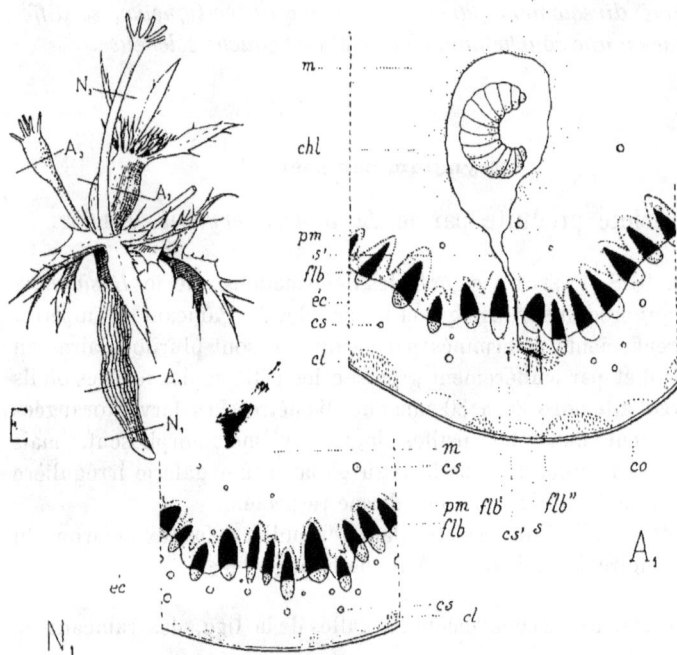

FIG. 254 (E). — Aspect des diverses cécidies caulinaires du Panicaut (gr. 1).
FIG. 255 (N₁). — Coupe transversale schématique du rameau principal normal
de la même plante (gr. 15).
FIG. 256 (A₁). — Coupe transversale schématique de sa cécidie (gr. 15).

m, moelle ; *flb, flb', flb''*, faisceaux vasculaires ; *pm*, zone périmédullaire
lignifiée ; *éc*, écorce ; *cs, cs'*, canal sécréteur ; *cl*, tissu chlorophyllien ; *co*,
collenchyme ; *chl*, chambre larvaire ; *s, s'*, sillon larvaire.

sécréteurs *cs* de grande taille (50 à 60 µ) existent en face des
faisceaux dans la moelle et dans l'écorce ; de plus petits *cs'* (fig. 257)
s'observent au voisinage du liber.

Structure de la galle de la tige. — La galle que j'ai étudiée est uniloculaire et forme sur le côté de la tige (A_1, en E, fig. 254) une petite saillie latérale produite par la position un peu excentrique de la cavité larvaire. Le plus grand diamètre de la section atteint 10 mm.

Dans la région de la coupe située à l'opposé du parasite, la structure de la tige est peu modifiée et la plupart de ses tissus sont simplement hypertrophiés. Dans l'autre partie de la tige, la larve du *Lasioptera* occupe une cavité irrégulière *chl* (en A_1, fig. 256), de 150 μ de longueur sur 70 μ de largeur, et sa présence amène de nombreuses modifications dans l'écorce, dans l'anneau vasculaire et dans la moelle.

L'écorce *éc* possède une épaisseur double de l'écorce normale. Elle est limitée, à l'extérieur, par un épiderme qui a considérablement élargi ses cellules (75 μ au lieu de 25 μ) afin de suivre l'accroissement des tissus internes. Les cellules collenchymateuses *co* de l'écorce externe se sont elles-mêmes allongées tangentiellement (jusqu'à 250 μ), sans accroître ni leur épaisseur ni leur diamètre transversal, et elles se sont divisées un grand nombre de fois par des cloisons radiales. Quant au tissu chlorophyllien *cl* il est encore très développé, mais moins lacuneux. Enfin, les cellules les plus internes de l'écorce sont très irrégulières.

Un certain désordre s'est produit dans les faisceaux libéro-ligneux *flb'*, *flb''* qui avoisinent la cavité larvaire; ils sont modifiés en taille, en orientation et en espacement. Cette altération provient d'un diverticule *s'* de la chambre larvaire *chl*, dirigé à peu près suivant un rayon, qui traverse l'anneau libéro-ligneux et vient aboutir à une grande fente *s*, située contre la partie libérienne d'un gros faisceau raccourci *flb''*. Autour de cette fente *s* (en A_1, fig. 258), les cellules se sont allongées vers sa cavité et l'ont réduite ; puis elles se sont cloisonnées transversalement et ont produit ainsi un tissu cicatriciel abondant *tc* dont les cellules centrales sont lignifiées. Le développement pris par ce tissu cicatriciel a refoulé l'assise génératrice libéro-ligneuse vers la moelle et l'a incurvée. Il en est résulté pour le gros faisceau libéro-ligneux *agi* des formations secondaires peu développées et pressées les unes contre les autres ; ses gros vaisseaux de bois primaire *b*, *mb* sont devenus polyédriques par compression.

La fente *s'* est presque horizontale puisqu'elle est contenue tout entière dans deux ou trois coupes transversales rapprochées ; assez large à l'origine, elle a été peu à peu comblée par un cloisonnement très actif effectué dans les cellules des diverses couches qu'elle traverse et qui a produit du tissu cicatriciel.

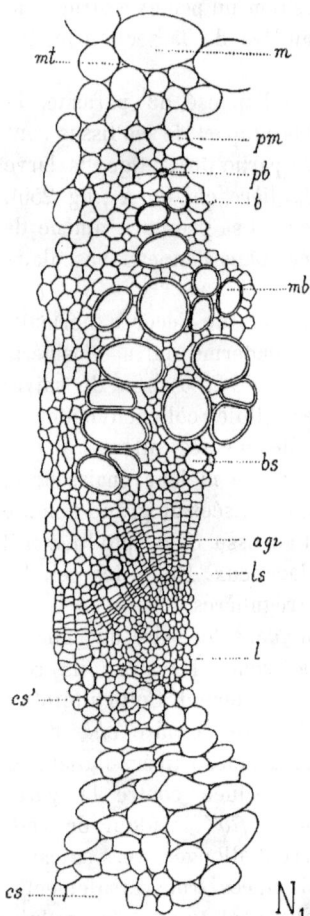

L'origine de la fente *s* au bord de l'anneau vasculaire est assez facile à trouver. Toutes les coupes pratiquées au-dessus de la cavité larvaire, dans la région qui la sépare du point d'insertion des rayons de l'ombelle, contiennent cette fente : elle représente donc le trajet suivi dans la tige par la jeune larve. Celle-ci, éclose à l'aisselle des rayons de l'inflorescence, a voyagé dans la tige un certain temps, puis a traversé l'anneau vasculaire pour s'établir enfin dans la moelle.

Il est bon de noter encore, en outre des modifications qui ont été signalées plus haut dans la tige, que les canaux sécréteurs médullaires ou corticaux, voisins de la cavité larvaire ou de la fente *s*, se sont peu développés ; leurs cellules sécrétrices, cloisonnées une ou plusieurs fois, les ont obstrués presque complètement. Deux canaux sécréteurs *cs′* ainsi déformés sont visibles sur la figure 258.

Fig. 257 (N₄). — Partie de la coupe transversale normale représentée par la figure 255 : *m*, moelle ; *mt*, méat ; *pm*, zone périmédullaire ; *pb*, *b*, *mb*, *bs*, bois ; *agi*, assise génératrice interne ; *ls*, *l*, liber ; *cs*, *cs′*, canal sécréteur (gr. 150).

Enfin, la moelle, qui possède dans la tige normale des cellules arrondies, peu serrées les unes contre les autres et à grands méats

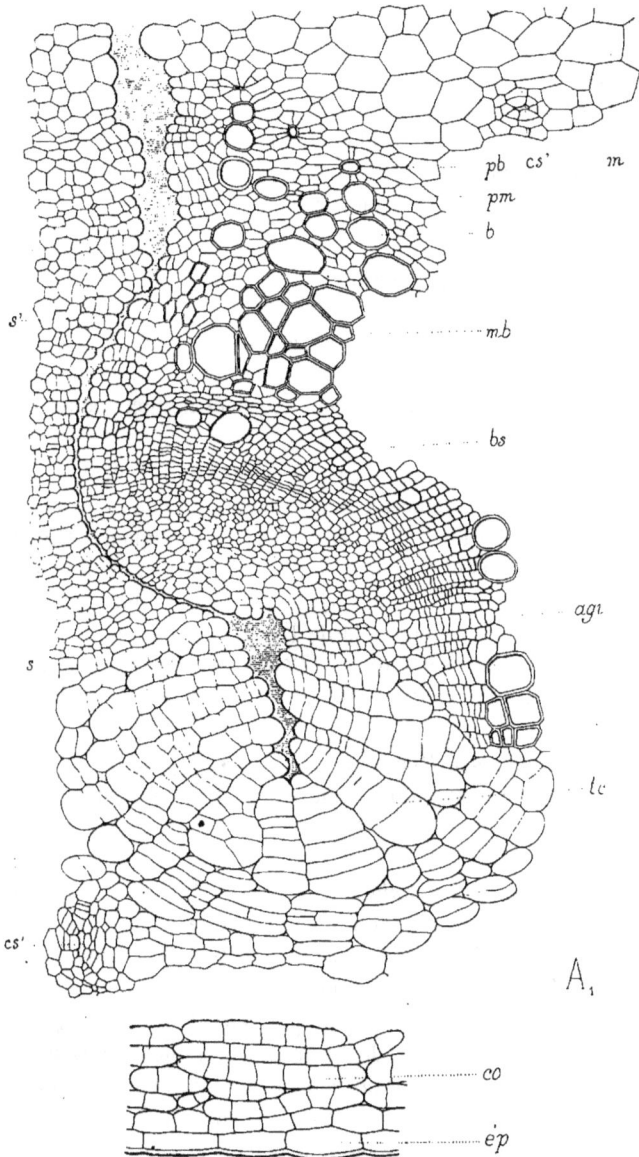

FIG. 258 (A₁). — Portion de la cécidie caulinaire du Panicaut correspondant à la figure 257 : environs du sillon larvaire s, s' et tissu cicatriciel tc (gr. 150).

intercellulaires (m, mt, en N$_1$, fig. 257), est formée, aux environs de
la cavité larvaire (m, en A$_1$, fig. 258), de grandes cellules irrégulièrement arrondies, cloisonnées dans tous les sens, pressées les unes
contre les autres et atteignant un diamètre de 110 µ (au lieu de 60 µ).
Par l'hypertrophie et la multiplication de ses éléments, elle fournit
ainsi la plus grande partie des tissus gallaires, en même temps
qu'une nourriture abondante pour la larve

2° Galle du rameau axial.

Structure du rameau axial normal. — La section transversale
d'un rameau axial (en N$_2$, fig. 259) a la forme d'un triangle curviligne
isocèle et présente par suite un plan de symétrie. Son diamètre est
de 3 mm. environ.

L'écorce *éc* est un peu moins développée que dans la tige normale
et possède encore de nombreux amas de collenchyme, séparés par
du tissu chlorophyllien. Les faisceaux libéro-ligneux *flb* sont
allongés et isolés par des rayons médullaires peu lignifiés. Les
vaisseaux du bois primaire *b* (en N$_2$, fig. 261) et du métaxylème *mb*
sont presque tous de même taille (25 µ environ de diamètre),
arrondis et disposés sans ordre. Dans chaque faisceau l'assise
génératrice interne fonctionne et produit des tissus secondaires
bs et *ls*.

Enfin, les canaux sécréteurs *cs*, *cs'* sont très réguliers, tous assez
rapprochés du faisceau qu'ils entourent, et possèdent une grande
section.

Structure du rameau axial anormal. — L'aspect du rameau
axial parasité est tout autre. Le rameau est resté court (20 mm. au
lieu de 60 mm.) et s'est épaissi en une grosse masse trapue ayant
presque 10 mm. de diamètre (A$_2$, en E, fig. 254).

La section a un contour à peu près circulaire (A$_2$, fig. 260)
et possède encore le plan de symétrie du rameau normal. Au
centre, la moelle s'est considérablement agrandie. Ses cellules
hypertrophiées sont presque toutes cloisonnées et leur abondant
protoplasme contient un gros noyau ; dans le tissu sain elles n'ont
qu'un protoplasme peu épais et un petit noyau. C'est au milieu de
ces cellules que les larves du *Lasioptera* ont creusé leurs grandes et

irrégulières cavités *chl*; on en aperçoit toujours plusieurs sur une même coupe transversale.

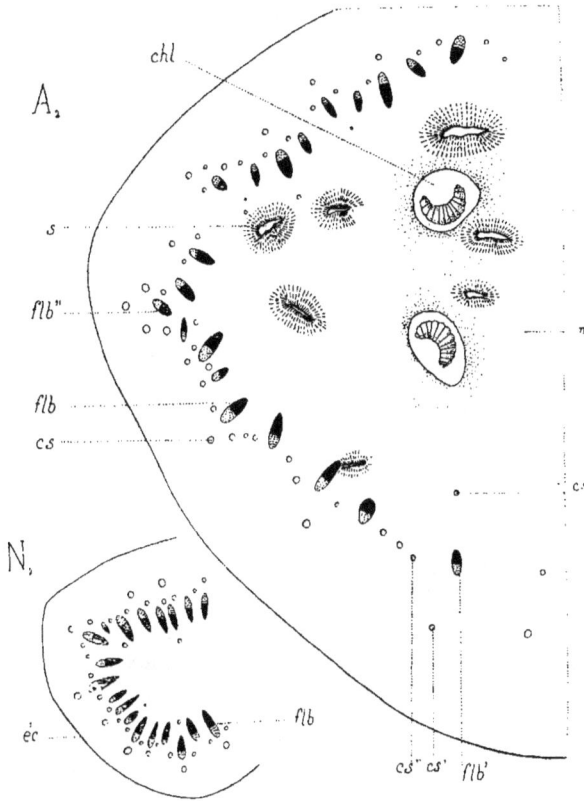

Fig. 259 (N₂). — Coupe transversale schématique d'un rameau axial normal de Panicaut (gr. 15).

Fig. 260 (A₂). — Coupe correspondante de la cécidie (gr. 15).

m, moelle; *flb*, *flb'*, *flb''*, faisceaux vasculaires; *éc*, écorce; *cs*, *cs'*, *cs''*, canaux sécréteurs; *chl*, chambre larvaire; *s*, sillon larvaire.

De place en place dans la moelle, et souvent aussi près des faisceaux libéro-ligneux, se voient les petites galeries *s* que ces mêmes larves ont dû creuser (parallèlement à l'axe du rameau) pour gagner le niveau où elles ont établi leur cavité définitive. Un abondant tissu de cicatrisation s'est formé autour de ces galeries abandonnées et les a obstruées en partie.

L'énorme hypertrophie du rameau anormal a dissocié l'anneau vasculaire. Les faisceaux libéro-ligneux y sont beaucoup plus larges. Leurs vaisseaux de bois primaire se sont isolés les uns des autres sans modifier leur diamètre ; leurs assises génératrices internes ont très peu fonctionné ; leurs libers primaires sont étalés au lieu de former des amas très nets en demi-cercle.

Certains faisceaux sont complètement déformés (comme *flb′*) et ne possèdent plus que quelques vaisseaux de bois ; d'autres perdent leur orientation radiale (comme *flb″*).

Enfin, l'hyperplasie du parenchyme médullaire et du parenchyme cortical éloigne les canaux sécréteurs de leurs faisceaux libéro-ligneux correspondants.

La figure 262 (A₂) représente, au même grossissement que la figure précédente, un faisceau libéro-ligneux anormal ayant conservé l'orientation radiale. Le canal sécréteur médullaire *cs* qui lui correspond est écarté de son pôle ligneux *pb* de 550 μ, alors que dans le rameau normal il est cinq fois moins éloigné (100 μ) ; de plus il est arrêté dans son développement et en partie atrophié. La même chose a lieu pour le canal sécréteur cortical *cs′* qui est beaucoup

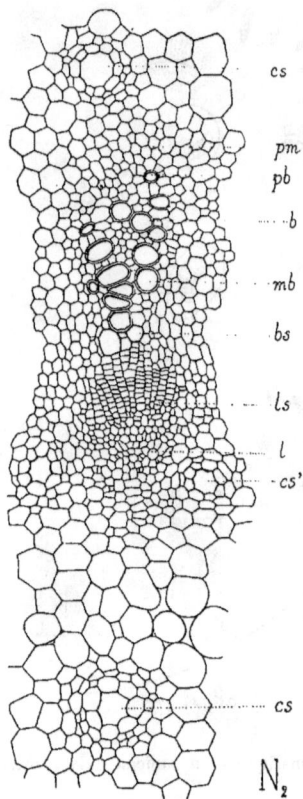

Fıɢ. 261 (N₂). — Partie de la coupe transversale normale représentée par la figure 259 : *pm*, zone périmédullaire ; *pb*, *b*, *mb*, *bs*, bois; *ls*, *l*, liber; *cs*, *cs′*, canaux sécréteurs (gr. 150).

FIG. 262 (A₂). — Portion inférieure de la figure 260 : environs du faisceau *flb'* et des
canaux sécréteurs *cs*, *cs'*.
cs'' de la coupe transversale
du rameau axial anormal
de Panicaut ; *pb*, *b*, bois
(gr. 150).

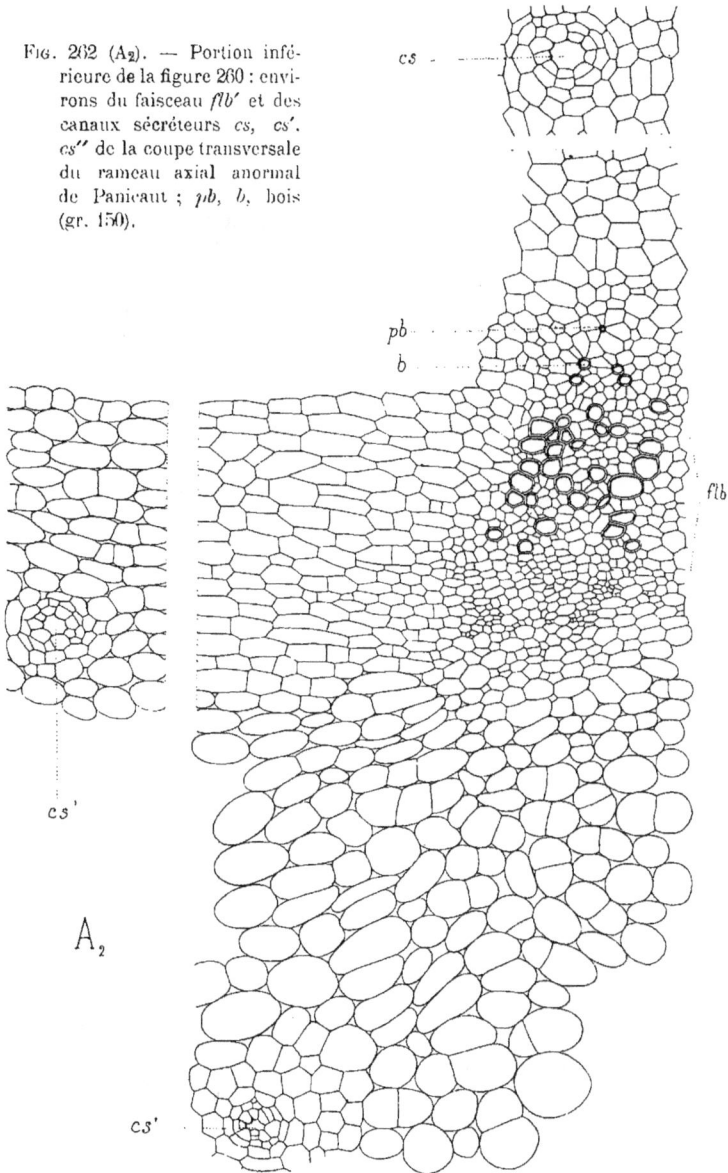

cs

pb

b

flb

cs'

A₂

cs'

plus éloigné encore du faisceau et profondément altéré aussi : ses cellules sécrétrices se sont cloisonnées et ont obstrué en partie sa lumière.

Ce sont les canaux sécréteurs placés d'ordinaire de chaque côté et très près du liber (*cs″*) qui sont les plus éloignés du faisceau (environ 700 μ). Les cellules qui séparent deux faisceaux voisins s'allongent tangentiellement et prennent un grand nombre de cloisons radiales : elles repoussent ainsi les canaux sécréteurs.

En dehors des canaux sécréteurs corticaux, l'écorce anormale est assez homogène : les cellules collenchymateuses de l'écorce saine sont remplacées par une multitude de petites cellules arrondies ; seules, les cellules épidermiques, qui se sont multipliées aussi très activement, présentent même section transversale et même épaisseur de paroi que les cellules normales.

3⁰ Galle d'un rameau latéral.

C'est le plus souvent à la partie supérieure du rameau latéral, au-dessous du point d'insertion des rayons de l'ombelle, que les larves du *Lasioptera eryngii* produisent un petit renflement fusiforme (A_3, en E, fig. 254). La présence de la cécidie empêche le rameau de s'accroître et il atteint à peine la moitié de sa longueur normale (28 mm. au lieu de 60).

La structure du *rameau latéral normal* (N_3, fig. 263) rappelle celle du rayon médian vu précédemment, mais sa section est plus aplatie, tout en conservant la même largeur, 3 mm.

En coupe transversale (A_3, fig. 264), la *cécidie* est presque arrondie et son diamètre voisin de 5 mm. ; elle présente encore le plan de symétrie de l'organe sain. La moelle *m* est hypertrophiée et contient une grande cavité larvaire *chl*, située un peu latéralement, entourée d'une large bande *cp* d'éléments lignifiés, à grosses ponctuations. Enfin, à côté de quelques faisceaux libéro-ligneux déformés *flb′*, on retrouve, comme dans les cas précédents, la petite galerie *s* que la larve a creusée depuis la base des rayons de l'ombelle jusqu'au niveau de la cavité larvaire (voir L, fig. 265) ; cette galerie est bordée de tissu cicatriciel.

Disons, pour terminer, que la moelle est très altérée au voisinage de la cavité larvaire et que les canaux sécréteurs médullaires ont subi une complète déformation. La figure 266 (C) représente l'un d'eux.

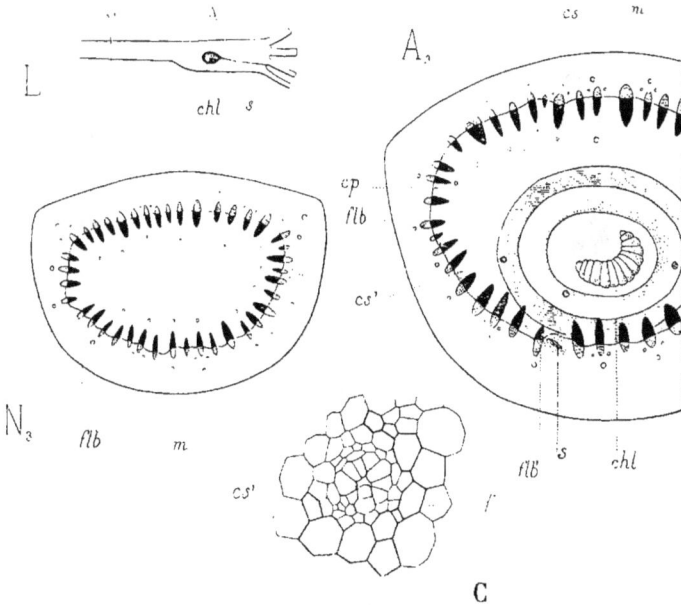

Fig. 263 (N₃). — Schéma de la coupe transversale d'un rameau latéral normal de Panicaut (gr. 15).

Fig. 264 (A₃). — Schéma de la coupe transversale de la cécidie (gr. 15).

Fig. 265 (L). — Coupe longitudinale schématique d'un rameau latéral anormal (gr. 1).

Fig. 266 (C). — Canal sécréteur atrophié (gr. 150).

m, moelle ; *flb*, *flb′*, faisceaux vasculaires ; *cs*, *cs′*, canaux sécréteurs ; *cp*, couche protectrice ; *f*, éléments lignifiés ; *chl*, chambre larvaire ; *s*, sillon larvaire.

4° Galle du pétiole.

La feuille de l'*Eryngium campestre* est la partie de la plante le plus souvent déformée et qui porte les galles les plus grosses. Sur le pétiole, les renflements peuvent atteindre la taille d'une noix, c'est-à-dire 30 mm. de diamètre ; ils y sont parfois si nombreux que son accroissement en longueur n'a pas lieu et que l'ensemble de la

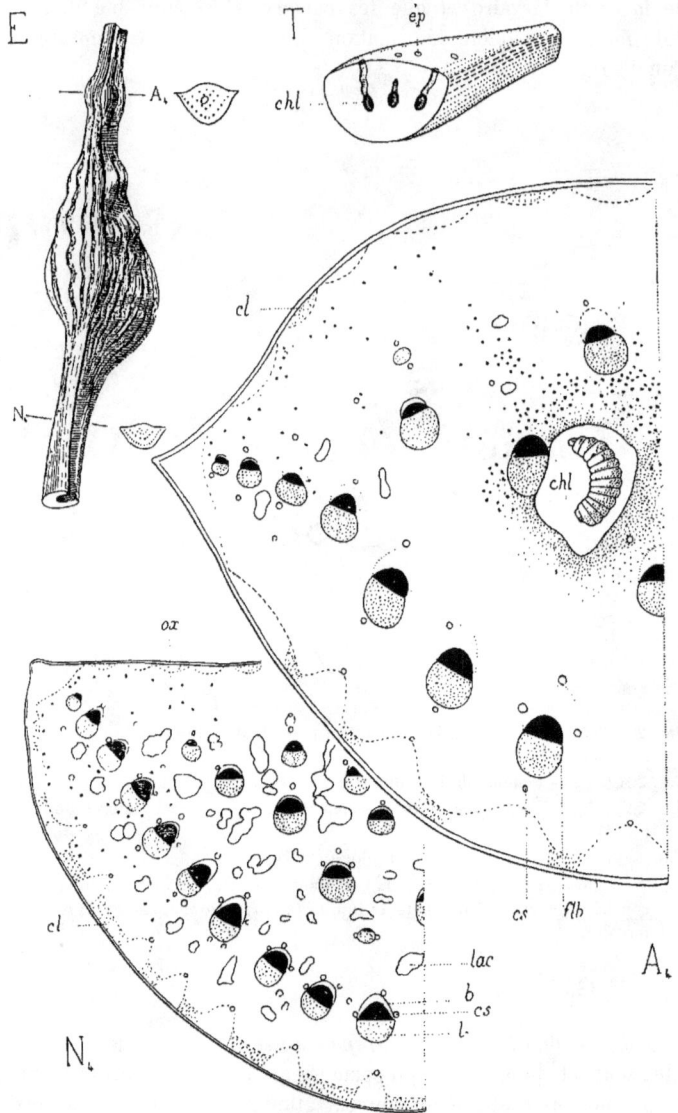

FIG. 267 (E), 268 (T), 269 (N₄), 270 (A₄). — Cécidie pétiolaire du Panicaut.

feuille (pétiole et limbe) atteint seulement sept ou huit centimètres.

La figure 267 (E) représente l'aspect extérieur d'un gros renflement multiloculaire du pétiole : la surface en est bossuée et striée de bandes longitudinales alternativement vert clair et vert foncé. La coupe transversale T (fig. 268) montre les chambres larvaires *chl* contenant chacune une larve orangée qui a creusé, jusqu'à l'épiderme du pétiole *ép*, un canal par lequel sortira l'adulte.

Je ferai l'étude anatomique d'un très petit renflement uniloculaire, tel que celui qui est représenté en A_4, à la partie supérieure du pétiole E (fig. 267), et en comparerai la structure à celle de la région inférieure N_4 restée normale.

Structure du pétiole normal. — La section transversale (N_4, fig. 269) est un demi-cercle à diamètre horizontal ; sa largeur est 7,3 mm. et son épaisseur 5 mm. Les faisceaux libéro-ligneux qu'il contient sont plongés dans un tissu cellulosique très fin, mais très lacuneux. En allant du centre à la périphérie on les trouve de plus en plus volumineux, de plus en plus nombreux et alignés suivant trois rangées ; près du bord, une quatrième rangée prend naissance. Les canaux sécréteurs sont abondants et très réguliers (N_4, fig. 271).

Des amas alternants de cellules à chlorophylle et de cellules collenchymateuses existent autour de la section. Enfin, de nombreuses mâcles d'oxalate de calcium *ox* (fig. 269) sont répandues dans les tissus, entre les faisceaux.

Structure de la galle. — La coupe transversale de la cécidie se distingue de suite de la section normale par sa face supérieure très bombée, par l'accentuation des deux ailes latérales et par ses plus grandes dimensions : 22 mm. sur 12 mm. (A_4, fig. 270).

Les faisceaux libéro-ligneux y sont disposés en rangées irrégulières et fortement hypertrophiées. Leurs gros vaisseaux de bois primaire *b* (en A_4, fig. 272) sont plus nombreux que dans le pétiole normal et plus écartés les uns des autres, mais ils conservent la même taille et la même épaisseur de paroi. C'est pour les vaisseaux très rapprochés des pôles ligneux (aux environs de *pb*) que l'hypertrophie est la plus considérable, car les cellules du parenchyme sont allongées et rayonnent autour d'eux.

Les petites cellules qui entourent les faisceaux, en dehors des pôles ligneux, perdent leur contour polygonal; elles deviennent irrégulières, à parois sinueuses, se cloisonnent souvent et ne se lignifient plus. La plupart des canaux sécréteurs, tels que cs, sont atrophiés et presque obstrués par la multiplication des cellules sécrétrices.

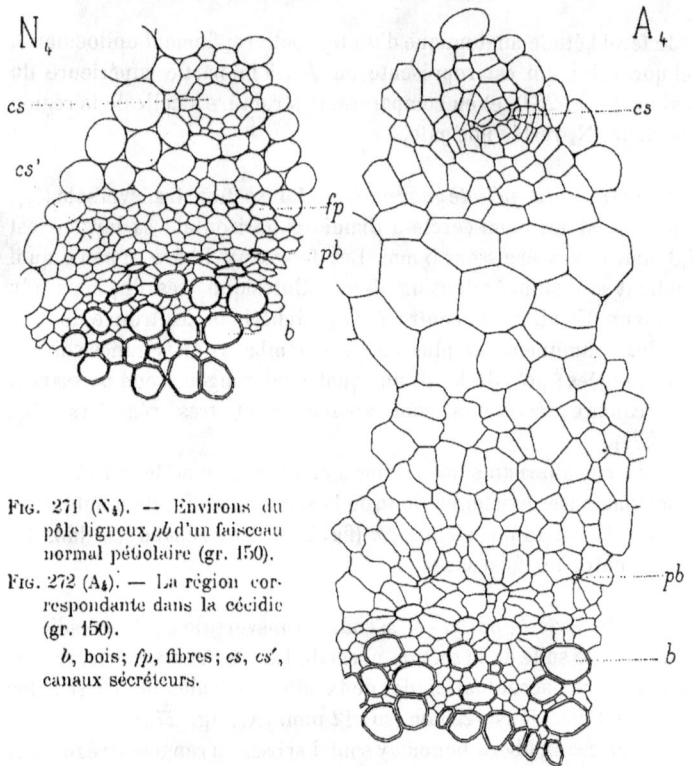

Fig. 271 (N₄). — Environs du pôle ligneux pb d'un faisceau normal pétiolaire (gr. 150).

Fig. 272 (A₄). — La région correspondante dans la cécidie (gr. 150).

b, bois; fp, fibres; cs, cs', canaux sécréteurs.

Enfin, autour du pétiole anormal, existent de larges bandes de tissu chlorophyllien peu lacuneux (cl, en A₄, fig. 270), ce qui explique l'aspect strié signalé plus haut pour la galle. L'épiderme est composé de cellules à parois minces, serrées les unes contre les autres (A, fig. 274), plus allongées que les cellules normales; elles ont dû se cloisonner abondamment pour suivre l'hyperplasie de la partie centrale du pétiole. Les bandes constituées par les files de stomates se sont développées comme les bandes chlorophylliennes : très écartées les unes des autres, elles ont acquis deux ou trois fois la largeur normale et leurs stomates eux-mêmes sont plus dispersés que les stomates ordinaires et de taille un peu supérieure.

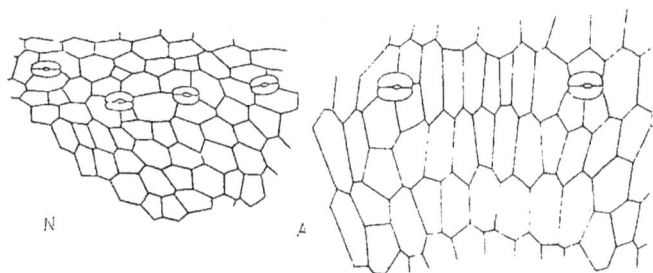

Fig. 273 (N). — Épiderme du pétiole normal de l'Anicaut (gr. 150).
Fig. 274 (A). — Épiderme de la cécidie pétiolaire de la même plante (gr. 150).

En résumé, sous l'influence du *Lasioptera eryngii*, la tige et les rameaux de l'*Eryngium campestre* présentent les modifications suivantes :

1° *L'action cécidogène se fait surtout sentir sur la moelle, qui s'hyperplasie, et détermine la production d'un renflement latéral ayant un plan de symétrie ; dans les rameaux, le plan de symétrie de la galle accentue celui de l'organe sain ;*

2° *Les faisceaux libéro-ligneux situés au voisinage de la cavité larvaire sont hypertrophiés et écartés les uns des autres ;*

3° *Les canaux sécréteurs les plus rapprochés de la larve sont atrophiés ;*

4° *L'écorce prend part à la déformation.*

Torilis Anthriscus GMELIN.

Cécidie produite par le *Lasioptera carophila* F. LOEW.

Les larves rouges de ce Diptère déforment la base des ombelles et des ombellules d'un grand nombre d'Ombellifères appartenant aux genres : *Amni, Bupleurum, Carum, Conium, Daucus, Falcaria, Ferula, Laserpitium, Pastinaca, Peucedanum, Pimpinella, Silaus, Siler, Smyrnium, Torilis* et *Trinia*.

Dans toutes ces plantes, il y a production d'un renflement conique dont la partie la plus large est au point d'insertion des rayons de l'ombelle ou de l'ombellule.

La galle du *Torilis Anthriscus* est assez abondante dans la forêt de Fontainebleau ; c'est elle que j'étudierai.

1° Galle de l'ombelle.

La présence de la cécidie influe grandement sur toute l'ombelle. Son pédoncule est transformé, à la partie supérieure, en une masse conique contenant la cavité larvaire (F, fig. 276) ; au-dessus, les rameaux centraux et les rayons latéraux sont modifiés à distance, raccourcis et épaissis à leur base. Il est donc nécessaire d'étudier les unes après les autres ces différentes parties déformées (pédoncule de l'ombelle, rayons centraux, rayons latéraux) et de les comparer aux organes normaux.

Pédoncule de l'ombelle.

Structure du pédoncule normal. — En section transversale, le pédoncule normal (N, fig. 277) a un diamètre de 0,6 mm. ; sa forme générale est celle d'un pentagone régulier dont les angles possèdent chacun un puissant cordon de collenchyme *co* (en N, fig. 285). Les sillons sont tapissés de cellules chlorophylliennes *cl* et parfois d'une assise de cellules pauvres en chlorophylle. Le cylindre central a un contour sinueux épousant à peu près celui de la tige, et il possède deux sortes de faisceaux libéro-ligneux : un groupe de six gros faisceaux arrondis *flb* (fig. 277) situés dans les ailes de la tige, en face des amas de collenchyme, et un autre groupe de six faisceaux plus petits *flb'* un peu aplatis, compris entre les précédents et contenant un nombre plus faible de vaisseaux.

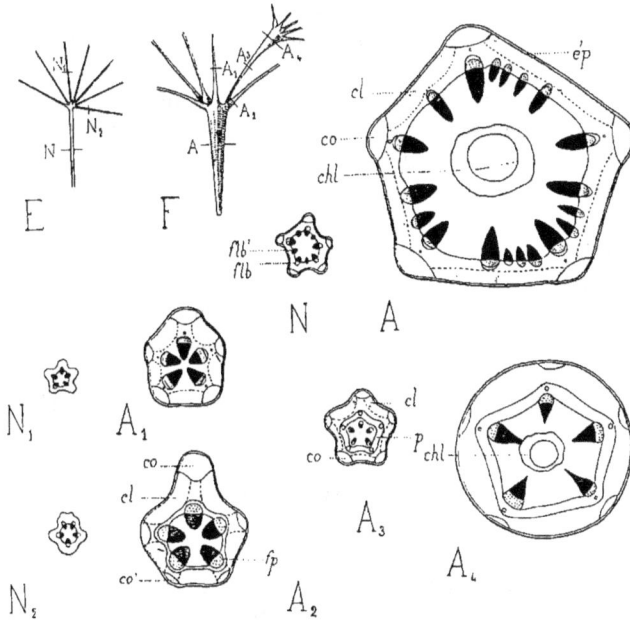

Fig. 275 (E). — Schéma d'une ombelle normale de *Torilis Anthriscus* (gr. 1).

Fig. 276 (F). — Aspect de la cécidie de l'ombelle et d'une cécidie de l'ombellule (gr. 1).

Fig. 277-278 (N-A). — Coupes transversales schématiques du pédoncule normal de l'ombelle et de la cécidie correspondante (gr. 15).

Fig. 279-280 (N₁-A₁). — Coupes transversales schématiques d'un rayon central normal et d'un rayon central hypertrophié (gr. 15).

Fig. 281-282 (N₂-A₂). — Coupes transversales schématiques d'un rayon latéral normal et d'un rayon latéral hypertrophié (gr. 15).

Fig. 283 (A₃). — Coupe transversale schématique d'un rayon latéral, pratiquée au-dessous de la cavité larvaire de la cécidie de l'ombellule (gr. 15).

Fig. 284 (A₄). — Coupe transversale schématique de la cécidie de l'ombellule, passant par le milieu de la chambre larvaire (gr. 15).

flb, *flb'*, faisceaux libéro-ligneux ; *p*, *fp*, péricycle ; *cl*, tissu chlorophyllien ; *co*, *co'*, collenchyme ; *ép*, épiderme ; *chl*, chambre larvaire.

Les canaux sécréteurs situés en face des gros faisceaux, entre les fibres péricycliques et le collenchyme, ont un diamètre de 30 à 35µ.

Structure du pédoncule anormal.— La cécidie conique a 16 mm.
de longueur environ et 3 mm. de diamètre. Une coupe pratiquée
vers sa partie supérieure, un peu au-dessous de l'insertion des rayons
de l'ombelle, possède la même symétrie axiale que le pédoncule
normal (A, fig. 278).

Au centre, la grande cavité larvaire *chl* est bordée par places de
quelques cellules médullaires ; la larve a dévoré ailleurs la zone
périmédullaire et souvent même a atteint la partie ligneuse des
faisceaux libéro-ligneux. Ceux-ci sont en nombre beaucoup plus
grand que dans le pédoncule normal, car l'anneau vasculaire s'est
complété par l'adjonction de petits faisceaux entre les douze faisceaux de la tige normale.

Les gros faisceaux libéro-ligneux situés en face des ailes sont très
allongés radialement et leurs premiers vaisseaux de bois primaire,
avoisinant les pôles ligneux *pb* (en A, fig. 286), sont écartés des
autres vaisseaux primaires *b* par l'allongement radial des cellules
du parenchyme *pr*. Les formations secondaires sont très développées.

Vers l'extérieur, le liber primaire *l* d'un gros faisceau est en
contact avec un arc de puissantes fibres péricycliques *fp*, entouré
lui-même par de grandes cellules *p* à parois plus minces, mais lignifiées. Ces dernières cellules sont allongées radialement et munies
d'une ou deux cloisons tangentielles. Plus en dehors, se trouve
le canal sécréteur *cs* qui a acquis un diamètre de 40 à 50 μ ; il est
séparé du collenchyme *co* par des cellules corticales *éc*, à parois
très épaisses, allongées en direction radiale et cloisonnées aussi. Le
collenchyme a ses cellules fortement épaissies aux angles et
présente même parfois quelques cellules lignifiées. Enfin, l'épiderme
ép est aplati et ses cellules sont deux ou trois fois plus larges que
les cellules normales.

Près des petits faisceaux libéro-ligneux des sillons, les cellules
corticales sont hypertrophiées et lignifiées ; le tissu chlorophyllien
cl comprend au moins trois rangées de cellules allongées, serrées
les unes contre les autres, capables de se cloisonner transversalement et riches en chloroleucites.

L'influence du parasite sur l'axe de l'ombelle se traduit donc
surtout par l'allongement radial des cellules péricycliques et corticales et, dans les faisceaux, par la production de bois secon-

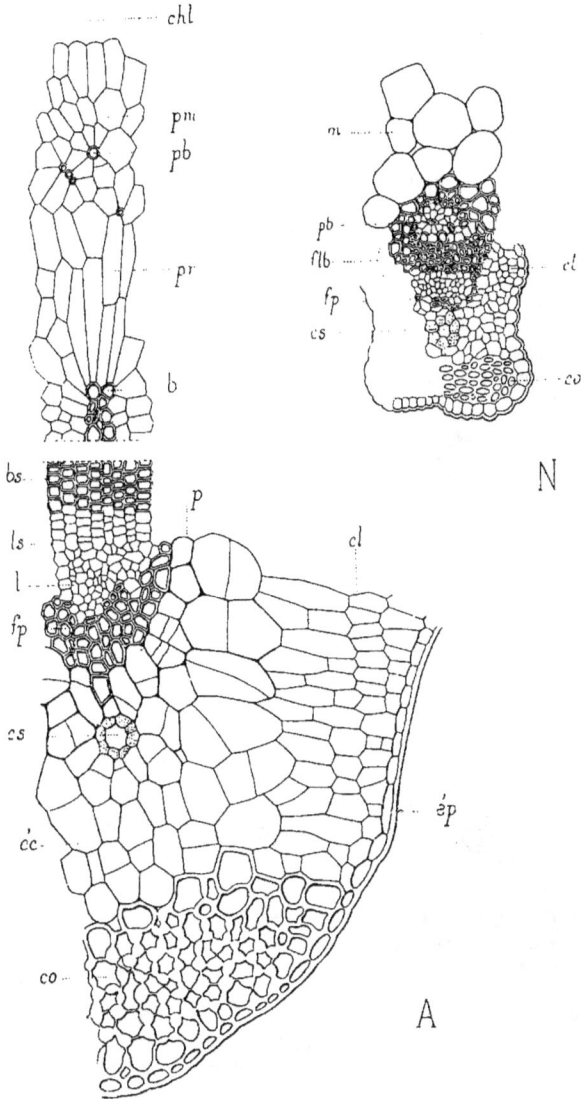

FIG. 285 (N). — Partie de la coupe transversale représentée par la fig. 277 (gr. 150).
FIG. 286 (A). — Région correspondante de la cécidie (gr. 150).

daire abondant. Comme l'action cécidogène se fait sentir avec la même intensité dans toutes les directions, la symétrie axiale de l'organe est conservée.

Rayon central de l'ombelle.

Au lieu des deux rameaux centraux que possède en général une ombelle saine, on n'en trouve le plus souvent sur une ombelle parasitée qu'un seul, placé juste dans le prolongement du pédoncule (voir A_1, en F, fig. 276). Ce rayon anormal est très raccourci (6 mm. au lieu de 12 mm.), mais il est fortement élargi à la base.

Diverses sections transversales pratiquées dans deux rayons, l'un normal et l'autre anormal, un peu au-dessus du plan d'insertion des rayons de l'ombelle, c'est-à-dire au niveau des lignes N_1 (fig. 275) et A_1 (fig. 276), montrent que l'axe de symétrie de l'organe sain est conservé

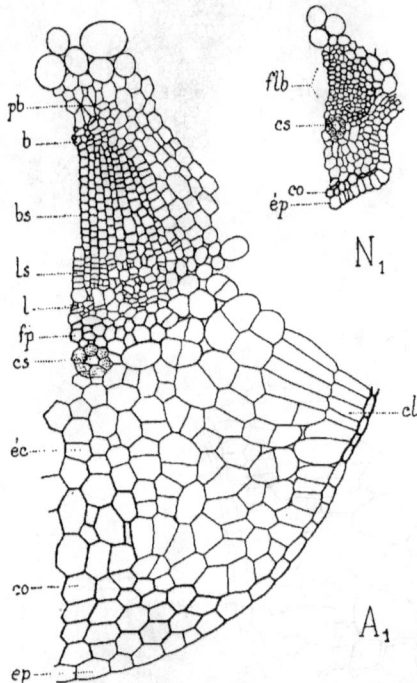

FIG. 287 (N_1). — Partie de la coupe transversale d'un rayon central normal de l'ombelle de *Torilis Anthriscus* (gr. 150).

FIG. 288 (A_1). — Région correspondante de la cécidie du rayon anormal (gr. 150).

flb, faisceau libéro-ligneux ; *pb*, *b*, *bs*, bois ; *l*, *ls*, liber ; *fp*, fibres péricycliques ; *cs*, canal sécréteur ; *éc*, écorce ; *co*, collenchyme ; *ép*. épiderme.

(Comparer les figures d'ensemble 279 et 280).

La coupe anormale (A_1) possède un diamètre trois fois supérieur au diamètre normal (1 mm. au lieu de 0,3), mais un contour beaucoup moins sinueux, car les ailes ne font presque plus saillie.

Dans l'aile normale, le collenchyme co (en N_1, fig. 287) est réduit à une ou deux assises de petites cellules aplaties, de 8 à 10 μ à peine de diamètre, et les cellules corticales qui leur font suite sont très sinueuses. Tout à fait différente est la structure de l'aile dans le rayon hyperplasié (A_1, fig. 288) : les cellules de l'épiderme $\acute{e}p$ sont excessivement élargies (30 μ au lieu de 7 μ) ; toutes les autres cellules jusqu'au canal sécréteur cs sont allongées radialement et cloisonnées ; leur taille atteint 30 à 40 μ et leur contour est devenu polyédrique par pression.

Il en est de même pour les cellules à chlorophylle, qui dans le rayon normal sont petites et serrées, n'atteignant même pas la taille des autres cellules corticales (6 à 8 μ) ; dans la cécidie, elles sont très allongées (70 μ parfois) et pressées les unes contre les autres. En face de ces cellules à chlorophylle cl, l'épiderme comprend de toutes petites cellules lignifiées ayant gardé leur taille primitive.

Le cylindre central est lui-aussi fortement hypertrophié : il contient cinq gros faisceaux libéro-ligneux allongés radialement et dont la taille est de 270 μ (au lieu de 95 μ pour les faisceaux normaux). Les vaisseaux primaires b de ces faisceaux sont très écartés les uns des autres et leurs formations secondaires bien développées (10 à 15 vaisseaux ligneux bs par file).

En dehors de chaque faisceau, les fibres péricycliques fp sont quatre ou cinq fois plus grandes que les fibres normales et le canal sécréteur cs a une taille au moins double.

Rayon latéral de l'ombelle.

La présence de la galle du pédoncule de l'ombelle se fait aussi sentir sur presque tous les rayons périphériques : ils sont très renflés à leur base (A_2, en F, fig. 276) et plus courts que les rayons normaux (12 mm. au lieu de 16).

On sait que les rameaux périphériques normaux de l'ombelle n'ont pas une structure radiaire comme les rayons médians, mais possèdent une face ventrale tournée vers le haut et une autre face qui est dorsale. Cette dorsiventralité se traduit par un aspect bien différent pour les deux faces (N_2, fig. 281) : la face ventrale possède trois côtes très saillantes, très rapprochées, disposées

presque radialement et ayant à peu près la structure vue plus haut ;
la face dorsale regarde le sol et est bombée.

Une section correspondante pratiquée à la base d'un rameau
latéral, dans sa partie renflée (A$_2$, fig. 282), présente une dorsiventralité encore plus accentuée. Le diamètre de la coupe est devenu
1,4 mm. au lieu de 0,4 mm. ; les côtes ventrales sont excessivement
hyperplasiées et présentent deux ou trois assises de grandes cellules
de collenchyme co, au lieu des une ou deux assises de toutes petites
cellules qui existent dans le rayon normal ; enfin, les amas collen-
chymateux co′ de la face dorsale sont très peu développés. Dans les
sillons, les cellules à chlorophylle cl se sont allongées et ont
constitué de grands amas concaves.

Tout le cylindre central s'est de même beaucoup agrandi ; les
faisceaux libéro-ligneux possèdent de nombreux tissus secondaires
et les fibres péricycliques fp ont pris un grand développement.

En somme, le raccourcissement des rayons latéraux de l'ombelle
se traduit par une notable hypertrophie de leur base avec accentuation de leur dorsiventralité.

2° Galle de l'ombellule.

La cécidie de l'ombellule est identique à celle de l'ombelle (F,
fig. 276), mais elle est toujours de dimensions moindres (2,5 mm. de
large sur 5 mm. de long). Elle agit avec intensité sur le rayon latéral
qu'elle déforme, en arrête l'allongement, et l'oblige par suite à
s'épaissir.

C'est ainsi que la section transversale faite au milieu du rameau
raccourci a 0,8 mm. de diamètre au lieu de 0,4 mm. qu'elle
possède dans le rayon latéral normal (Comparer les figures
d'ensemble A$_3$ et N$_2$).

Cet accroissement en diamètre résulte surtout de la grande taille
que prend l'écorce, dont le collenchyme co (en A$_3$, fig. 283) et les
cellules chlorophylliennes cl se développent beaucoup ; de plus, les
grandes cellules p adossées aux fibres péricycliques s'allongent radialement, prennent trois à cinq cloisons transversales et se lignifient ;
elles forment ainsi un anneau résistant autour du cylindre central.

Il faut encore remarquer que l'accroissement en épaisseur du
rayon latéral raccourci se fait beaucoup moins sentir sur la face

dorsale ; la dorsiventralité tend donc à disparaître et à être remplacée par une symétrie axiale.

Cette modification s'accentue au fur et à mesure qu'on se rapproche de la galle. La figure 284 (A₄) représente une coupe passant par le milieu de la cavité larvaire *chl* : le contour de la section y est devenu circulaire.

En résumé, sous l'influence du *Lasioptera carophila*, l'ombelle et l'ombellule du *Torilis Anthriscus* présentent les modifications suivantes :

1º *L'action cécidogène se faisant sentir sur l'axe de l'ombelle, avec une égale intensité dans toutes les directions, y détermine l'apparition d'un renflement conique ayant un axe de symétrie ;*

2º *L'accroissement en épaisseur est dû surtout à l'allongement radial des éléments péricycliques et corticaux et au fonctionnement actif de l'assise libéro-ligneuse ;*

3º *Les rayons médians et latéraux sont raccourcis et épaissis à la base ; la symétrie axiale des rayons médians est conservée ; la dorsiventralité des rayons latéraux est accentuée ;*

4º *La cécidie de l'ombellule possède les caractères de celle de l'ombelle ; la dorsiventralité du rayon latéral parasité fait place à une symétrie axiale.*

Sedum Telephium L.

Cécidie produite par le *Nanophyes telephii* BEDEL.

Les larves de ce Coléoptère provoquent sur les tiges et les inflorescences du Sédum Reprise des renflements fusiformes allongés (E, fig. 289), charnus, ayant le plus souvent 15 à 20 mm. de long et 5 mm. de diamètre. Latéralement, à peu près au milieu de la partie ovoïde, se voit la piqûre faite par le *Nanophyes* pour introduire l'œuf dans la plante. La cavité larvaire est arrondie (L, fig. 291) et située dans la moelle ; c'est là que le parasite accomplit sa dernière métamorphose.

Sur la tige, plusieurs cécidies peuvent confluer et produire de gros renflements irréguliers couverts de feuilles (F, fig. 290), dont le diamètre atteint alors 12 à 15 mm.

Mes échantillons ont été recueillis, en juillet 1902, aux environs de Brout-Vernet, dans l'Allier.

Épiderme et écorce.

L'examen des sections transversales pratiquées dans une tige saine et dans une galle, selon les niveaux N et A indiqués par des lignes horizontales sur la figure 291 (L), montre immédiatement que l'écorce est fort peu altérée dans la cécidie et que tout l'intérêt réside dans le cylindre central. Comparons donc en quelques mots les épidermes et les écorces des tiges saine et parasitée.

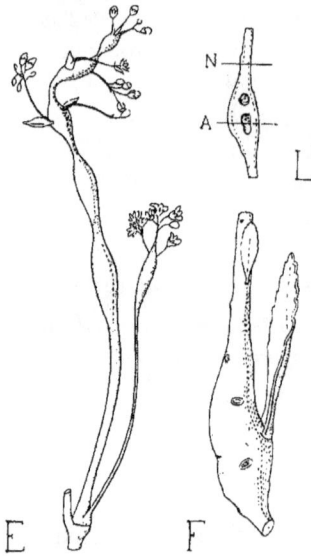

L'épiderme normal (en N, fig. 295) est formé de grandes cellules allongées suivant l'axe de la tige et pouvant atteindre 220 μ; de place en place, elles présentent de petits stomates. En section, elles sont isodiamétriques (50 μ environ) et leur paroi externe est fort épaisse et cellulosique.

Les cellules de l'épiderme hyperplasié se sont multipliées dans tous les sens pour suivre l'accroissement en volume du cylindre central : elles sont polyédriques (en A, fig. 296), avec 80 à 100 μ de diamètre ; leurs parois sont épaisses, munies de larges ponctuations ou d'épaississements en forme de réseau irrégulier. Les stomates ont disparu.

Les assises externes de l'écorce normale sont collenchymateuses ;

Fig. 289 (E). — Aspect extérieur de la cécidie caulinaire du Sédum (gr. 1).

Fig. 290 (F). — Aspect extérieur d'une grosse galle pluriloculaire (gr. 1).

Fig. 291 (L). — Coupe longitudinale d'une cécidie (gr. 1).

elles contiennent quelques cellules à tanin *ct* (en N, fig. 292) espacées régulièrement. On retrouve ces cellules à tanin dans la galle, mais elles y sont beaucoup plus grandes, plus nombreuses même, variables de taille et distribuées çà et là à la périphérie de l'écorce.

Pour tout le reste, les deux écorces normale et anormale diffèrent peu.

Cylindre central.

Bien différent d'aspect est le cylindre central selon qu'on le considère dans la tige saine ou dans la tige hypertrophiée.

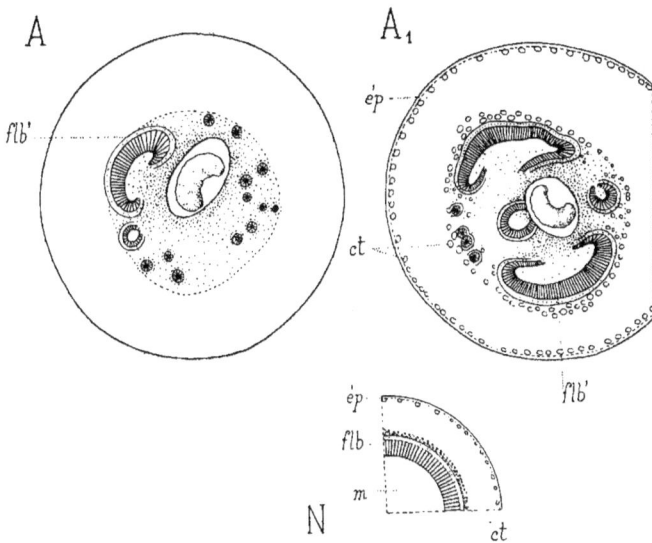

FIG. 292 (N). — Schéma d'une portion de la coupe transversale de la tige saine de Sédum (gr. 15).

FIG. 293 (A). — Coupe transversale schématique d'une tige parasitée dans laquelle l'anneau vasculaire a été fortement dissocié (gr. 15).

FIG. 294 (A₁). — Schéma de la section transversale d'une autre tige parasitée dans laquelle l'anneau libéro-ligneux a été peu dissocié (gr. 15).

m, moelle ; *flb*, *flb'*, anneau vasculaire ; *ep*, épiderme ; *ct*, cellule à tanin.

La tige normale possède un anneau régulier et continu de formations secondaires *flb* ayant partout la même épaisseur. Il y a

18 à 20 cellules de bois secondaire bs (N, fig. 298) ; le liber secondaire ls est peu développé ; les éléments du liber primaire l sont aplatis et en contact avec les cellules péricycliques p dont la plupart contiennent du tanin ct. Vers l'intérieur, la zone périmédullaire pm comporte un grand nombre de petites cellules polygonales ou arrondies et la moelle m est formée de cellules ayant 60 μ. de diamètre en moyenne.

L'aspect du cylindre central de la cécidie est complètement différent. Si on suit l'anneau vasculaire, depuis la région de raccord de la cécidie avec la tige jusque vers le milieu du renflement, on le voit se scinder en deux gros arcs libéro-ligneux qui, eux-mêmes, se brisent en plusieurs autres. Au niveau de la cavité larvaire, la dissociation peut être complète pour la plus grande partie de l'anneau et fournir un gros arc vasculaire et 12 à 15 petits amas libéro-ligneux rangés en cercle.

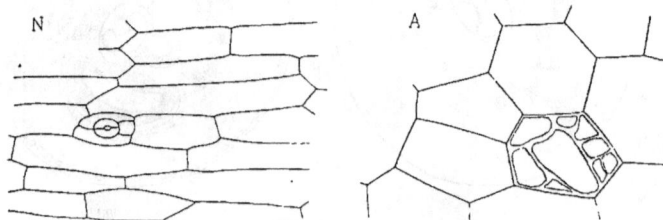

Fig. 295 (N). — Épiderme de la tige normale de Sédum (gr. 150).
Fig. 296 (A). — Épiderme de la cécidie caulinaire de la même plante (gr. 150).

La figure 293 (A) donne la vue d'ensemble d'une déformation presque complète de l'anneau vasculaire : un seul petit arc libéro-ligneux flb' a résisté à l'action cécidogène du parasite. De même la figure 294 (A_1) représente un cylindre central de tige déformée dans lequel l'anneau vasculaire, brisé en deux points diamétralement opposés, s'est scindé en deux gros arcs libéro-ligneux, incurvés en croissant, comprenant entre eux d'autres amas vasculaires plus petits et arrondis.

Nous sommes donc amené à chercher comment se sont produits ces gros amas libéro-ligneux en forme de croissant et ces petits amas arrondis. Pour cela voyons d'abord comment la tige s'est modifiée quand l'influence parasitaire de la jeune larve a commencé à se faire sentir.

Pratiquons des coupes transversales dans la région médiane d'une toute jeune galle fusiforme, n'ayant encore que 2 mm. de diamètre. On trouve alors la petite larve z (en M, fig. 297) située latéralement dans la moelle, au centre d'une cavité qui n'a encore que 20 à 30 μ de diamètre ; les cellules c' qui l'entourent sont allongées dans une direction radiale par rapport à cette cavité et possèdent quelques cloisons tangentielles. Peu à peu la multiplication des cellules médullaires s'accentue autour de la petite cavité larvaire et finit par gagner toute la moelle. En même temps, pour les cellules les plus proches du parasite, un cloisonnement rapide s'effectue dans tous les sens, à l'intérieur de

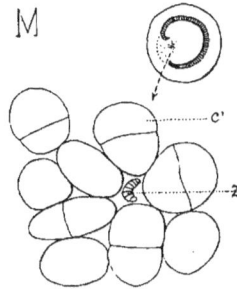

FIG. 297 (M). — Début du cloisonnement des cellules médullaires c' autour de la larve z (gr. 150).

la membrane cellulosique primitive fortement épaissie que l'on distingue toujours très bien (en M_1, fig. 303) ; on peut compter, peu après, dans quelques-unes de ces cellules-mères, jusqu'à une centaine de petites cellules.

Le tissu médullaire ainsi cloisonné entoure la cavité larvaire et sert de nourriture à la larve, car ses cellules possèdent un protoplasme gorgé de petits grains d'amidon et un gros noyau hypertrophié.

L'activité cellulaire qui se manifeste dans la moelle centrale se propage aussi dans les rayons médullaires de l'anneau libéro-ligneux, en amène l'hypertrophie et enfin la dissociation, comme nous l'avons indiqué plus haut.

Si cette hypertrophie se manifeste pour deux rayons médullaires éloignés, qui comprennent entre eux un certain nombre de pôles ligneux, il en résulte l'isolement d'un gros arc vasculaire. La partie médiane de cet arc est la plus épaisse, car l'assise génératrice interne y fonctionne presque normalement : elle donne naissance,

par exemple, à une dizaine de vaisseaux de bois secondaire. Au
fur et à mesure qu'on s'approche de l'une des extrémités de ce gros
arc vasculaire, le bois primaire b
(en F_1, fig. 299) des faisceaux
libéro-ligneux devient plus irrégulier, les cellules du métaxylème
mb sont déformées et aplaties radialement. A l'extrémité, l'assise
génératrice agi prend une direction perpendiculaire, devient radiale, s'établit dans le large rayon
médullaire hypertrophié rm et se
dirige vers le centre ; puis elle
continue à tourner, redevient tangentielle, et fonctionne très activement dans la zone périmédullaire
pm ainsi que dans les premières
cellules de la moelle m. La boucle
qu'elle produit à chaque extrémité
du grand arc vasculaire est composée de liber et de bois secondaires ; les cellules de ce dernier
tissu se lignifient peu à peu.

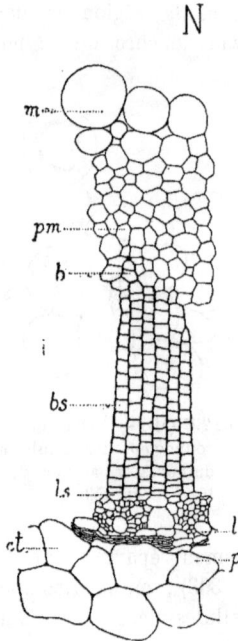

Fig. 298 (N). — Partie de la coupe
transversale représentée par la
figure 202 : m, moelle, pm, zone
périmédullaire ; b, bs, bois ; l,
ls, liber ; p, péricycle ; ct, cellule
à tanin (gr. 150).

Les grands arcs vasculaires prennent ainsi la forme d'un croissant,
mais ne se ferment jamais complètement parce que leurs deux extrémités sont trop éloignées et que
la lignification des cellules mé-
dullaires qui les séparent ne permet plus à l'assise génératrice de
s'y établir. Il n'en est plus de même si l'arc vasculaire comporte
seulement quelques pôles ligneux : les deux branches du croissant
se rencontrent très vite par suite du fonctionnement actif de
l'assise génératrice interne à ses deux extrémités. Un tel faisceau
fermé a été dessiné en F_2 (fig. 300) ; la portion libéro-ligneuse
appartenant à l'anneau vasculaire primitif de la tige est à gauche ;
on y voit de nombreuses cellules libériennes, groupées autour des
pôles ; l'extrémité inférieure de l'assise génératrice a fonctionné

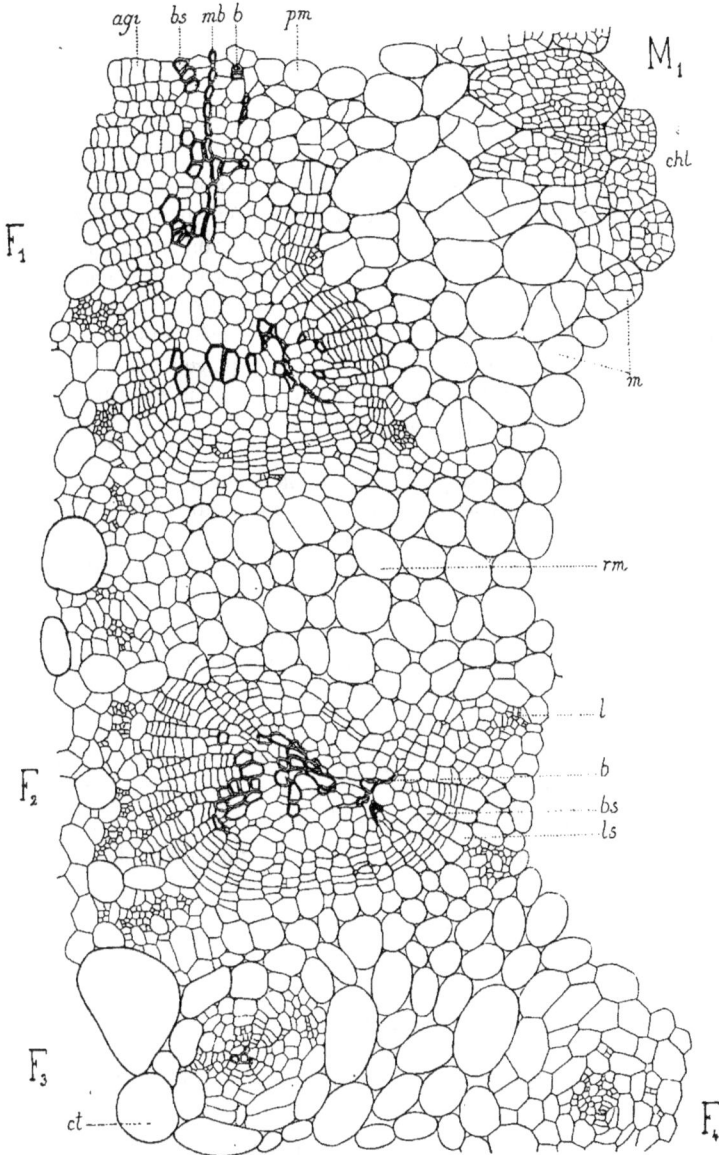

FIG. 299 (F₁), 300 (F₂), 301 (F₃), 302 (F₄), 303 (M₁). — Partie gauche de la coupe
transversale de la cécidie du Sédum, représentée par la figure 294 (gr. 150).

avec beaucoup plus d'activité que l'autre et produit du tissu secondaire *bs*, *ls* qui a enveloppé les vaisseaux déformés, aplatis ou à demi résorbés, du bois primaire *b*.

Enfin, le plus souvent, l'hypertrophie isole de toutes petites portions de l'anneau vasculaire, réduites parfois à un seul faisceau libéro-ligneux élémentaire, comme celles qui ont été représentées en F_3 et F_4 dans les figures 301 et 302. On y voit alors l'assise génératrice fonctionner activement à droite et à gauche de chaque petit faisceau isolé et constituer un amas à peu près concentrique de tissus secondaires. Les petits faisceaux ainsi formés sont entourés de cellules *ct* plus grandes que les autres et qui sont en relation avec les cellules péricycliques délimitant le cylindre central de l'écorce ; ces cellules contiennent du tanin.

Dans la galle âgée, il se produit, après la sortie de l'adulte, une couche de liège cicatriciel autour de la cavité larvaire.

En résumé, sous l'influence du *Nanophyes telephii*, la tige du *Sedum Telephium* présente les modifications suivantes :

1° *L'action cécidogène se fait d'abord sentir sur la moelle qui s'hypertrophie dans toutes les directions et produit un renflement fusiforme ayant un axe de symétrie ;*

2° *L'augmentation du volume de la moelle entraîne la dissociation de l'anneau libéro-ligneux en fragments de tailles variées que le fonctionnement des assises génératrices internes tend à transformer en faisceaux cylindriques ;*

3° *Les cellules de la moelle se cloisonnent avec activité et leur contour primitif reste distinct ;*

4° *Les cellules à tanin sont plus nombreuses.*

Atriplex Halimus L.

Cécidie produite par le *Coleophora Stefanii* JOANNIS.

La chenille de ce Lépidoptère, pénétrant dans la moelle des jeunes rameaux, y produit des renflements de 30 mm. de long sur 8 à

10 mm. de diamètre (E, fig. 304) ; la cavité larvaire est allongée et spacieuse ; les parois sont épaisses (L, fig. 305).

Mes échantillons proviennent de Saint-Denis-du-Sig (Algérie) où la cécidie est commune.

Structure de la tige normale. — La section transversale de la tige jeune est circulaire (N, fig. 306) et possède 1,4 mm. de diamètre. L'épiderme *ép* (N, fig. 313) est formé de cellules isodiamétriques, à parois épaisses et cellulosiques, portant de place en place de longs poils renflés. Sous cet épiderme, l'écorce débute par une ou plusieurs assises de collenchyme *co* pour se continuer par des cellules irrégulières de forme, riches en mâcles d'oxalate de calcium *ox*.

Autour du cylindre central, le péricycle est formé par une couche presque continue de deux ou trois assises de grosses fibres à parois épaisses *fp* et par des cellules allongées radialement *p*, lignifiées en partie, cloisonnées plusieurs fois dans leur région interne. Plus au centre se trouve un anneau continu de formations secondaires : l'assise génératrice surnuméraire *agp*, née ici dans le péricycle, comme chez la plupart des Chénopodiacées, a produit un cercle de faisceaux libéro-ligneux secondaires *flb'* (composés de bois secondaire péricyclique *bsp* et de liber secondaire péricyclique *lsp*), séparés par du parenchyme ligneux *bsp'* également secondaire qui s'épaissit et les englobe.

Au centre, sont les faisceaux libéro-ligneux primaires chez lesquels l'assise génératrice normale fonctionne peu de temps.

Structure d'une galle jeune. — Sa section n'a que 3 mm. de diamètre (A, fig. 307) ; l'épaisseur de la paroi est de 0,5 mm. seulement, car la larve s'est creusé une grande cavité *chl* aux dépens de la moelle et des premiers cercles de faisceaux libéro-ligneux.

L'épiderme de la cécidie *ép* est couvert de longs poils serrés les uns contre les autres et beaucoup plus abondants que sur la tige saine. Vues de face (en A, fig. 312), les cellules épidermiques sont irrégulières, presque isodiamétriques et non allongées comme les cellules normales ; leurs stomates sont nombreux et bien développés.

Il y a peu de chose à signaler pour les cellules corticales, sinon que leur taille est un peu plus grande et leurs parois plus épaisses. Les mâcles y sont abondantes.

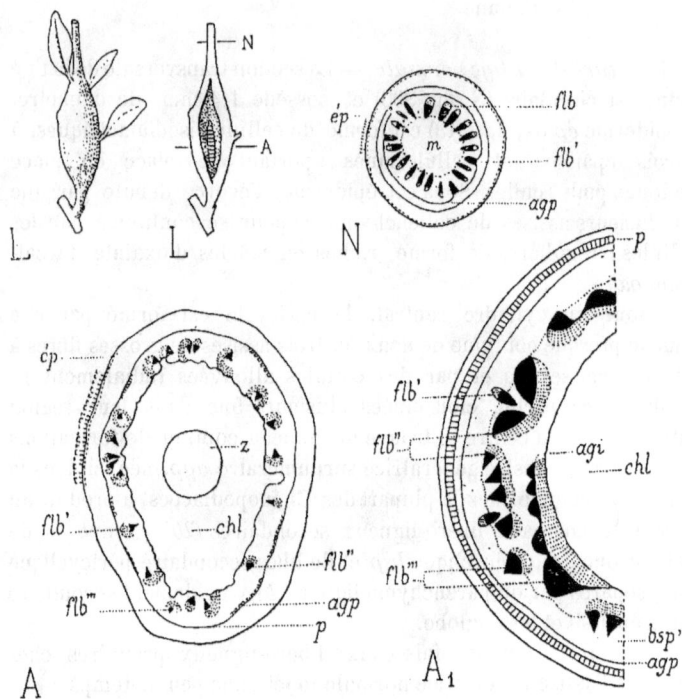

Fig. 304 (E). — Aspect extérieur de la lépidoptérocécidie de la tige de l'*Atriplex Halimus* (gr. 1).

Fig. 305 (L). — Coupe longitudinale de la même cécidie (gr. 1).

Fig. 306 (N). — Coupe transversale schématique de la tige normale (gr. 15).

Fig. 307 (A). — Coupe correspondante de la cécidie jeune (gr. 15).

Fig. 308 (A₁). — Coupe transversale schématique d'une cécidie âgée (gr. 15).

m, moelle ; *flb, flb', flb'', flb'''*, faisceaux libéro-ligneux normaux et désorientés ; *agi*, assise génératrice interne ; *agp, bsp'*, formations secondaires péricycliques ; *p*, péricycle ; *ép*, épiderme ; *chl*, chambre larvaire ; *z*, larve.

On distingue nettement autour du cylindre central la zone péricyclique *p* (en A, fig. 307) dont les cellules sont irrégulières et lignifiées. En dedans de ces cellules, l'assise génératrice péricyclique n'a encore fonctionné que de place en place (en *agp*, par exemple) et pris des cloisons sinueuses ; c'est surtout entre les faisceaux libéro-ligneux qu'elle agit le plus activement.

Les faisceaux libéro-ligneux n'offrent plus que rarement (*flb'*, par exemple) l'orientation radiale qu'ils possédaient dans la tige normale ; la plupart ont pris une disposition tangentielle (exemple *flb''*) ; quelques-uns même sont renversés et possèdent leur liber en dedans du bois (comme *flb'''*). Beaucoup de ces faisceaux ont leurs files ligneuses espacées. Enfin, ils sont eux-mêmes

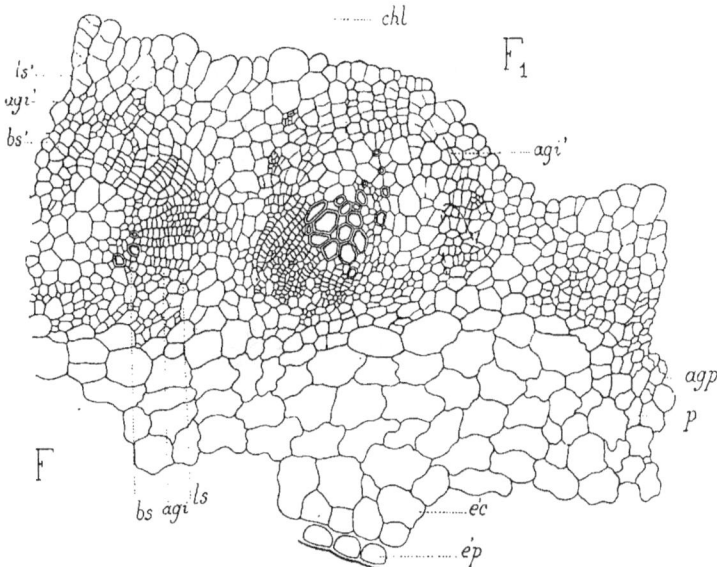

Fig. 309 (F), 310 (F₁). — Partie de la coupe transversale représentée par la figure 307, représentant deux faisceaux libéro-ligneux désorientés : *agi, bs, ls,* formations secondaires à l'intérieur du faisceau ; *agi', bs', ls',* formations secondaires en dehors du faisceau, vers la cavité larvaire *chl* ; *agp*, assise génératrice péricyclique ; *éc*, écorce ; *ép*, épiderme (gr. 150).

très éloignés les uns des autres et séparés par un tissu cellulosique formé de petites cellules disposées en files radiales, aboutissant à la cavité larvaire.

Les figures 309 et 310 représentent deux faisceaux libéro-ligneux voisins, déjà fortemement modifiés.

Celui de gauche (F) ne comprend que trois vaisseaux de bois à parois épaisses et lignifiées. En face de ces vaisseaux, l'assise génératrice *agi* produit des files tangentielles de bois secondaire *bs* non encore lignifié et de liber secondaire *ls*. Puis cette assise fonctionne du côté de la cavité larvaire (en *agi'*) d'une façon plus irrégulière : elle y produit encore des tissus secondaires *bs'* et *ls'*, mais elle provoque en outre le cloisonnement des longues cellules radiales bordant la cavité larvaire et les transforme en une quantité énorme de petites cellules, riches en protoplasme, qui servent à la nourriture de la larve.

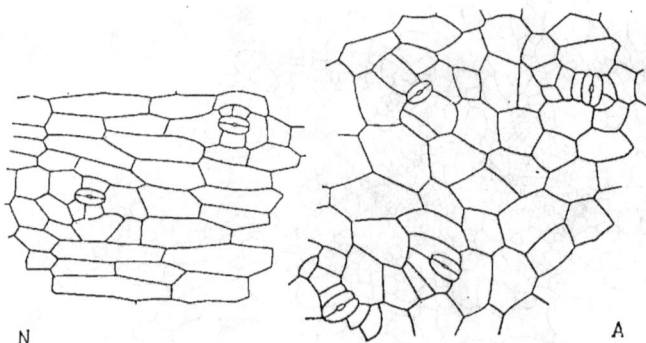

N   A

Fig. 311 (N). — Épiderme de la tige normale de l'*Atriplex Halimus* (gr. 150).
Fig. 312 (A). — Épiderme de la cécidie de la même plante (gr. 150).

Le faisceau représenté en F_1 a été, au contraire, peu dévié de sa direction normale. Ses vaisseaux ligneux sont écartés les uns des autres. Son assise génératrice interne fonctionne activement sur la gauche du faisceau et produit du bois secondaire non lignifié et de petits amas libériens ; elle contourne ensuite le faisceau (en *agi'*) et l'enferme presque en entier.

Structure d'une galle âgée. — Ce sont des phénomènes identiques, mais plus exagérés encore, que l'on rencontre dans la galle plus âgée, lorsque le parasite est sur le point d'éclore. La cécidie a une paroi de plus d'un millimètre d'épaisseur (A_1, fig. 308). Cette grande épaisseur tient d'abord à la taille des fibres péricycliques et des cellules péricycliques lignifiées *p*. Elle tient ensuite à ce que,

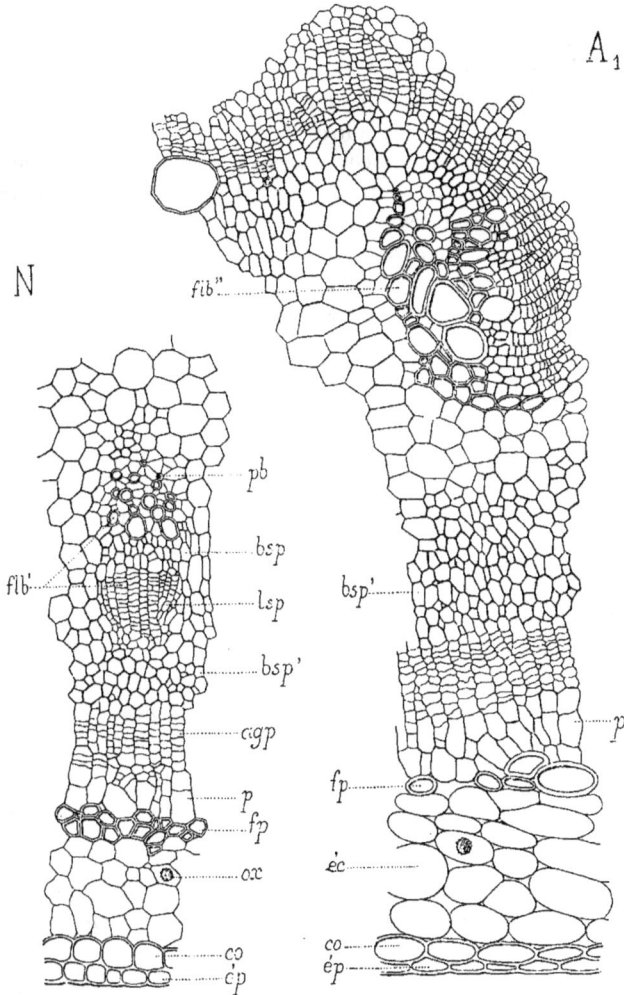

Fig. 313 (N).— Partie de la coupe transversale représentée par la fig. 306 (gr. 150).
Fig. 314 (A₁). — Portion correspondante de la coupe transversale d'une cécidie
âgée (gr. 150).

    flb′, *flb″*, faisceaux libéro-ligneux normal et désorienté ; *pb*, pôle ligneux ;
bsp, *lsp*, *bsp′*, *agp*, formations secondaires péricycliques ; *p*, *fp*, péricycle ;
éc, écorce ; *co*, collenchyme ; *ép*, épiderme ; *ox*, mâcle.

autour des faisceaux *flb'*, *flb''*, *flb'''*, l'assise génératrice surnuméraire péricyclique *agp* a régulièrement fonctionné, comme dans la
tige normale, et produit un abondant parenchyme ligneux *bsp'*.
En dedans de cette assise génératrice, les petits faisceaux libéro-
ligneux de formation récente, tels que *flb'*, sont normalement
orientés. Presque tous les autres faisceaux plus internes *flb''*,
flb''' sont orientés d'une façon anormale comme ceux que nous
avons vus dans la galle jeune. Mais il faut bien remarquer que les
faisceaux de la galle jeune, représentés dans la figure 313 (N),
sont internes par rapport à ceux de la cécidie âgée et qu'on
doit les considérer ou comme dévorés par la larve ou
encore comme occupant le bord de la cavité larvaire (*flb'''*,
fig. 308).

La figure 314 (A$_1$) représente un faisceau surnuméraire péricyclique dont l'orientation est tangentielle et dont l'assise génératrice,
recourbée vers le centre de la galle, produit du liber secondaire
interne et du bois secondaire externe.

L'orientation inverse de la plupart des faisceaux libéro-ligneux
péricycliques de la tige anormale est très avantageuse pour la
larve : celle-ci trouve à sa portée de nombreux tissus libériens
constituant pour elle un aliment riche en matières nutritives et
pauvre en éléments lignifiés.

En résumé, sous l'influence du *Coleophora Stefanii*, la tige de
l'*Atriplex Halimus* présente les modifications suivantes :

1° *L'action cécidogène se faisant sentir également dans toutes
les directions, il se produit un renflement fusiforme ayant un
axe de symétrie ;*

2° *L'accroissement en épaisseur est dû surtout au fonctionnement actif de l'assise génératrice péricyclique et à l'hypertrophie
des faisceaux libéro-ligneux ;*

3° *L'orientation des faisceaux secondaires est le plus souvent
altérée et peut devenir inverse de l'orientation normale ;*

4° *Les assises génératrices des faisceaux produisent, du côté
de la cavité larvaire, d'abondants tissus nourriciers pour le
parasite.*

Ulex europæus L.

Cécidie produite par l'*Apion scutellare* KIRBY.

L'*Apion scutellare* détermine sur les jeunes tiges des *Ulex europæus* L., *nanus* SMITH et *spartioides* WEBB. des renflements arrondis ou ovoïdes, de la grosseur d'un pois, uniloculaires, dont les parois ligneuses sont fort épaisses.

Je décrirai seulement la structure d'une galle déjà âgée, de 5 mm. de diamètre, cueillie sur un rameau d'Ajonc d'Europe pendant la deuxième année de son développement (fig. 315, E); l'*Apion* avait abandonné son gîte et la cécidie présentait une ouverture circulaire latérale (fig. 316, L).

Au-dessous de la galle (en N_2, fig. 317), le *rameau* a 1,4 mm. de diamètre; son contour est irrégulièrement caréné et montre sept grosses ailes soutenues chacune par un cordon de fibres à parois épaisses, encore peu lignifiées; ces cordons f sont en relation avec les amas de fibres péricycliques p qui se trouvent en face des faisceaux libéro-ligneux *flb*. Ceux-ci sont en assez grand nombre et comportent des fibres ligneuses abondantes dans le bois secondaire de deuxième année. La zone périmédullaire et la moelle sont sclérifiées.

La *cécidie* a en coupe un aspect tout différent (en A_2, fig. 318). Son contour est rendu circulaire par une couche péridermique *lgt* bien développée et située sous l'épiderme en face des amas fibreux f des ailes. L'écorce est devenue homogène, car elle ne contient plus de cellules à chlorophylle comme dans la tige; elle s'est élargie et épaissie et ses cellules présentent les unes des cloisons tangentielles, les autres des cloisons radiales qui lui ont permis de suivre l'accroissement en diamètre du cylindre central.

L'anneau vasculaire de la tige n'est plus continu au niveau de la galle: les faisceaux *flb*, *flb'* ont été peu à peu isolés les uns des autres par l'hypertrophie des rayons médullaires *rm*.

L'assise génératrice *ag* de chacun de ces faisceaux y a d'abord produit d'abondants tissus secondaires, puis elle a fonctionné latéralement dans les intervalles qui les séparaient au fur et à mesure qu'ils s'écartaient les uns des autres. Il s'est ainsi formé un tissu secondaire comprenant du côté interne de grandes cellules ligneuses

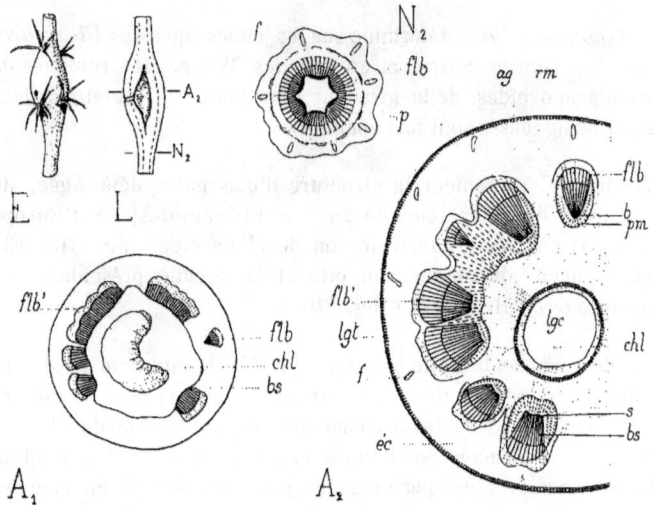

Fig. 315 (E). — Aspect extérieur de la cécidie caulinaire de l'Ajonc (gr. 2).
Fig. 316 (L). — Coupe longitudinale de la même cécidie (gr. 2).
Fig. 317 (N$_2$). — Schéma de la coupe transversale de la tige normale (gr. 15).
Fig. 318 (A$_2$). — Même schéma pour une cécidie très âgée (gr. 15).
Fig. 319 (A$_1$). — Schéma de la coupe transversale d'une galle jeune (gr. 15).

 flb, *flb'*, faisceaux libéro-ligneux ; *b*, *bs*, bois ; *ag*, assise génératrice ; *pm*, zone périmédullaire ; *rm*, rayon médullaire ; *p*, péricycle ; *f*, fibres ; *éc*, écorce ; *lgt*, liège de la tige ; *lgc*, liège cicatriciel ; *s*, sillon ; *chl*, chambre larvaire.

ponctuées et lignifiées, entremêlées de fibres à parois très épaisses (voir *bs'* en C$_1$, fig. 320). Enfin, en face du pôle ligneux *b* (dans le faisceau *flb* seulement), l'assise génératrice a continué à s'établir dans la zone périmédullaire *pm* et a entouré le faisceau.

Le plus souvent les choses ne se passent pas d'une façon aussi simple : pendant la première année la larve se creuse une cavité large d'un millimètre environ et, comme la tige ne possède à ce moment-là que 1,5 mm. de diamètre, il en résulte que toute la moelle est détruite, ainsi que le bois primaire des faisceaux et une bonne partie du bois secondaire. La figure 319 (A_1) représente la section d'une galle ainsi constituée. L'année suivante, pendant que les faisceaux s'isolent et s'écartent les uns des autres comme nous venons de le voir, leurs assises génératrices fonctionnent activement dans les intervalles qui les séparent. Ces assises produisent du tissu secondaire qui fait alors saillie dans la cavité larvaire, dont il réduit un peu le diamètre, et qui vient aussi s'appuyer contre la partie mutilée des faisceaux ligneux.

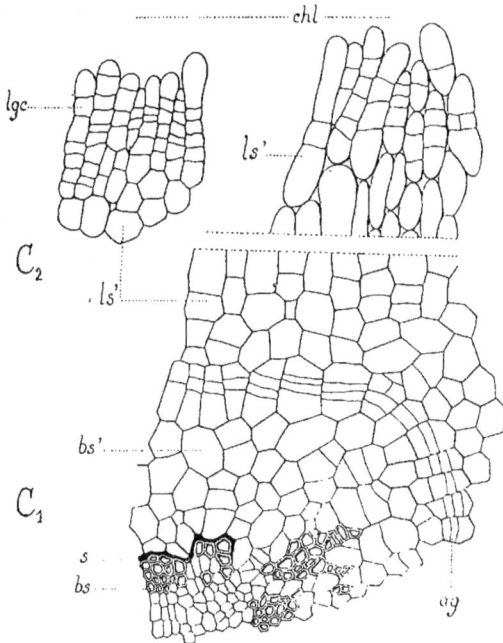

Fig. 320 (C_1). — Partie de la figure 319, montrant le fonctionnement de l'assise génératrice *ag* du faisceau *bs* vers la chambre larvaire *chl* (gr. 150).

Fig. 321 (C_2). — Production de liège cicatriciel *lgc* autour de la cavité larvaire (gr. 150).

bs', *ls'*, tissus secondaires anormaux ; *s*, sillon.

Dans le dessin d'ensemble donné plus haut (en A_2, fig. 318), la plupart des faisceaux libéro-ligneux sont dans ce cas (par exemple :

14

flb') et présentent à la base de leur bois secondaire une ligne irrégulière *s*, de direction tangentielle, qui indique la limite primitive de la cavité larvaire. Seul dans la coupe, le faisceau libéro-ligneux *flb* a conservé intacts son bois primaire *b* et sa zone périmédullaire *pm*.

La figure 320 (en C_1) représente la portion interne d'un faisceau en partie dévoré l'année précédente par la larve de l'*Apion* et dont il ne subsiste que le bois secondaire *bs*, au delà du sillon *s*; l'assise génératrice *ag* enferme le faisceau libéro-ligneux.

La large bande *ls'* de tissu secondaire cellulosique qui entoure la cavité larvaire est formée par un grand nombre de petites cellules de 14 à 28 μ d'épaisseur, alignées en longues files radiales. C'est dans les cellules les plus proches de la cavité larvaire, où elles font saillie (*ls'*, en C_2, fig. 321), qu'une assise subéreuse circulaire s'établit et produit du liège cicatriciel *lgc*.

Ainsi entourés du tissu secondaire qui les protège, les faisceaux libéro-ligneux peuvent fonctionner comme par le passé et irriguer convenablement la portion de tige qui surmonte la galle. De plus, l'accumulation considérable de grains d'amidon dans les tissus secondaires (*bs'* et *ls'*), à la partie interne des faisceaux, facilite souvent le développement hâtif des rameaux. J'ai eu l'occasion de constater maintes fois, au printemps, que les premiers rameaux utilisaient les réserves contenues dans un renflement gallaire situé à leur base.

Influence de la galle sur la partie supérieure de la tige. — La structure du rameau au-dessous de la galle se retrouve à peu près au-dessus. Seulement, comme la cécidie ralentit le plus souvent la croissance du rameau, celui-ci s'épaissit au-dessus de la galle et présente un diamètre de 2 mm. environ (au lieu de 1,4). L'écorce n'est pas modifiée; l'hyperplasie porte principalement sur l'anneau libéro-ligneux et sur la moelle dont les cellules, plus nombreuses, acquièrent 120 à 130 μ de diamètre au lieu de 70 à 80.

En résumé, sous l'influence de l'*Apion scutellare*, la tige de l'*Ulex europæus* présente les modifications suivantes :

1° *L'action cécidogène se faisant sentir également dans toutes*

*les directions, il se produit un renflement fusiforme ayant un
axe de symétrie ;*

2° *Pendant la première année, les faisceaux libéro-ligneux
s'hypertrophient et s'isolent ; leur partie interne est détruite ;*

3° *L'année suivante, la cicatrisation de la cavité larvaire
s'effectue par le fonctionnement actif de l'assise génératrice
interne autour des faisceaux.*

Ephedra distachya L.

Cécidie produite par un Cécidomyide.

La larve d'un Cécidomyide non encore déterminé produit sur les
jeunes rameaux latéraux de l'*Ephedra distachya*, au-dessus d'un
nœud (E, fig. 322), des renflements fusiformes longs de 10 à 15 mm.
et larges de 2,5 mm. ; la cavité larvaire est allongée, irrégulière et
à parois épaisses (L, fig. 323).

Structure de la tige normale. — La section d'un jeune rameau
a 16 mm. de diamètre (N, fig. 324) ; son contour est presque
circulaire et garni de nombreux sillons pourvus chacun d'une
rangée de stomates. L'épiderme *ép* (en N, fig. 329) est formé de
cellules régulières à cuticule très épaisse (17 à 20 μ). Dans l'écorce,
dont l'épaisseur est de 300 μ environ, il y a trois sortes d'éléments :
a) des *fibres* à parois très épaisses, les unes *fc* disposées en files
radiales en face de chaque carène, les autres isolées, dispersées dans
le tissu cortical ; *b)* des *cellules à chlorophylle cl*, réparties en
une ou deux assises au fond des sillons de la tige et jouant le
rôle d'organe assimilateur, puisque les feuilles consistent seulement
à chaque nœud en deux petites écailles ; *c)* des *cellules corticales éc*
dont les parois sont bourrées de cristaux d'oxalate de calcium.

Le cylindre central est elliptique et possède un plan de symétrie
correspondant au grand axe de l'ellipse. Il présente au centre une
moelle *m* à grandes cellules polyédriques contenant du tanin *ct* et,
de chaque côté du plan de symétrie, quatre faisceaux libéro-ligneux,
dont les deux médians ont une taille supérieure. L'assise génératrice interne a produit dans tous ces faisceaux trois ou quatre

assises de bois secondaire *bs*. Enfin, il existe le plus souvent en face des faisceaux quelques fibres périmédullaires et quelques fibres péricycliques *fp*.

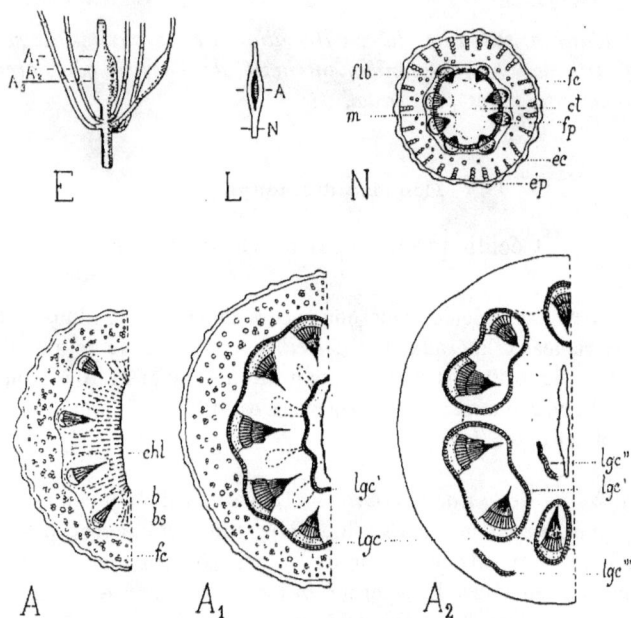

Fig. 322 (E). — Aspect d'une cécidie jeune et d'une cécidie âgée de la tige de l'Éphédra (gr. 1).

Fig. 323 (L). — Coupe longitudinale d'une cécidie jeune (gr. 1).

Fig. 324 (N). — Schéma de la coupe transversale de la tige normale (gr. 15).

Fig. 325 (A). — Schéma de la coupe transversale de la cécidie jeune (gr. 15).

Fig. 326 (A$_1$). — Cécidie âgée : coupe transversale dans la région de raccord avec la tige (gr. 15).

Fig. 327 (A$_2$). — Cécidie âgée : coupe transversale un peu plus rapprochée du milieu du renflement (gr. 15).

   m, moelle ; *flb*, faisceau libéro-ligneux ; *b*, *bs*, bois ; *fp*, *fc*, fibres péricycliques et corticales ; *éc*, écorce ; *ép*, épiderme ; *ct*, cellule à tanin ; *lgc*, *lgc'*, *lgc''*, *lgc'''*, liège cicatriciel ; *chl*, chambre larvaire.

Structure de la galle jeune. — La larve établie dans la moelle d'un jeune rameau de l'année provoque l'hyperplasie de tous les tissus, comme le représente la figure 325 (A). Le contour de la section devient elliptique et ses dimensions sont 2, 4 mm. sur 2, 7.

L'épiderme *ép* (en A, fig. 330) ne comporte plus maintenant que des carènes et des sillons très atténués. Ses cellules ont une forte cuticule et des parois très épaissies ; vues de face, elles sont moins allongées que les cellules normales, mais leurs stomates sont plus espacés.

L'épaisseur de l'écorce a peu augmenté; cependant sa structure est grandement modifiée : les cellules chlorophylliennes qui formaient un véritable tissu en palissade n'existent plus; les fibres *fc* des rangées carénales sont disséminées et mêlées aux autres. L'écorce a donc tendance à devenir homogène.

Le cylindre central montre lui aussi une modification considérable, car les faisceaux libéro-ligneux, jusque-là réunis par des formations secondaires en un anneau continu, sont séparés nettement les uns des autres. Mais si l'assise génératrice interne n'a plus fonctionné entre les faisceaux, elle a par contre produit dans chacun d'eux d'épaisses formations secondaires *ls* et *bs*, comprenant vers l'intérieur de nombreux vaisseaux de bois secondaire. Du côté de la moelle, les vaisseaux du bois

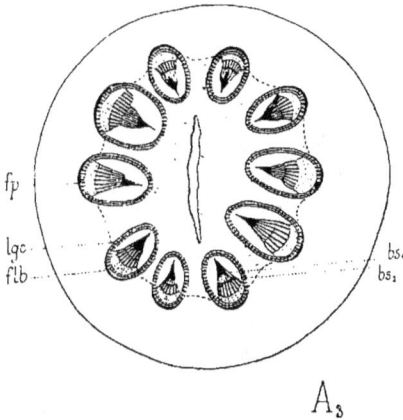

Fig. 328 (A₃). — Cécidie âgée : coupe schématique transversale faite au milieu du renflement ; *flb.* faisceau libéro-ligneux ; *bs₁, bs₂,* couches annuelles de bois secondaire ; *fp*, fibres péricycliques ; *lgc,* anneaux de liège cicatriciel (gr. 15).

primaire *b* sont très espacés et constituent un long prolongement radial à la masse principale du faisceau ; les plus internes sont atrophiés et leur section est très réduite ; ils sont de plus entourés par les cellules parenchymateuses *pr*, plusieurs fois cloisonnées, et par les cellules de la zone périmédullaire *pm*. Ces dernières cellules ont épaissi leurs parois ; elles se sont allongées radialement, puis munies de cloisons tangentielles ; riches en protoplasme et en gros noyaux hypertrophiés *n*, elles constituent un tissu nutritif qui s'étend jusqu'à la cavité larvaire *chl*. Toutes les cellules entourant la pointe ligneuse des faisceaux se lignifient fortement plus tard et forment une bande scléreuse autour de la cavité larvaire.

Structure de la galle âgée. — L'écartement des faisceaux libéro-ligneux, leur isolement, leur taille à peu près uniforme et la lignification de toute la région centrale, influent sur la forme générale de la galle qui se montre cylindrique.

Une coupe pratiquée en A_3 (fig. 322), au milieu d'un renflement âgé d'un an et demi, a une section circulaire et un diamètre de 4 mm. (fig. 328). L'écorce n'est pas devenue beaucoup plus épaisse que dans la tige normale, mais elle contient des fibres plus grosses, groupées en amas au milieu des cellules corticales qui les réunissent et qui prennent un aspect étoilé.

Les faisceaux libéro-ligneux *flb* sont très développés maintenant et possèdent d'abondantes assises de bois de seconde année bs_2 débordant les couches de première année bs_1. Dans les parties latérales du bois secondaire, on remarque toujours un grand nombre de vaisseaux courts *v* (fig. 331), assez semblables aux vaisseaux à cloisons munies de larges ouvertures que possèdent seules les Gnétacées parmi les Conifères.

Au centre de la galle, une cavité allongée et étroite, bordée par des cellules lignifiées, rappelle l'ancien plan de symétrie de la cécidie.

Chaque faisceau est entouré par une couche subéreuse *lgc* (fig. 328) dont la forme est celle d'un ovale à grand axe radial et à pointe tournée vers l'intérieur ; la partie large de l'ovale est en contact avec un arc de fibres péricycliques *fp*. L'assise subéreuse a 20 μ d'épaisseur environ (*lgc*, fig. 331).

L'isolement entre eux des faisceaux libéro-ligneux et la protection que leur assure la couche subéreuse font que, au-dessus de la galle, la croissance du rameau n'est pas modifiée, puisque sa nutrition est suffisamment assurée.

C'est seulement vers le milieu de la galle que les faisceaux sont ainsi isolés les uns des autres par des couches subéreuses. En effet, si l'on pratique des coupes en se rapprochant de la région non altérée de la tige (en A_2, fig. 327), on voit plusieurs de ces anneaux subéreux se fondre en un seul *lgc'* qui enveloppe d'abord deux faisceaux, puis trois, etc. Ensuite, tous les faisceaux situés d'un même côté du plan de symétrie sont entourés par une couche subéreuse continue et la

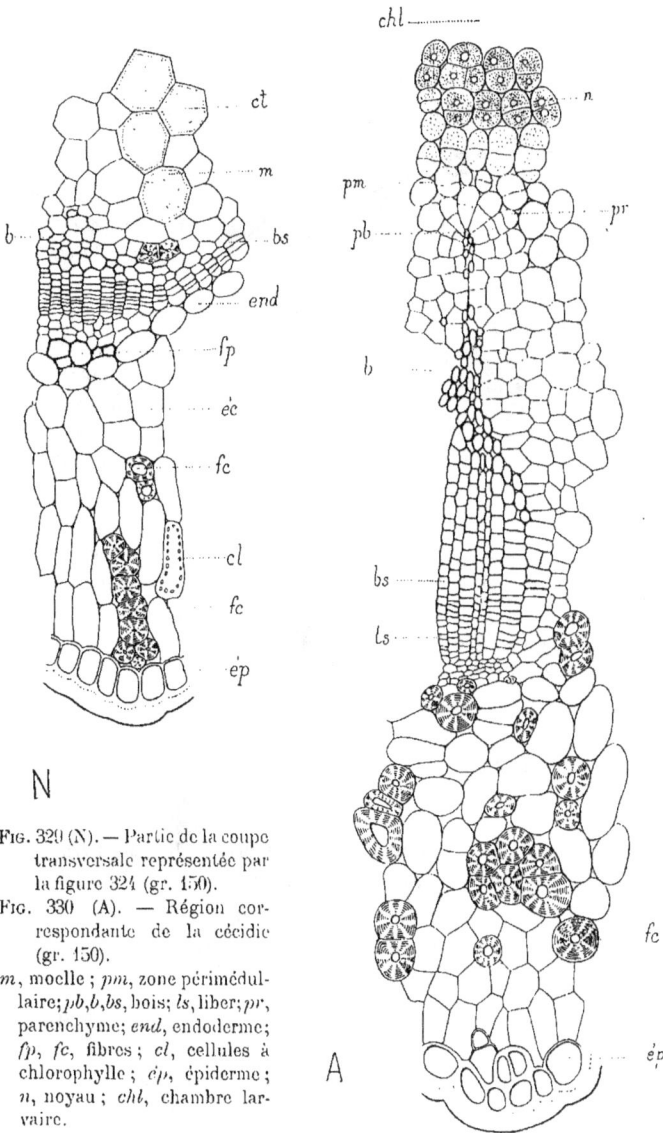

N

FIG. 329 (N). — Partie de la coupe
transversale représentée par
la figure 324 (gr. 150).
FIG. 330 (A). — Région correspondante de la cécidie
(gr. 150).
m, moelle ; pm, zone périmédullaire; pb,b,bs, bois; ls, liber; pr,
parenchyme; end, endoderme;
fp, fc, fibres ; cl, cellules à
chlorophylle ; ép, épiderme ;
n, noyau ; chl, chambre larvaire.

A

section n'offre plus alors que deux anneaux de liège séparés par le plan de symétrie. Enfin, plus haut (en A₁, fig. 326), les parties externes et les parties internes des deux enveloppes subéreuses se soudent entre elles : les faisceaux libéro-ligneux sont alors isolés de l'extérieur par un anneau sinueux *lgc* qui les contourne et dont le diamètre est de 2,3 mm. environ ; de la cavité centrale, ils sont séparés par un autre anneau *lgc′* de diamètre moindre et de contour plus régulier. C'est ce

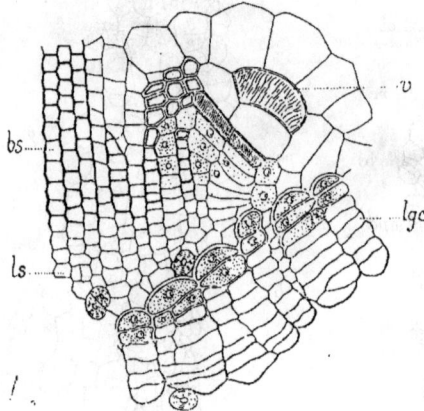

Fig. 331 (A₃). — Cécidie caulinaire âgée de l'Éphédra : aspect de l'aile secondaire latérale d'un faisceau libéro-ligneux (*bs*, *ls*) et d'une partie de l'anneau de liège cicatriciel *lgc* qui l'entoure ; *v*, vaisseau strié (gr. 150).

stade que nous avons déjà rencontré dans la galle de l'*Ulex europœus* (comparer les figures 326 et 318).

Souvent d'autres assises de liège se développent entre l'épiderme et le premier anneau subéreux, c'est-à-dire dans l'écorce (en *lgc‴*, fig. 327) ou encore entre la cavité larvaire et le plus petit anneau (en *lgc″*).

En résumé, sous l'influence d'un Diptère, la tige de l'*Ephedra distachya* présente les modifications suivantes :

1º *L'action cécidogène se fait sentir à peu près également dans toutes les directions et produit un renflement ayant un axe de symétrie ;*

2º *Les faisceaux libéro-ligneux s'isolent et l'écorce tend à devenir homogène ;*

3º *Dans la galle âgée, un anneau subéreux se forme autour de chaque faisceau vasculaire.*

Epilobium montanum L.

Cécidie produite par le *Mompha decorella* STEPH.

Ce Lépidoptère provoque l'apparition, un peu au-dessus d'un entre-
nœud, d'un bourrelet régulier de 4 à 6 mm. de diamètre (en E, fig. 332)
et par suite peu saillant puisque la tige possède elle-même 2,7 mm.
d'épaisseur. L'échantillon que j'ai étudié a été récolté aux environs
de Moulins, vers la fin de juin 1902.

Comparons la structure de la galle à celle de la tige normale et,
pour cela, pratiquons des sections transversales au milieu de la
cécidie (en A) et, dans la tige, un peu au-dessus de la déformation
(en N).

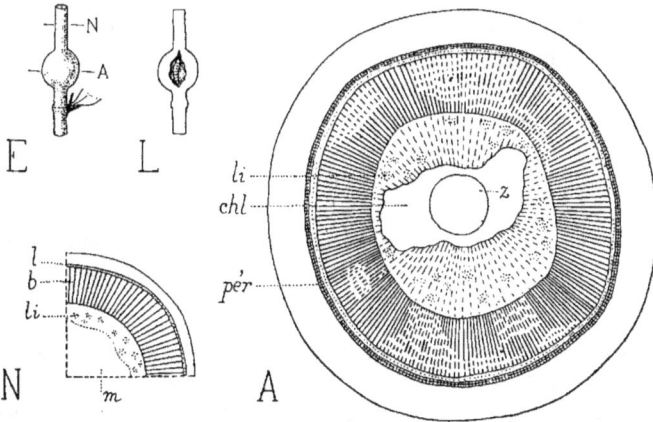

FIG. 332 (E). — Aspect de la cécidie caulinaire de l'*Epilobium montanum*
   (gr. 1).
FIG. 333 (L). — Coupe longitudinale de la même cécidie (gr. 1).
FIG. 334 (N). — Schéma de la coupe transversale de la tige normale (gr. 15).
FIG. 335 (A). — Schéma de la coupe transversale de la cécidie (gr. 15).
   m, moelle ; *b*, *l*, anneau vasculaire ; *li*, liber interne ; *pér*, périderme ;
   chl, chambre larvaire ; *z*, larve.

Épiderme. — Les cellules de l'épiderme anormal sont plus
larges que dans la tige normale (50 μ au lieu de 20 μ ; comparer *ép*
dans les figures 336 et 337).

Écorce. — L'écorce anormale (*éc*, en A, fig. 337) est presque trois
fois aussi épaisse que l'écorce normale (210 μ au lieu de 80 μ). Le nombre de ses assises cellulaires reste cependant à peu près le même (7 à
9), mais les méats y sont beaucoup plus grands parce que les cellules
ont tendance à s'arrondir et à s'isoler les unes des autres ; aussi les
cellules anormales n'ont-elles pas l'aspect écrasé qu'elles présentent
dans la tige saine. Les cellules de collenchyme et les cellules à
chlorophylle de la zone externe de l'écorce sont plus grosses
que les cellules normales correspondantes, mais ce sont surtout les
cellules corticales internes qui se sont considérablement agrandies,
tout en épaississant leurs parois.

Les cellules de l'*endoderme* normal (*end*, en N, fig. 336) sont
aplaties, plissées et ont 30 μ de diamètre tangentiel. Leur aspect
est tout différent dans la cécidie (*end*, en A, fig. 337) où elles sont
très irrégulières et d'un diamètre de 100 à 112 μ ; de plus, elles se
cloisonnent dans deux directions perpendiculaires : tangentiellement et radialement. Les petites cellules *c* auxquelles elles donnent
naissance s'isolent et s'arrondissent avec facilité, car elles sont
séparées les unes des autres par de petits méats *mt* très nets ; malgré
cela, le contour de la cellule primitive, plus épais, reste distinct
des cloisons secondaires, et l'on peut en conclure qu'au moment où
le cloisonnement s'est opéré, la cellule de l'endoderme était déjà
fortement différenciée. Nous allons retrouver ce phénomène encore
plus accentué pour les tissus du cylindre central, auxquels nous
arrivons.

Péricycle. — Le péricycle mérite une mention toute particu-
lière. Normalement il comprend une assise de cellules plus petites
que les cellules endodermiques, avec, de place en place, quelques
fibres à parois épaisses, mais non encore lignifiées. Dans la galle,
ces fibres se sont beaucoup développées et ont lignifié leurs parois.
Quant aux autres cellules péricycliques elles ont acquis un diamètre
radial de 100 μ (au lieu de 5 μ) : cet accroissement considérable
provient de ce que l'assise génératrice externe *age*, qui, à l'état normal, se forme dans le péricycle mais qui n'était pas encore apparue
dans la tige saine, s'est établie dans ces cellules ; de nombreuses
cloisons radiales et tangentielles fournissent un périderme *pér* fortement cloisonné, composé de petites cellules irrégulières enveloppées
par la membrane épaissie des grandes cellules primitives. Toutes les

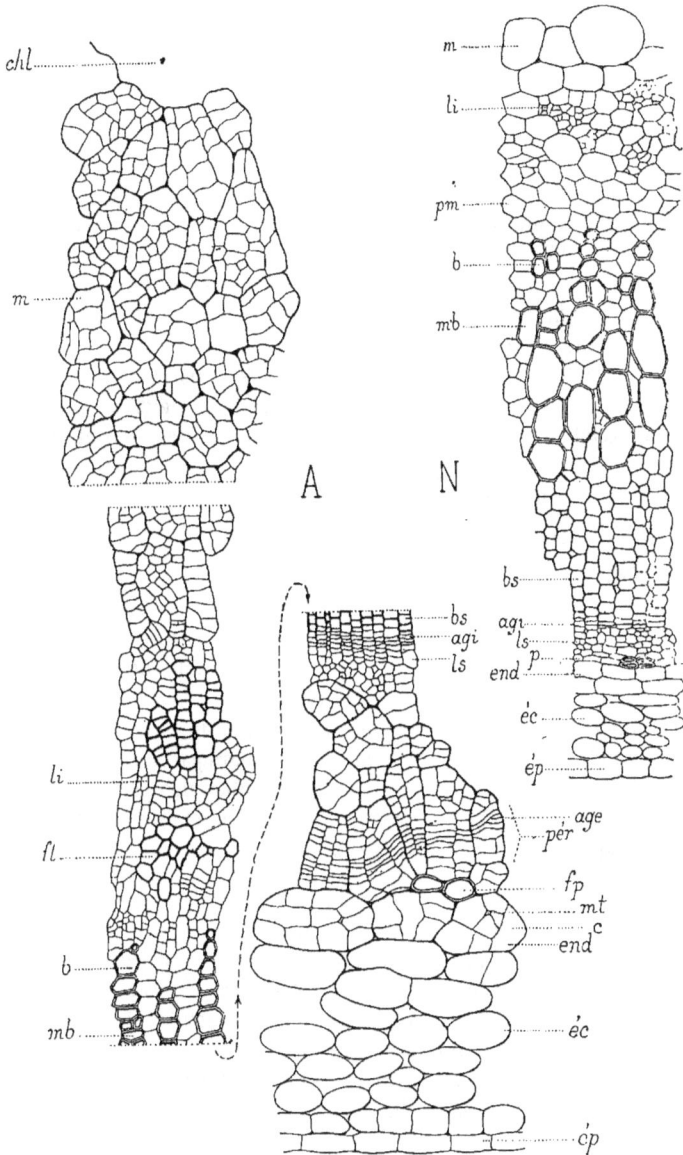

FIG. 336 (N). — Partie de la coupe transversale représentée par la figure 334 (gr. 150).

FIG. 337 (A). — Région correspondante de la cécidie (gr. 150).

petites cellules conservent leurs membranes à l'état de cellulose, et
il est impossible de les grouper autrement que par leur position
topographique, en une couche subéreuse et une couche phello-
dermique.

Anneau vasculaire. — Le diamètre de l'anneau libéro-ligneux
anormal est un peu supérieur au diamètre normal (comparer les
fig. 334 et 335) et son épaisseur est aussi légèrement plus grande ;
mais il est devenu irrégulier au niveau de la larve et souvent son bois
n'est pas lignifié aux environs de la cavité larvaire. L'assise génératrice interne *agi* (en A, fig. 337) fonctionne activement dans la
galle et donne un peu de liber secondaire *ls*, mais surtout beaucoup
de bois secondaire *bs*: au lieu des 18 à 20 cellules normales
composant une file, on en trouve 30 à 36 plus étroites, plus allongées
et serrées les unes contre les autres. Les gros vaisseaux du
métaxylème normal sont remplacés par des éléments moitié plus
petits *mb*.

Liber interne. — On sait que dans la tige normale il existe du liber
interne autour de la moelle (*li*, en N, fig. 336), en face des faisceaux
libéro-ligneux, et qu'il y occupe une zone circulaire de 80 à 100 μ
d'épaisseur. Cette zone prend un remarquable développement
dans la cécidie, car elle acquiert une largeur de 300 à 400 μ. Ses
cellules sont allongées radialement du côté de la cavité larvaire
et sont cloisonnées perpendiculairement ; leurs parois sont épaisses,
cellulosiques et faciles à reconnaître. Au milieu des petites cellules
libériennes *li* (fig. 337) se trouvent aussi de nombreuses fibres *fl*, à
parois épaisses et ponctuées.

Moelle. — Enfin, plus au centre, les cellules médullaires *m*
accroissent peu leur taille ; elles sont polyédriques, serrées les unes
contre les autres et à paroi cellulosique très épaisse. Elles présentent,
comme toutes les cellules précédentes, de nombreuses cloisons
secondaires minces, dirigées dans deux directions à peu près
perpendiculaires et qui les subdivisent en un nombre souvent
considérable (jusqu'à 30 ou 40) de petites cellules irrégulières. Les
cellules les plus internes sont en contact avec la cavité larvaire *chl*;
elles contiennent un épais protoplasme et servent de nourriture à la
larve.

En résumé, sous l'influence du *Mompha decorella*, la tige de l'*Epilobium montanum* présente les modifications suivantes :

1° *L'action cécidogène se faisant sentir également dans toutes les directions, il se produit un renflement ayant un axe de symétrie ;*

2° *L'accroissement en épaisseur est dû surtout à l'assise génératrice interne ; l'assise génératrice externe péricyclique apparaît de place en place et fonctionne d'une façon irrégulière ;*

3° *Le liber interne se développe beaucoup ;*

4° *Les cellules médullaires se cloisonnent activement ; leur contour primitif reste distinct, comme c'est le cas pour la plupart des autres cellules cloisonnées de la tige.*

Epilobium tetragonum L.

Cécidie produite par le *Mompha decorella* Steph.

Sur cet Épilobe, la larve de *Mompha decorella* provoque la formation d'une cécidie allongée, d'un diamètre de 7 à 9 mm. en son milieu. La tige est modifiée sur une longueur de 40 à 50 mm. (en E, fig. 338), ce qui altère souvent la disposition des feuilles.

L'échantillon que j'ai étudié provenait des environs de Moulins et avait été récolté à la fin de juin 1902.

L'étude anatomique de la galle étant fort semblable à celle que je viens de donner pour l'*Epilobium montanum*, j'indiquerai seulement les quelques différences que l'on y rencontre.

La section de la tige normale faite au-dessous du renflement gallaire est carrée (N, fig. 340) ; elle possède 2 mm. de côté et ses quatre angles sont fortement arrondis. Le liber interne *li* est peu développé. Le système vasculaire forme une couche circulaire continue ; autour de lui, le périderme possède déjà deux cloisons et se trouve en contact avec un anneau presque ininterrompu de fibres péricycliques non lignifiées *p*.

Au fur et à mesure qu'on se rapproche de la cavité larvaire, la tige accroît son diamètre surtout dans un sens et, par suite, s'aplatit ; un peu au-dessous du niveau d'insertion des feuilles (en A, fig. 338), la section présente 6,5 mm. de largeur sur 5 mm. d'épaisseur : ses quatre ailes occupent sensiblement les sommets d'un rectangle (A, fig. 341).

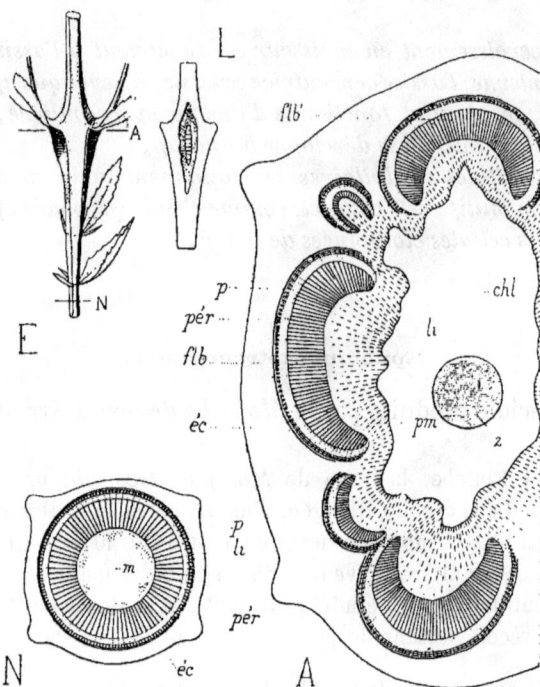

Fig. 338 (E). — Aspect de la cécidie caulinaire de l'*Epilobium tetragonum* (gr. 1).

Fig. 339 (L). — Section longitudinale de la même cécidie (gr. 1).

Fig. 340 (N). — Coupe transversale schématique de la tige normale (gr. 15).

Fig. 341 (A). — Coupe transversale schématique de la cécidie (gr. 15).

m, moelle ; *pm*, zone périmédullaire ; *li*, liber interne ; *flb*, *flb′*, anneau vasculaire dissocié ; *p*, péricycle ; *pér*, périderme ; *éc*, écorce ; *chl*, chambre larvaire ; *z*, larve.

L'anneau libéro-ligneux présente la modification la plus intéressante, car il se scinde en plusieurs tronçons *flb*, *flb′* aux environs des faisceaux foliaires. Cette disposition spéciale tient à ce que la larve a établi sa cavité au niveau d'un nœud et par suite empêché le développement de deux entre-nœuds consécutifs.

A l'intérieur de chaque gros arc vasculaire (*flb*, par exemple), la zone périmédullaire *pm* a activement multiplié ses cellules qui se sont allongées radialement vers la cavité larvaire *chl*, grande et spacieuse, et cloisonnées jusqu'à sept ou huit fois ; les cellules libériennes se sont divisées de même dans tous les sens et ont donné un abondant liber interne *li*, sans éléments lignifiés.

Les figures 342 (N) et 343 (A) représentent les zones périmédullaires, normale et hyperplasiée, situées en face de quelques pôles ligneux *pb*, et en permettent la comparaison.

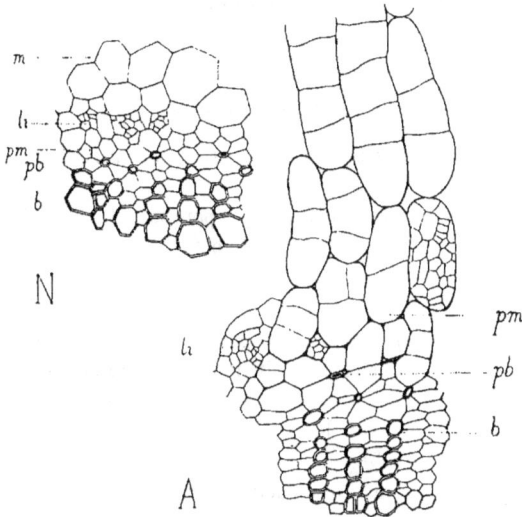

Fig. 342 (N). — Liber interne et zone périmédullaire situés en face d'un faisceau normal de la tige de l'*Epilobium tetragonum* (gr. 150).

Fig. 343 (A). — La même région dans la coupe transversale de la cécidie (gr. 150).
m, moelle ; *pm*, zone périmédullaire : *li*, liber interne ; *pb*, *b*, bois.

Enfin, il est bon de remarquer que l'assise génératrice subérophellodermique anormale donne un périderme *pér* (en A, fig. 341) assez développé. Celui-ci comprend 6 ou 7 assises de cellules qui ont tendance à se cloisonner obliquement, comme dans l'*Epilobium montanum*, et à en fournir d'autres plus nombreuses et plus petites. Les fibres péricycliques *p* sont très grandes et ne se lignifient pas. L'écorce est plus épaisse que dans la tige normale. L'épiderme a des cellules deux ou trois fois plus courtes que les cellules non parasitées, mais elles conservent la même largeur et la même épaisseur ; ses stomates ont la taille normale.

En résumé, la structure de la cécidie de l'*Epilobium tetragonum* diffère de la précédente :

1° *Par l'irrégularité et la dissociation de son anneau libéro-ligneux, conséquence de la position nodale de la galle ;*

2° *Par l'allongement radial des cellules périmédullaires et par l'absence d'éléments lignifiés dans le liber interne.*

Populus alba L.

Cécidie produite par le *Gypsonoma aceriana* Dup.

Dès le mois d'avril, les jeunes pousses du Peuplier blanc présentent souvent de légers renflements (E, fig. 344) dus à une petite larve de Lépidoptère située dans la moelle. La même déformation se trouve parfois à la base des pétioles.

En général, après l'éclosion du parasite qui a lieu de très bonne heure, la partie hypertrophiée du jeune rameau se fend longitudinalement (fig. 344, au niveau de A_1) : les deux bords de la plaie s'écartent, mettent à nu la cavité larvaire, puis brunissent et se cicatrisent (F, fig. 345).

Il arrive souvent aussi que l'action parasitaire se fait sentir dès le début du développement du jeune rameau : celui-ci reste alors très court et toutes ses feuilles partent à peu près du même point.

1° Galle de la tige.

Structure de la tige normale. — La coupe d'un entre-nœud normal, correspondant comme âge à celui qui est déformé par la galle, possède une section circulaire de 2 mm. de diamètre (N_1, fig. 346). L'épiderme *ép* (N_1, fig. 349), possède de très petites cellules isodiamétriques (7 à 9 μ d'épaisseur) ; il est en contact avec un périderme continu *pér* formé d'une assise de liège et d'une assise de phelloderme. Presque toutes les autres cellules de l'écorce *co* ont des parois épaisses, cellulosiques et sont collenchymateuses.

Le cylindre central comprend un tissu vasculaire épais et continu, de contour irrégulier, sensiblement pentagonal. Il renferme

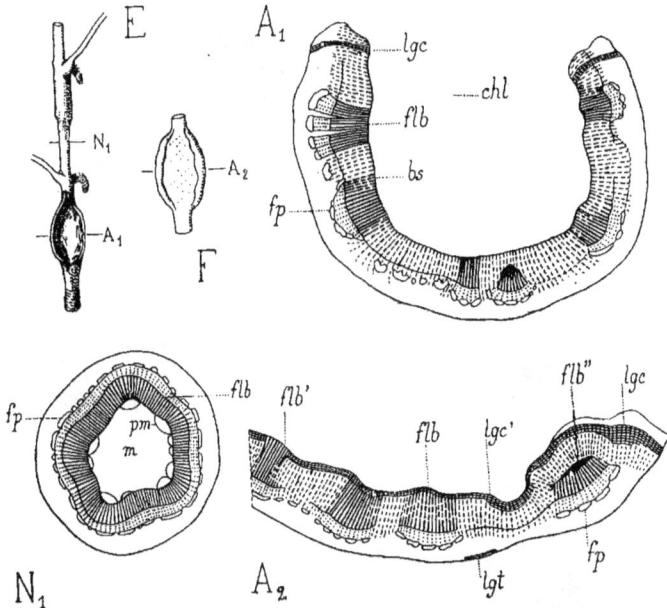

FIG. 344 (E). — Aspect de deux cécidies de la tige de Peuplier blanc, l'une jeune, l'autre un peu plus âgée et déjà fendue en long (gr. 1).

FIG. 345 (F). — Aspect extérieur d'une cécidie âgée, fortement cicatrisée (gr. 1).

FIG. 346 (N₁). — Schéma de la coupe transversale d'un jeune rameau normal du même arbre (gr. 15).

FIG. 347 (A₁). — Schéma de la coupe transversale de la cécidie jeune, déjà fendue, représentée en E (gr. 15).

FIG. 348 (A₂). — Cécidie âgée dessinée en F : schéma de la moitié de la coupe transversale (gr. 15).

m, moelle ; pm, zone périmédullaire ; flb, flb', flb'', faisceaux libéroligneux ; bs, bois secondaire ; fp, fibres péricycliques ; lgt, liège de la tige ; lgc, lgc', liège cicatriciel ; chl, chambre larvaire.

cinq gros faisceaux libéro-ligneux, limités en dedans et en dehors par des arcs fibreux péricycliques *fp* et périmédullaires *pm* ; ces faisceaux sont réunis entre eux par d'abondantes formations secondaires. Enfin, au centre, la moelle *m* possède une rangée irrégulière de très grosses cellules noyées au milieu des cellules ordinaires, plus petites.

Structure d'une galle pendant la première année.

La structure normale du jeune rameau est déjà altérée *au-dessous de la galle* : le diamètre de la section est un peu supérieur au diamètre normal ; l'anneau vasculaire est plus étroit et beaucoup plus contourné ; les amas fibreux péricycliques et périmédullaires sont plus petits, plus irréguliers et plus nombreux, écartés les uns des autres, faisant en quelque sorte pressentir le grand espacement anormal des faisceaux libéro-ligneux qui doit se produire au niveau de la cécidie ; enfin, la moelle présente de nombreuses fibres disséminées sans ordre.

Dans la *galle*, au fur et à mesure qu'on s'approche de la partie médiane de la cavité larvaire, tous ces caractères s'accentuent, en même temps que la lignification diminue.

Une section transversale pratiquée dans une *jeune galle de l'année*, déjà fendue longitudinalement, a la forme d'un fer à cheval (A_1, fig. 347) ; tous les tissus y sont cellulosiques, sauf ceux des cinq gros faisceaux *flb* et des arcs péricycliques *fp*. Entre les gros faisceaux, l'assise génératrice interne a produit un abondant tissu secondaire *bs*. La larve a dévoré toute la région concave de la coupe, c'est-à-dire la moelle, la zone périmédullaire, une bonne part des faisceaux vasculaires et même la région la plus interne du tissu secondaire *bs*. Enfin, aux deux extrémités du fer à cheval, en *lgc*, il est apparu

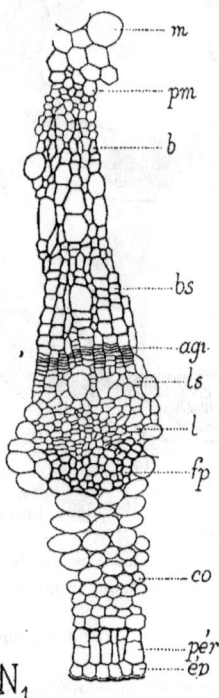

Fig. 349 (N_1). — Partie de la coupe transversale représentée par la figure 346 (gr. 150).

deux bandes de liège destinées à cicatricer la blessure produite par la fente longitudinale de la cécidie.

Plus tard, à la fin de l'année, quand le rameau s'est encore un peu épaissi et que la tige est devenue presque plane (F, fig. 345) par suite de l'écartement de plus en plus grand des deux lèvres de la blessure, une énorme bande de liège cicatriciel *lgc*, *lgc'* (en A₂ fig. 348) apparaît au travers des tissus secondaires, sur la face qui fut auparavant en contact avec la cavité larvaire.

Voyons maintenant d'un peu plus près les points intéressants de l'évolution de cette galle qui sont : *a*) les modifications survenues dans les gros faisceaux libéro-ligneux ; *b)* les modifications apportées aux formations secondaires interfasciculaires ; *c*) la production du liège cicatriciel.

a. Modifications dans les faisceaux libéro-ligneux. — Les faisceaux sont séparés les uns des autres et leur contour est très irrégulier. Ils possèdent un bois secondaire *bs* (A₁, fig. 350, à droite) mieux développé que dans les faisceaux normaux, mais irrégulièrement lignifié. Leurs fibres péricycliques *fp*, *fp'*, *fp''* sont fort nombreuses et à parois épaisses. Enfin, dans la zone péri-médullaire, quand elle existe encore, les cellules sont allongées radialement.

b. Modifications entre les faisceaux. — La figure 350 (A₁) représente une partie de la région interfasciculaire d'une galle déjà un peu âgée et fendue. Dans cette région, toutes les cellules ont été cloisonnées sous l'influence de l'assise génératrice interne. Or, on sait que dans la tige normale cette assise génératrice fonctionne très régulièrement et est refoulée vers l'extérieur d'une façon uniforme grâce au développement de plus en plus grand du bois secondaire des faisceaux et des espaces interfasciculaires.

Il n'en est plus de même ici. Une première fois, l'assise généra-trice *ag* a fonctionné alors que les formations secondaires commençaient à se produire dans le faisceau : il en est résulté la production des longues cellules à parois épaisses et cellulosiques de la partie supérieure du dessin, au-dessus des fibres péricycliques *fp*, elles-mêmes très hypertrophiées ; ces cellules se sont active-ment cloisonnées ; quelques-unes d'entre elles ont même beaucoup épaissi leurs parois et se sont lignifiées. Toutes les cellules centrales, produites par l'assise génératrice *ag*, ont été dévorées par la larve, en même temps que la partie interne du faisceau.

Fig. 350 (A₁). — Portion de la coupe transversale de la cécidie jeune de la tige de Peuplier : fonctionnement des assises génératrices *ag*, *ag'*, *ag''*, à gauche du faisceau libéro-ligneux *b*, *bs* ; *fp*, *fp'*, *fp''*, fibres péricycliques ; *éc*, écorce ; *ép*, épiderme (gr. 150).

Un peu après, l'assise génératrice s'est établie plus à l'extérieur, en *ag'*, et a amené un cloisonnement actif dans les cellules externes : celles-ci sont moins allongées et moins divisées que les précédentes. Enfin, très souvent, comme on peut le voir à la partie inférieure du dessin, en *ag''*, l'assise génératrice fonctionne en dehors des massifs péricycliques dissociés *fp'* et *fp''* : elle s'établit dans les cellules les plus externes de la zone interfasciculaire et y provoque un cloisonnement qui se propage jusque dans les cellules corticales. Ce cloisonnement n'est pas aussi régulier que dans la région centrale et s'opère dans toutes les direc-

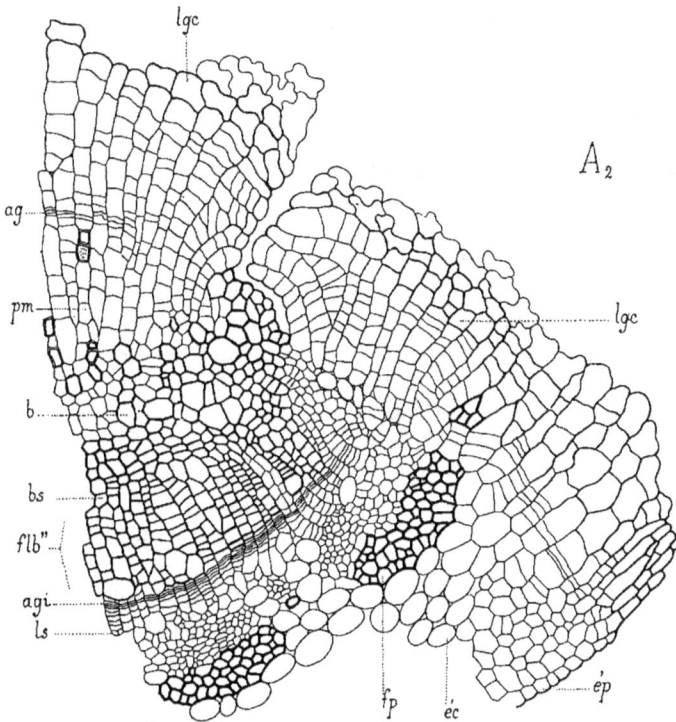

Fig. 351 (A₂). — Portion de la coupe transversale de la cécidie âgée de la tige de Peuplier, montrant la formation du liège cicatriciel *lgc* du côté de l'ancienne cavité larvaire ; *flb″*, faisceau libéro-ligneux ; *b*, *bs*, bois ; *ls*, liber ; *agi*, assise génératrice interne ; *fp*, fibres péricycliques ; *éc*, écorce ; *ép*, épiderme ; *pm*, zone périmédullaire ; *ag*, assise génératrice (gr. 150).

tions à l'intérieur des grosses cellules en produisant de nombreuses petites cellules irrégulières à parois très minces. Quelques cellules lignifiées, à cloisons épaisses et ponctuées, apparaissent encore çà et là disséminées.

Donc, au fur et à mesure que les assises génératrices internes des faisceaux étaient refoulées vers l'extérieur par le bois secondaire qu'elles produisaient, un cloisonnement se manifestait entre les faisceaux libéro-ligneux et donnait de longues files radiales de bois secondaire, à cellules non lignifiées pour la plupart.

c. *Production du liège cicatriciel.* — Dans la galle âgée, complètement ouverte et abandonnée depuis longtemps par la larve, il se forme tout le long de la cavité larvaire, et à quelque distance du bord, une bande très épaisse de liège cicatriciel *lgc, lgc'* (en A₂, fig. 348). Parfois ce liège est interrompu au niveau d'un faisceau (*flb'*, par exemple) lorsque celui-ci a été en partie attaqué par la larve et que son bois secondaire est mis à nu. Partout ailleurs, la cicatrisation s'opère aux dépens des longues cellules non lignifiées du bois secondaire développé entre les faisceaux ou aux dépens des cellules hypertrophiées de la zone périmédullaire (comme en *flb''*).

Toutes les cellules de ce tissu cicatriciel sont disposées en longues files rayonnantes comprenant 8 à 15 cellules internes, à parois épaisses et cellulosiques, et 2 ou 3 cellules externes, à parois fortement lignifiées, mais très minces.

Aux deux extrémités obtuses de la section, la production du liège *lgc* est très active et détermine la formation de gros bourrelets autour des faisceaux libéro-ligneux *flb''*. L'un d'eux a été représenté dans la figure 351 (A₂); on y voit le début de la couche subéreuse dans l'épiderme et l'écorce.

Le périderme normal *lgt* (en A₂, fig. 348) apparaît de place en place sur la face externe de la coupe, mais il n'acquiert jamais un grand développement.

Structure d'une galle pendant la deuxième année.

L'étude que nous venons de faire nous a montré comment la paroi de la galle se fend longitudinalement, puis s'étale en une lame concave, contenant les cinq faisceaux libéro-ligneux ; nous avons vu aussi comment s'opère la cicatrisation du côté de la cavité larvaire.

Il n'en est pas toujours ainsi. Etudions une galle âgée d'un an et demi. Sur une longueur de 2 centimètres environ, le rameau fendu a été transformé en une lame presque plane (E, fig. 352), dont les bords sont arrondis (A₅, fig. 356) ; la largeur de la lame est de 8 mm. et son épaisseur atteint 2,4 mm. La coupe transversale A₅ montre qu'elle contient trois gros faisceaux libéro-ligneux *flb, flb', flb''*, noyés au milieu d'une masse ligneuse irrégulièrement lignifiée qui affecte la forme générale de la galle.

Du côté convexe, l'écorce *éc* a une épaisseur régulière et presque normale. Elle est limitée, à l'extérieur, par un périderme peu développé *lgt*, ayant cinq ou six assises subéreuses et une ou deux assises de phelloderme. Les fibres *fc*, *fp* de toute cette région sont fort nombreuses ; on en trouve de petits amas dans l'écorce et dans le liber secondaire et de très gros amas dans le péricycle. Le bois secondaire *bs* est régulièrement développé et comporte de nombreux vaisseaux à large section entourés de cellules ligneuses et de fibres ligneuses, séparées elles-mêmes par des rayons médullaires également espacés. En somme, sur toute cette face convexe, la structure est à peu près normale, l'espacement seul des faisceaux étant beaucoup plus grand que dans la tige saine.

La face concave, qui correspond à l'ancienne cavité larvaire, présente encore des tissus placés dans le même ordre que sur l'autre face, mais leur structure est différente. Tandis que sur la paroi externe de la tige, il n'y avait en dehors du périderme que les débris peu importants de l'épiderme, on trouve sur cette autre face de nombreux amas cellulaires irréguliers. Ces amas ont été isolés par un puissant liège cicatriciel *lgc*, à contour sinueux, d'épaisseur variable, possédant des files de 2 à 12 cellules subéreuses et des rangées de phelloderme *ph* pouvant comprendre jusqu'à 25 assises de cellules. Ces longues files phellodermiques sont en contact direct avec le liber secondaire.

Vers le centre, la longue bande vasculaire concave est formée d'un bois secondaire *bs'*, assez irrégulier, composé surtout de fibres ligneuses, ne possédant que de rares vaisseaux et des rayons médullaires très espacés. Les files radiales de ce bois secondaire, non lignifiées au centre (en *bs''*), sont situées dans le prolongement des files radiales du bois secondaire *bs* de l'autre face. Enfin, chacun des gros faisceaux libéro-ligneux *flb*, *flb'*, *flb''* est en contact avec un petit îlot de cellules médullaires sclérifiées *m*, *m'*, *m''*.

Pour comprendre la structure bizarre de cette tige déformée, il faut étudier quelques coupes faites plus bas, en se rapprochant de la tige normale.

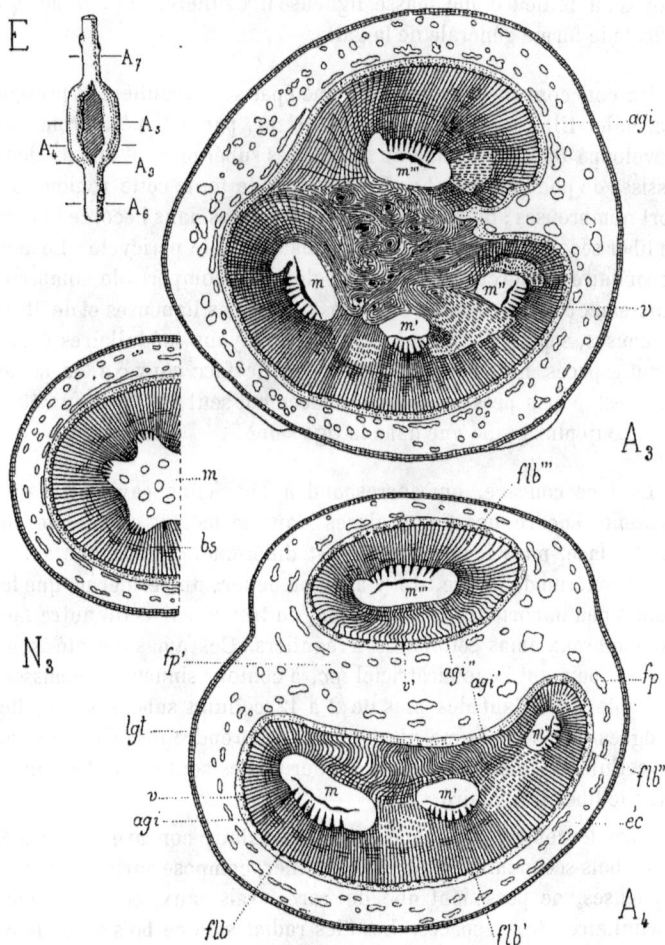

Fig. 352 (E). — Aspect d'une cécidie âgée de la tige de Peuplier blanc, présentant deux forts bourrelets cicatriciels (gr. 1).

Fig. 353 (N₃). — Schéma de la coupe transversale de la tige normale (gr. 15).

Fig. 354 (A₃). — Schéma de la coupe transversale de la cécidie, dans la région de raccord avec la tige (gr. 15).

Fig. 355 (A₄). — Schéma de la coupe transversale pratiquée un peu plus haut (gr. 15).

m, m', m'', m''' moelle ; flb, flb', flb'', flb''', faisceaux libéro-ligneux ; agi, agi', agi'', assises génératrices ; bs, bois secondaire ; v, v', vaisseaux de printemps ; fp, fp', fibres ; éc, écorce ; lgt, liège de la tige.

La figure 355 (A₄) représente une section transversale pratiquée au niveau où brusquement la tige s'élargit en une lame ligneuse. L'ensemble de la coupe a un peu l'aspect du chiffre 8. La boucle inférieure, beaucoup plus large que l'autre, a 4,6 mm. de diamètre ; elle est presque circulaire et contient une masse vasculaire, munie de trois gros faisceaux libéro-ligneux *flb*, *flb′*, *flb″*, rappelant tout à fait par sa forme, mais avec des dimensions moindres, celle que nous venons d'étudier. La partie convexe de cette masse vasculaire est en contact avec une écorce régulière *éc* ; elle est formée de bois secondaire normal et présente le long de son assise génératrice interne *agi* une rangée de gros vaisseaux de printemps *v*, assez rapprochés les uns des autres. Dans la région concave, au contraire, le bois secondaire est très irrégulier, ses rayons médullaires sont contournés et les vaisseaux du bois de printemps *v′* y sont peu nombreux et très espacés.

La boucle supérieure est aplatie et contient un anneau de bois secondaire entourant un gros faisceau libéro-ligneux isolé *flb‴*.

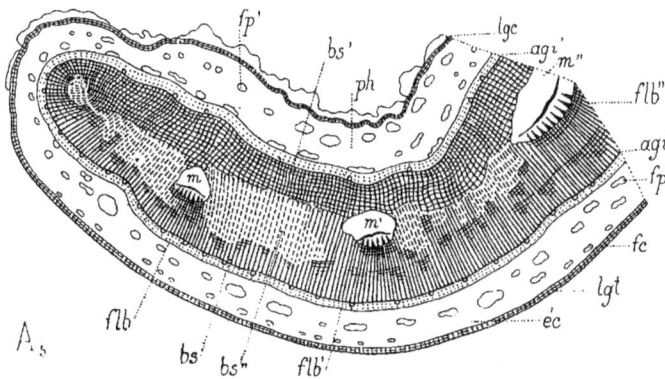

Fig. 356 (A₅). — Schéma de la coupe transversale médiane de la cécidie (gr. 15). Mêmes lettres que dans la figure précédente ; *bs′*, *bs″*, bois secondaire anormal ; *ph*, phelloderme ; *lgc*, liège cicatriciel ; *fc*, fibres.

Entre les deux masses vasculaires, c'est-à-dire entre les deux assises génératrices *agi′*, *agi″* appartenant à ces deux masses, le tissu qui les sépare contient de nombreux amas de fibres péricycliques *fp′*. C'est dans cette région que l'assise génératrice externe *lgt*, qui entoure toute la coupe, s'établit au niveau de A₃ et produit le large et sinueux liège cicatriciel signalé plus haut : le petit amas vasculaire *flb'''* alors isolé disparaît.

En se rapprochant de la portion normale de la tige, en A$_3$ (fig. 354), la section devient presque circulaire et conserve à peu près le même diamètre. Les deux gros amas vasculaires sont réunis l'un à l'autre, tout au moins d'un côté, et entourés d'une assise génératrice interne *agi* presque circulaire ; cette assise produit partout de gros vaisseaux de bois de printemps *v*, également espacés, ce qui indique un fonctionnement régulier.

La région transversale qui séparait les deux amas vasculaires est complètement modifiée : elle comprend un enchevêtrement de cellules très courtes et de longues cellules lignifiées qui lui donnent un aspect filamenteux rappelant la texture des roches appelées serpentines. Ce tissu spécial occupe toute la région comprise entre les portions de moelle sclérifiée *m*, *m'*, *m''*, *m'''* qui existent au dos des gros faisceaux libéro-ligneux *flb*, *flb'*, *flb''*, *flb'''* ; il est composé de longues fibres ligneuses de bois secondaire *fb* (en A$_3$, fig. 357), allongées, pointues aux deux bouts, enveloppant des paquets de cellules médullaires *rm* et de cellules ligneuses *cb*, courtes, à parois ponctuées et lignifiées. Comme du reste cette structure serpentineuse existe non seulement dans le plan perpendiculaire à l'axe de la tige, mais aussi dans l'espace, il en résulte que les coupes comportent des sections longitudinales, obliques et transversales de toutes ces fibres et de toutes ces cellules. Le diamètre des fibres est de 17μ en moyenne.

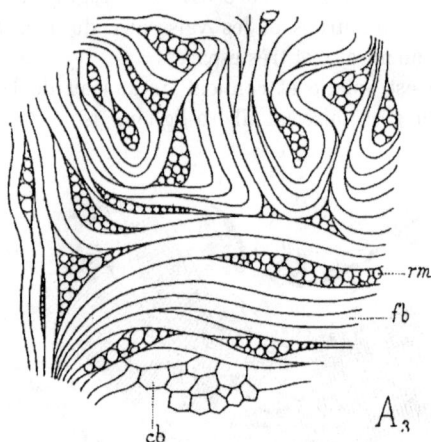

Fig. 357 (A$_3$). — Partie du tissu sinueux représenté dans la figure 354 : *fb*, *cb*, fibres et cellules ligneuses ; *rm*, cellules médullaires (gr. 150).

Si l'on suit ces fibres à droite et à gauche suivant le diamètre horizontal de la coupe (fig. 354), on les voit se réunir au bois secondaire normal qui enveloppe à l'extérieur les deux gros amas vasculaires.

On doit donc admettre, pour comprendre la formation de ce singulier tissu, que les rayons médullaires de l'anneau vasculaire de la tige, situés à l'extrémité d'un même diamètre, se sont hyperplasiés et que les assises génératrices internes s'y sont établies.

Du fonctionnement de ces dernières est résulté un abondant bois secondaire sinueux, serpentineux, qui a occupé tout l'axe de la tige. La moelle s'est trouvée ainsi séparée en quatre tronçons adossés aux faisceaux vasculaires.

Influence de la galle sur la ramification.

Voyons d'abord quelle est l'influence de la galle sur la structure de la tige qui la porte et comparons pour cela deux coupes pratiquées en A_6 et A_7 (E_3, fig. 352).

Au-dessous de la galle, la tige est fortement influencée ; elle est raccourcie et épaissie ; le bois secondaire, les fibres péricycliques et corticales, l'écorce sont plus développés qu'au-dessus de la cécidie ; la moelle contient de nombreuses fibres arrondies.

Il n'en est plus de même dans la moelle du rameau qui surmonte la galle, car on y trouve, comme dans la tige normale, de grandes cellules claires, alignées en files irrégulières et entourées d'autres cellules plus petites.

L'influence de la galle peut se faire sentir sur la structure du rameau, non seulement dans ses environs immédiats, mais encore plus haut sur la ramification elle-même. Dans le cas de la galle de deux ans, nous avons vu disparaître un gros faisceau au niveau où la tige s'étale en une lame. Cette disparition entraîne une diminution notable dans l'irrigation de toute une face de la tige et les petits rameaux latéraux qui se développent de ce côté ne le font qu'avec peine. C'est ce que montrent les figures 358 (R_1) et 359 (R_2). Pour le rameau R_2, la galle est fendue et ouverte à droite : toutes les branches émises de ce côté sont courtes et peu feuillues. Dans l'échantillon R_1, placé à côté, la cavité larvaire a fendu le rameau en avant et en arrière : les petites branches latérales se sont seule-

ment développées à droite et à gauche, le long des deux génératrices opposées non brisées, et se sont disposées dans le plan médian
séparant les deux blessures.

R₁   R₂

Fig. 358 (R₁). — Rameau de Peuplier blanc portant à la base une cécidie fendue
en avant et en arrière ; la ramification a lieu dans un plan (gr. 0,2).

Fig. 359 (R₂). — Rameau du même arbre portant à la base une cécidie fendue
à droite ; les branches de droite sont atrophiées (gr. 0.2).

L'étude anatomique confirme ces dispositions de morphologie
externe et les faisceaux libéro-ligneux se montrent toujours, dans
les sections pratiquées très haut au-dessus de la cécidie, moins
développés du côté où les petits rameaux sont restés courts. J'ai
pu, du reste, reproduire expérimentalement des déformations
semblables de la ramification en incisant de jeunes branches assez
profondément pour détruire une partie de l'anneau vasculaire ; du
côté incisé, les bourgeons n'ont fourni que de courts rameaux.

2° Galle du pétiole.

La structure du pétiole de Peuplier blanc est compliquée et de plus varie avec le niveau que l'on considère ; aussi bien est-il nécessaire de comparer la coupe transversale de la cécidie faite à 2 mm. du point d'attache du pétiole (fig. 360, en A_8) à une coupe identiquement placée dans le pétiole sain (fig. 360, en N_8).

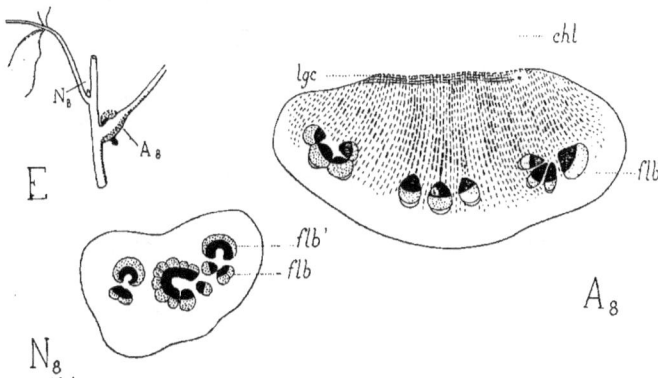

Fig. 300 (E). — Aspect de la cécidie du pétiole de Peuplier blanc (gr. 1).

Fig. 361 (N_8). — Coupe transversale schématique du pétiole sain (gr. 15).

Fig. 362 (A_8). — Coupe transversale schématique du pétiole parasité, pratiquée un peu latéralement par rapport à la chambre larvaire *chl* (gr. 15).

flb, *flb'*, faisceaux libéro-ligneux ; *lgc*, liège cicatriciel.

La section du *pétiole normal* (N_8, fig. 361) est irrégulière et un peu concave; elle comporte quatre bandes de tissu cortical lacuneux et, au centre, trois groupes de petits faisceaux libéro-ligneux disposés en cercle : deux groupes latéraux *flb'* et un groupe médian *flb*, plus développé que les autres.

Le *pétiole hypertrophié* (A_8, fig. 362) est beaucoup plus large que le pétiole normal (3,6 mm. au lieu de 1,8) ; le côté en contact avec la larve a été dévoré et la moitié qui reste est convexe. On y distingue encore très bien trois groupes de faisceaux libéro-ligneux peu déformés correspondant aux moitiés inférieures des trois groupes du pétiole sain. Entre la cavité larvaire et ces faisceaux, il existe tout un tissu formé de longues files parallèles de cellules à parois cellulosiques, entremêlées de quelques éléments lignifiés. Ces cellules contournent les faisceaux libéro-ligneux et s'étendent dans les espaces interfasciculaires.

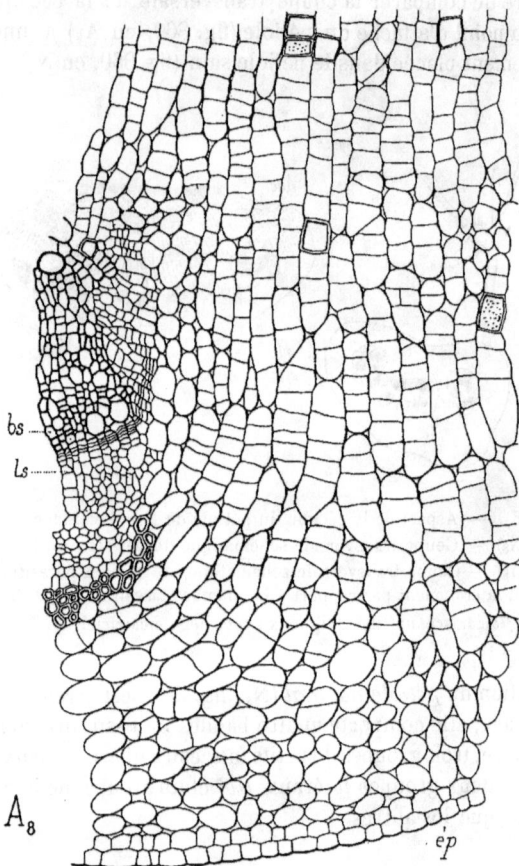

FIG. 363 (A8). — Partie gauche d'un faisceau libéro-ligneux (*bs, ls*) de la cécidie pétiolaire du Peuplier blanc, montrant l'actif cloisonnement de la région interfasciculaire ; *ép*, épiderme (gr. 150).

Les faisceaux restés réguliers se montrent simplement hypertrophiés ; leurs assises génératrices internes produisent du tissu secondaire, mais ne fonctionnent pas en dehors d'eux. L'origine des files cellulaires est donc dans les faisceaux qui ont servi de nourriture à la larve et qui, étant les plus rapprochés de la cavité larvaire, ont été soumis à une action cécidogène intense ; les assises génératrices internes ont produit d'abondants tissus secondaires dans les faisceaux, puis elles ont provoqué le cloisonnement actif de toutes les cellules situées en dehors.

La figure 363 (A_8) représente le cloisonnement qui s'opère dans la région comprise entre un faisceau libéro-ligneux du groupe médian et le faisceau le plus rapproché du groupe latéral de droite. Les cellules de la partie supérieure du dessin ont tendance à s'isoler les unes des autres; quelques-unes d'entre elles sont lignifiées et leurs parois épaissies sont ponctuées. Dans la région inférieure du dessin, près de l'épiderme *ép*, des mâcles nombreuses apparaissent dans les jeunes cellules en voie de division.

Enfin, lorsque la larve a abandonné la galle, du tissu cicatriciel se développe en une large bande le long du tissu hyperplasié bordant la cavité larvaire.

En résumé, sous l'influence du *Gypsonoma aceriana,* la tige du *Populus alba* présente les modifications suivantes:

1° *L'action cécidogène se faisant sentir également dans toutes les directions détermine l'hyperplasie de la moelle et la production d'un renflement ayant un axe de symétrie ;*

2° *Les faisceaux libéro-ligneux sont très hypertrophiés et séparés par un abondant tissu secondaire non lignifié ;*

3° *Après le départ de la larve, la tige se fend et s'aplatit en une lame qui se cicatrise du côté de la cavité larvaire ;*

4° *Si l'atrophie de quelques faisceaux libéro-ligneux se produit, il en résulte un arrêt de développement pour les rameaux qui en dépendent.*

Pinus silvestris L.

Cécidie produite par l'*Evetria (Retinia) resinella* L.

Parmi les Microlépidoptères de la famille des Tortricides qui s'attaquent aux Pins, et surtout au *Pinus silvestris,* on peut signaler les espèces du genre *Retinia*. L'une d'entre elles, *Retinia resinella* L., est surtout intéressante parce qu'elle produit, un peu au-dessous d'un verticille de jeunes rameaux (E, fig. 364), un gros amas résineux, qui lui a valu de la part des auteurs allemands le nom de « Kiefernharzgallenwickler ».

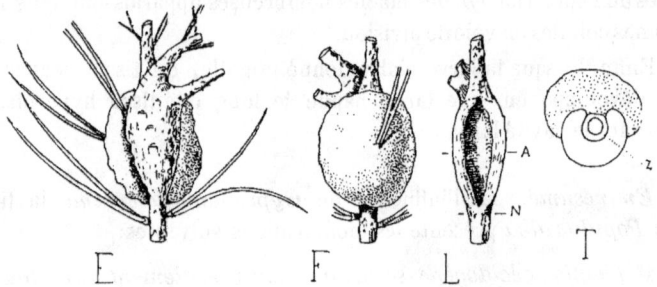

Fig. 364 (E). — Aspect extérieur de la cécidie résineuse de la tige du Pin silvestre (gr. 0,5).

Fig. 365 (F). — La même cécidie, vue sur l'autre face (gr. 0,5).

Fig. 366 (L). — La même cécidie, la résine ayant été enlevée (gr. 0,5).

Fig. 367 (T). — Schéma de la coupe transversale de la galle résineuse ; *z*, larve (gr. 0,5).

Frappé de la dénomination de Harzgalle donnée à cette abondante production de résine, je me suis demandé si la plante ne réagissait pas autrement et j'ai recherché la déformation. De nombreux exemplaires existaient l'année passée sur les branches des Pins de six à dix ans qui croissent dans le parc du Laboratoire de Biologie végétale de Fontainebleau. J'ai pu ainsi très vite me convaincre qu'au niveau de l'amas résineux la tige s'était énormément hyperplasiée (E, fig. 364) et qu'elle avait répondu à l'action cécidogène non seulement en sécrétant de la résine, mais encore en accroissant ses tissus. La déformation est donc bien une cécidie puisqu'il y a production de tissu nouveau et par ce fait mérite de prendre rang dans les catalogues descriptifs.

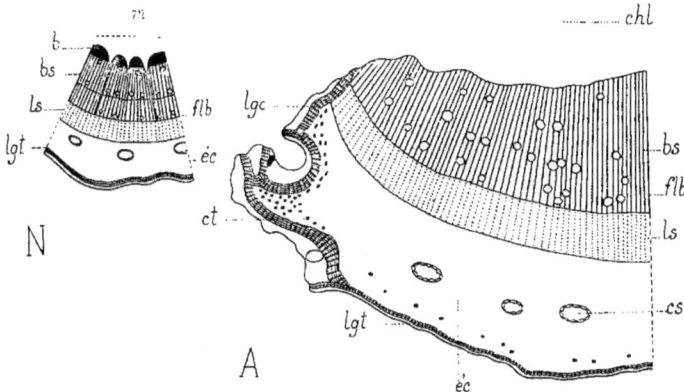

Fig. 368 (N). — Coupe transversale schématique de la tige normale de Pin (gr. 15).
Fig. 369 (A). — Coupe transversale schématique de la cécidie caulinaire de la même plante (gr. 15).

m, moelle ; flb, anneau vasculaire ; b, bs, bois ; ls, liber ; éc, écorce ; cs, canal sécréteur ; ct, cellule à tanin ; lgt, liège de la tige ; lgc, liège cicatriciel ; chl, chambre larvaire.

C'est en mai, ou plus rarement au commencement de juin, que la femelle dépose un œuf à la base d'un verticille ; la petite chenille qui en sort s'enfonce dans l'écorce, puis gagne la moelle et s'y établit. La tige, détruite sur une faible longueur, réagit alors, hyperplasie ses tissus et sécrète une abondante résine qui ferme la plaie. En automne la galle résineuse a la grosseur d'un pois ; l'année suivante elle atteint la taille d'une noix.

Structure de la galle. — Une coupe transversale pratiquée dans la cécidie a la forme d'un fer à cheval (en T, fig. 367) ; dans la partie concave, la larve a dévoré toute la moelle et une partie du bois. L'épaisseur de la paroi gallaire est de 2,7 mm., alors que dans la tige normale l'écorce et l'anneau libéro-ligneux réunis n'atteignent en tout que 0,13 mm.

L'*écorce anormale éc* (en A, fig. 369) est au moins deux fois plus épaisse que celle de la tige saine. Ses canaux sécréteurs cs acquièrent un diamètre double ; la résine est, en effet, fort abondante dans les cellules externes de l'écorce où elle se présente en gouttelettes arrondies au milieu des grains d'amidon.

C'est aux deux extrémités de la coupe que les modifications les plus importantes se produisent dans l'écorce : une couche très épaisse de liège *lgc*, en relation avec le périderme sous-épidermique

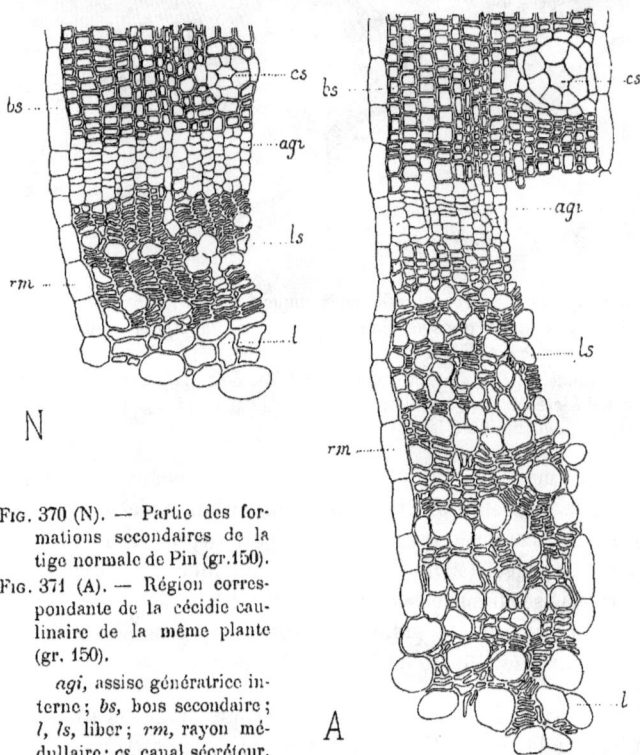

N

Fig. 370 (N). — Partie des formations secondaires de la tige normale de Pin (gr.150).

Fig. 371 (A). — Région correspondante de la cécidie caulinaire de la même plante (gr. 150).

agi, assise génératrice interne ; *bs*, bois secondaire ; *l*, *ls*, liber ; *rm*, rayon médullaire ; *cs*, canal sécréteur.

A

de la tige *lgt*, vient cicatriser la blessure faite par la larve ; le bord irrégulier de la plaie est ainsi isolé par la couche subéreuse et ses cellules meurent après s'être teintées en marron. Aux environs du tissu cicatriciel il y a de gros amas de tanin *ct* formant une couche presque continue ; dans l'écorce proprement dite, on ne les trouve plus que de place en place.

L'anneau vasculaire flb est très hypertrophié, comme le montrent les figures 370 (N) et 371 (A). En A, l'assise génératrice interne a fonctionné très activement et produit de nombreuses assises de bois secondaire *bs* dont les cellules sont un peu plus petites, mais en plus grand nombre et à parois plus épaisses que dans la tige normale ; les canaux sécréteurs *cs* de ce tissu sont hypertrophiés (75 μ de diamètre au lieu de 45 μ), plus réguliers et possèdent de grosses cellules sécrétrices gonflées de résine. Quant au liber secondaire *ls* de la tige anormale, il est très développé et atteint une épaisseur presque trois fois supérieure à l'épaisseur normale : il possède un grand nombre de tubes criblés qui sont entourés de petites cellules libériennes, à parois épaisses, plus irrégulièrement empilées que dans la tige normale, mais moins aplaties.

En résumé, sous l'influence de l'*Evetria resinella,* la tige du *Pinus silvestris* présente les modifications suivantes :

1° *Hyperplasie du tissu cortical ;*

2° *Fonctionnement exagéré de l'assise génératrice interne ;*

3° *Hypertrophie des canaux sécréteurs.*

Résumé du Chapitre IV, relatif aux cécidies caulinaires produites par un parasite situé dans la moelle

Caractères communs. — Les caractères communs que présentent les quinze cécidies étudiées dans ce chapitre sont les suivants :

1° Le parasite est situé dans la moelle ;

2° L'action cécidogène qu'il engendre excite la multiplication des cellules médullaires ; celles-ci se bourrent de matières de réserve et servent de nourriture au parasite ;

3° Le tissu gallaire formé se développe uniformément dans tous les sens, par suite de la situation axiale du parasite, et produit une cécidie fusiforme ayant un axe de symétrie confondu avec celui de la tige ;

4° L'action cécidogène s'étend aussi à l'anneau libéro-ligneux, qui est hypertrophié ou dissocié et à l'écorce.

Le mode de formation des galles de ce chapitre est représenté
schématiquement par la figure 372; l'action
cécidogène α et la réaction végétale ρ agissent
suivant les mêmes directions.

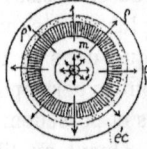

Fig. 372. — Schéma
indiquant les rela-
tions qui existent
entre la tige et le
parasite, quand
celui-ci est situé
dans la moelle *m*;
éc, écorce; α, action
cécidogène ; ρ, ré-
action végétale.

Ressemblances. — La cécidie de l'*Arabis
Thaliana* se distingue de toutes les autres
parce qu'elle possède un plan de symétrie
comme les galles des chapitres précédents :
cela tient à la situation latérale de la cavité
larvaire qui se trouve adossée à l'anneau
vasculaire.

Mais cette symétrie est exceptionnelle.
L'hyperplasie qui se produit dans toutes les
directions donne aux autres cécidies de ce
chapitre l'aspect fusiforme que nous leur
connaissons. C'est ce que nous présentent
nettement les galles du *Potentilla reptans*, de l'*Hieracium
umbellatum* et de l'*Hypochœris radicata*, produites par des
larves d'*Aulax*. Ces trois hyménoptérocécidies, de même que
presque toutes les galles de Cynipides, possèdent autour de leur
cavité larvaire deux zones très nettes formées de tissu nourricier et
de tissu protecteur ; les deux premières galles présentent aussi des
faisceaux d'irrigation très développés qui assurent la nutrition de ces
tissus. La diptérocécidie de l'*Atriplex Halimus* possède ces mêmes
zones et en même temps de grandes ressemblances avec l'hymé-
noptérocécidie de l'*Hypochœris radicata* ; les deux galles se
développent, en effet, sur les pédoncules floraux et, dans toutes les
deux, l'assise génératrice interne fonctionne difficilement en dehors
des faisceaux libéro-ligneux primaires : l'irrigation des tissus
gallaires est alors assurée par l'allongement radial des éléments du
bois primaire, des cellules périmédullaires et des cellules internes
de la moelle.

Ce sont encore des larves de diptères qui déforment les tiges de
l'*Eryngium campestre* et les ombelles du *Torilis Anthriscus*.

Les trois coléoptérocécidies étudiées ensuite sur le *Sedum Telephium*, l'*Atriplex Halimus* et l'*Ulex europœus* portent l'empreinte
d'une puissante action cécidogène : non seulement leur moelle est
fortement hyperplasiée, mais encore l'hypertrophie accentuée de

leurs rayons médullaires amène la dissociation de l'anneau vasculaire en petits tronçons. Nous avons vu que l'assise génératrice interne de ces portions vasculaires a tendance à fonctionner autour de la partie ligneuse et à former de petits faisceaux cylindriques isolés. C'est dans la galle du *Sedum* que ce phénomène se manifeste avec le plus d'intensité.

L'isolement des faisceaux se retrouve encore dans la diptérocécidie de l'*Ephedra distachya* : les assises génératrices internes ne fonctionnent pas entre les faisceaux qui sont peu à peu entourés d'une couche subéreuse.

Enfin, les quatre dernières galles étudiées dans ce chapitre sont produites par des Chenilles et leurs cavités larvaires sont vastes. Les cécidies de l'*Epilobium montanum* et de l'*Epilobium tetragonum* sont caractérisées par le grand développement que prend le liber interne de la tige ; celles du *Populus alba* et du *Pinus silvestris* ont le caractère commun de se fendre longitudinalement et de présenter d'actives cicatrisations.

Passage aux Acrocécidies. — Nous avons vu, dans ce quatrième chapitre, que la longueur de l'entre-nœud parasité n'est pas altérée en général ; les galles étudiées sont donc bien des Pleurocécidies, surtout si elles ne contiennent qu'une seule cavité larvaire. Mais il est facile de comprendre que dans les *cécidies multiloculaires*, où les parasites sont parfois très nombreux, un raccourcissement de l'entre-nœud ou même de plusieurs peut se produire ; une galle qui est nettement une pleurocécidie quand elle est uniloculaire devient une acrocécidie si elle possède plusieurs loges.

Une autre cause, tenant à la position des parasites plutôt qu'à leur nombre, peut encore amener un raccourcissement dans les entre-nœuds de la tige. L'action cécidogène émanée du ou des parasites situés dans la moelle s'exerce sur l'anneau libéro-ligneux tout entier et non sur une partie seulement comme nous l'avons vu dans les chapitres précédents ; les entre-nœuds qui surmontent la région parasitée reçoivent moins de nourriture, ne se développent pas autant qu'ils l'auraient fait à l'état normal et constituent alors des déformations ayant des caractères de cécidies terminales, c'est-à-dire d'acrocécidies.

Il en est ainsi, par exemple, pour les rameaux de l'*Atriplex Halinus* munis de la grosse Coléoptérocécidie que nous avons décrite :

la petite tige qui surmonte la galle reste courte tant que le parasite n'est pas éclos; elle croît ensuite. Les pédoncules florifères de l'*Hypochœris radicata* sont parfois complètement raccourcis par de gros renflements multiloculaires.

De telles galles servent de transition entre les cécidies caulinaires latérales et les cécidies caulinaires terminales que nous étudierons dans un prochain travail.

CHAPITRE V.

RÉSUMÉ GÉNÉRAL DES MODIFICATIONS

APPORTÉES PAR LES GALLES

AUX TISSUS DES TIGES

Dans les quatre chapitres qui précèdent, nous avons décrit avec quelques détails un certain nombre de cécidies caulinaires et nous en avons déduit les caractères généraux qu'elles présentent lorsqu'on les groupe ainsi.

C'est seule la position du parasite, par rapport aux diverses régions de la tige, qui nous a guidé dans cette division en chapitres où nous avons réuni des cécidies offrant des caractères communs bien qu'elles fussent produites par des animaux souvent très différents comme nature, comme taille et comme nombre. Ainsi, rappelons que dans le Chapitre III nous avons groupé ensemble des Diptérocécidies, des Hyménoptérocécidies et des Coléoptéro-cécidies.

Il existe pourtant quelques ressemblances entre les galles produites par des animaux appartenant aux mêmes groupes zoologiques. C'est ainsi que : 1° les Lépidoptères *(Coleophora, Mompha,* etc.) ont toujours de grosses larves et forment des cécidies médullaires uniloculaires, munies d'une ample cavité larvaire ; 2° les Hémiptères *(Asterolecanium, Chermes,* etc.), ne pouvant pénétrer dans les tissus, sont tous des ectoparasites fixés contre l'épiderme.

Mais, le plus souvent, des parasites appartenant à des genres peu éloignés ou constituant des espèces voisines ne produisent pas des cécidies identiques, c'est-à-dire ayant même origine : l'*Aulax Latreillei* et le *Xestophanes potentillæ,* qui appartiennent cependant à deux genres très voisins, habitent des cécidies dérivant l'une de l'assise génératrice d'un faisceau libéro-ligneux, l'autre de la moelle ; le *Ceuthorrhynchus pleurostigma,* étudié plus haut, produit l'hyperplasie du méristème vasculaire tandis que le *Ceuthorrhynchus atomus* loge dans la moelle.

Des différences analogues existent parmi les genres de Diptères gallogènes : les larves de *Perrisia*, dont nous avons suivi l'évolution dans ce travail, sont toujours externes et se laissent envelopper par les tissus hyperplasiés ; celles de *Lasioptera* (p. ex. : *L. eryngii*) sont obligées de suivre un long parcours au travers des tissus corticaux pour gagner l'endroit de la moelle où elles s'arrêtent ; enfin, les autres larves de Diptères que nous avons vues plus haut *(Rhabdophaga, Contarinia, Agromyza)* préfèrent pour évoluer les tissus de l'assise génératrice interne de la tige.

Il n'était donc pas possible de songer à caractériser les cécidies caulinaires classées d'après la nature des parasites et à chercher des caractères communs pour les Diptérocécidies, les Hyménoptérocécidies, les Coléoptérocécidies, etc....

C'est du reste un fait bien connu que, sur un végétal donné, le même parasite peut produire des cécidies très différentes, selon la région de la plante qu'il attaque. On sait que le *Phylloxera vastatrix* engendre sur la racine et la feuille du *Vitis vinifera* deux cécidies bien différentes ; tous les Cécidologues ont présent à la mémoire les fameuses générations, dites alternantes, des Cynipides où l'animal sexué et sa larve produisent sur le même Chêne des galles complètement distinctes.

Le développement et la forme de la cécidie dépendent donc surtout de la position du cécidozoaire par rapport aux tissus de la tige : c'est ce qui nous a fait adopter la division en quatre chapitres admise dans cette étude anatomique.

*
* *

Il est utile maintenant que nous résumions en quelques pages les modifications apportées par les pleurocécidies caulinaires :

1° Aux tissus des tiges ;

2° Aux inflorescences ;

3° Aux pétioles.

Modifications apportées par les Galles aux tissus des tiges.

I. Épiderme.

Modifications dans les dimensions.

Le plus souvent, les galles de la tige sont recouvertes complètement par l'épiderme ; parfois, leur surface est craquelée, comme c'est le cas pour les cécidies du *Potentilla reptans*, du *Rubus fruticosus*, du *Cytisus albus*, etc.

Afin de recouvrir la surface de la tige parasitée, l'épiderme doit suivre :

1° L'ACCROISSEMENT DU RAYON DE LA TIGE. — Rappelons que les cellules épidermiques normales sont comprimées les unes contre les autres et affectent la forme de parallélépipèdes rectangles : la face externe du prisme comporte la largeur (arête horizontale) et la longueur (arête verticale) ; une des faces horizontales comporte la largeur (arête tangentielle) et l'épaisseur (arête radiale).

L'accroissement du rayon de la tige, amène dans les cellules épidermiques :

α. *L'augmentation de l'épaisseur*, c'est-à-dire une simple hypertrophie radiale. Exemple : cécidies du *Brachypodium* (fig .34) et du *Sisymbrium*.

β. *Le cloisonnement parallèle à la face externe*. Nous n'avons rencontré cette hyperplasie régulière que dans les tiges parasitées des Papilionacées *(Cytisus* et *Sarothamnus)* où elle dénote simplement l'apparition précoce du périderme normal (voir fig. 177).

2° L'ACCROISSEMENT DE LA CIRCONFÉRENCE DE LA TIGE. — Il peut y avoir :

α. *Augmentation de la largeur*, c'est-à-dire simple hypertrophie tangentielle, comme dans les cécidies du *Sarothamnus* (fig. 138), du *Quercus coccifera* (fig. 145), du *Populus Tremula*, de l'*Eryngium*, du *Glechoma*, du *Sisymbrium*, de l'*Hieracium*, etc.

β. *Cloisonnement parallèle à une face latérale* par une ou plusieurs cloisons radiales. C'est le cas le plus général et l'on peut citer les cécidies du *Tilia* (fig.90), de l'*Hypochœris*, de l'*Atriplex*.

Le plus souvent, l'épaisseur ne varie pas ; les cellules augmentent en nombre, mais conservent les dimensions des cellules normales.

3° L'ACCROISSEMENT EN LONGUEUR DES GÉNÉRATRICES DE LA TIGE.— Cette modification s'étudie en regardant l'épiderme de face ; il peut y avoir :

α. *Augmentation de la longueur*, ce qui se présente assez rarement : galle du *Tilia*.

β. *Augmentation de la longueur suivie de l'apparition d'une ou de plusieurs cloisons horizontales*. Les cellules épidermiques produites retrouvent à peu près leurs dimensions primitives. Les exemples sont nombreux : cécidies du *Potentilla hirta*, du *Cytisus*, du *Sisymbrium*, du *Potentilla reptans*, etc.

En résumé, toutes ces modifications font que les cellules épidermiques tendent à devenir polygonales, isodiamétriques et que leurs files longitudinales perdent de leur régularité.

Modifications dans la structure.

Cuticule. — La paroi externe des cellules épidermiques des cécidies devient très épaisse en général et ne se cutinise pas.

Notons encore, qu'au contact du parasite, les cellules épidermiques accroissent peu leur taille et se lignifient très rapidement. Nous en avons vu un exemple dans la cécidie du *Brachypodium silvaticum*.

Stomates. — En général, les stomates augmentent peu leurs dimensions et leur nombre, sauf dans les cécidies où le tissu chlorophyllien devient très abondant ; ils sont écartés les uns des autres par l'hyperplasie des cellules épidermiques et leurs files perdent leur régularité.

Poils. — Le plus souvent ils augmentent en nombre et en taille, comme dans la cécidie de l'*Atriplex ;* ils sont plus nombreux et plus courts à la surface de la galle du *Tilia*.

II. Écorce.

Modifications dans les dimensions.

Obligée de suivre l'accroissement en volume du cylindre central de la tige, l'écorce peut parfois se crevasser ; c'est ce qui se produit dans la galle du *Potentilla reptans*, en face de petits amas fibreux péricycliques qui arrêtent l'action cécidogène et empêchent la multiplication des cellules corticales (voir page 279, fig. 211).

En général, l'écorce hyperplasie ses tissus ; elle subit un accroissement en épaisseur et un accroissement en largeur.

1° ACCROISSEMENT RADIAL DE L'ÉCORCE. — Cet accroissement est peu important dans la plupart des cas ; aussi ne prend-il de l'intérêt que quand il s'exagère. Il s'opère :

α. *Par simple allongement.* C'est ce que nous avons vu dans la cécidie du *Brachypodium* (fig. 34).

β. *Par l'allongement des cellules corticales en longs poils.* Le plus bel exemple à citer est celui de la galle du *Tilia* (fig. 90) ; on trouve encore une telle déformation dans la diptérocécidie de l'*Atriplex* (fig. 253), dans les galles de l'*Hypochœris* (fig. 247) et du *Quercus coccifera*.

γ. *Par le fonctionnement d'un périderme cortical.* Nous avons vu un périderme sous-épidermique apparaître dans les galles du *Fraxinus* (fig. 41), du *Quercus coccifera* (fig. 145), du *Cytisus* (fig. 177), etc., et y produire de longues files radiales un peu irrégulières composées de grosses cellules hypertrophiées.

2° ACCROISSEMEMT TANGENTIEL DE L'ÉCORCE. — Dans toutes les cécidies caulinaires, les cellules corticales s'allongent tangentiellement et prennent de une à huit cloisons radiales. Souvent, comme dans la cécidie de l'*Hieracium* et surtout dans celle de l'*Eryngium* (fig. 258), les parois des cellules primitives deviennent très épaisses, restent cellulosiques et bien distinctes des cloisons secondaires.

Modifications dans la structure.

1° L'ÉCORCE DEVIENT PLUS HOMOGÈNE. — Cette transformation se produit par :

α. *Dispersion et isolement des fibres corticales*, comme dans la galle de l'*Ephedra* (fig. 330) ;

β. *Disparition du tissu chlorophyllien et du tissu lacuneux*, comme dans les cécidies du *Brachypodium* (fig. 34) et de l'*Eryngium* ;

γ. *Disparition du collenchyme*, vu dans la cécidie du *Glechoma* ;

δ. *Cloisonnement des cellules corticales* qui s'opère d'abord dans deux directions perpendiculaires, puis dans tous les sens. Lorsque l'action parasitaire se fait sentir sur les cellules un peu âgées et déjà quelque peu différenciées, la paroi de la cellule primitive reste cellulosique et beaucoup plus épaisse que les cloisons secondaires. Nous avons rencontré de pareils cloisonnements dans les cécidies du *Cytisus* (fig. 177), de l'*Epilobium montanum* (fig. 337) et dans l'Eriophyidocécidie du *Pinus silvestris* (page 192) ;

ε. *Altération des canaux sécréteurs.* En général, les canaux sécréteurs résistent beaucoup à l'action parasitaire, comme du reste à tous les agents extérieurs. Aussi peuvent-ils conserver leur structure normale et leur taille ordinaire au milieu du tissu hyperplasié qui constitue la galle. Nous en avons vu des exemples dans les cécidies du Pin (fig. 79) et du Lierre (fig. 5).

Pourtant, si l'action parasitaire se fait sentir de bonne heure quand les canaux sont encore jeunes, peu différenciés, et qu'ils n'ont pas acquis leur taille définitive, il peut y avoir :

Déformation des cellules de la gaine qui modifient leur contour ou bien se cloisonnent, comme dans la cécidie du *Pinus silvestris* (fig. 80, en *g*) ;

Déformation des cellules sécrétrices qui parfois se cloisonnent activement et comblent la lumière du canal par un tissu compact. Nous en avons vu de beaux exemples dans les galles de l'*Eryngium* (fig. 266, 272) et surtout du *Pinus* (fig. 80, en *cs*).

2° CERTAINS TISSUS SE DÉVELOPPENT ÉNORMÉMENT. — Tels sont le tissu sécréteur, le tissu chlorophyllien, les cellules à tanin, le collenchyme, etc.

α. *Tissu sécréteur*. Il peut y avoir :

Augmentation considérable du diamètre des canaux sécréteurs normaux. Ainsi, dans la cécidie du *Pinus*, le diamètre des canaux sécréteurs devient double.

Apparition d'un tissu sécréteur, comme dans la cécidie du *Chermes abietis* (fig. 51), à la base des feuilles hyperplasiées.

β. *Cellules à gomme, cellules à tanin*. Pour les premières, il y a un énorme accroissement de taille et de nombre (*Tilia*) ; quant aux autres, leur nombre est plus grand, mais leur disposition plus irrégulière (*Sedum*).

δ. *Tissu chlorophyllien*. Il est très abondant dans les cécidies du *Sarothamnus* et du *Torilis*.

γ. *Collenchyme*. Bien développé dans les galles de l'*Eryngium*, du *Torilis*, etc.

III. Faisceaux libéro-ligneux.

Les faisceaux libéro-ligneux ont un *rôle physiologique* très important dans la galle, puisqu'ils assurent le développement des divers tissus hyperplasiés et par suite la nutrition de la larve ; nous détaillerons cette étude un peu plus loin, dans nos Conclusions générales, et nous n'insisterons ici que sur le *rôle mécanique* des faisceaux.

Modifications apportées à l'anneau vasculaire.

Toutes les tiges examinées dans ce travail possèdent un anneau vasculaire continu, composé de faisceaux libéro-ligneux réunis entre eux par des formations secondaires. L'action cécidogène agissant sur cet anneau y amène l'hyperplasie des rayons médullaires, quelle que soit la place occupée par le parasite ; dans ces conditions, l'anneau vasculaire peut rester continu ou être dissocié.

1º Hyperplasie faible des rayons médullaires ; l'anneau vasculaire reste entier. — Les faisceaux libéro-ligneux de la tige, situés du côté du parasite, augmentent beaucoup en taille et en nombre ; de plus, leur déformation est fonction de leur éloignement du cécidozoaire.

α. *Augmentation des dimensions du faisceau*, provenant des causes suivantes :

Fonctionnement plus actif que d'ordinaire de l'assise génératrice interne et production de nombreux tissus secondaires, liber secondaire et bois secondaire, ce dernier non lignifié. C'est sans doute la présence du parasite et la production de nombreux tissus gallaires en voie de multiplication qui rendent nécessaire un appel de sève brute ou de sève élaborée et par suite l'augmentation des tissus secondaires.

Dans toutes les cécidies étudiées nous avons assisté, au moins aux environs immédiats du parasite, à ce fonctionnement exagéré de l'assise génératrice interne, mais c'est surtout dans les cécidies du troisième chapitre qu'il a atteint son plus fort développement.

Taille plus grande acquise par les éléments des tissus secondaires ; se présente dans toutes les cécidies étudiées.

Production plus abondante de fibres ligneuses ; nous en avons trouvé surtout dans la galle du *Pinus silvestris* (page 193), dans celle du *Picea excelsa* (fig. 65) ; ces fibres rendent moins distinctes les couches annuelles.

Production plus abondante de fibres libériennes ; nous en avons vu dans la cécidie du *Tilia* (fig. 88).

Hypertrophie du parenchyme ligneux, qui écarte les files de vaisseaux primaires les unes des autres et parfois détruit leur alignement ; citons comme exemple la cécidie de l'*Hieracium* (fig. 236) et celle du *Potentilla reptans* (fig. 221).

Hypertrophie et éloignement radial des vaisseaux ligneux primaires. Les vaisseaux primaires les plus anciens, étirés par suite de l'allongement de la tige, ont diminué de diamètre ; ils se présentent, dans les cécidies, isolés des cellules du parenchyme qui sont convexes et saillantes de leur côté. Il y a là une accentuation très marquée de ce que l'on rencontre normalement et que montre bien la figure 19.

Autour des pôles ligneux, allongement des cellules du parenchyme et des cellules de la zone périmédullaire. Il y a encore là accentuation du caractère normal, comme le montrent les cécidies du *Tilia* (fig. 100), du *Potentilla reptans* (fig. 221), de l'*Eryngium*, du *Torilis* (fig. 288), etc.

Allongement radial et cloisonnement des cellules périmé-dullaires. Nous signalons à part cette forte hyperplasie rencontrée dans les cécidies du *Brassica* (fig. 162) et de l'*Epilobium tetragonum* (fig. 343).

Grand développement du liber interne, comme dans la cécidie de l'*Epilobium montanum* (fig. 337).

β. *Augmentation du nombre des faisceaux.* On la constate dans la généralité des galles étudiées.

γ. *La déformation des faisceaux est fonction de leur éloignement de l'animal cécidogène.* Les faisceaux situés au voisinage immédiat du parasite ne s'hypertrophient pas, car les vaisseaux ligneux augmentent peu leur taille, se lignifient de bonne heure et, de plus, l'assise génératrice interne ne fonctionne pas. C'est à une certaine distance du cécidozoaire que l'hypertrophie des faisceaux est la plus considérable. Enfin, loin du parasite, la déformation des faisceaux est faible ou nulle.

Nous renvoyons pour cette déformation au schéma S_2 (fig. 86), se rapportant à la cécidie du *Tilia*.

2° HYPERPLASIE TRÈS ACCENTUÉE DES RAYONS MÉDULLAIRES; L'ANNEAU VASCULAIRE EST DISSOCIÉ. — Le meilleur exemple à citer est celui du *Sedum* (fig. 293): l'action hyperplasiante part de la moelle pour se propager dans les rayons médullaires et isoler de gros et de petits amas vasculaires; comme les assises génératrices fonctionnent ensuite en dehors des faisceaux, vers le parasite, les gros amas vasculaires s'incurvent en croissant et les petits amas s'arrondissent (Voir les figures 299 à 302).

Les cécidies de l'*Hedera* (fig. 3), de l'*Ulex* (fig. 318) et de l'*Ephedra* (fig. 328) possèdent des faisceaux libéro-ligneux complètement isolés les uns des autres.

Enfin, dans la coléoptérocécidie de l'*Atriplex* (fig. 308), il peut y avoir *désorientation* complète des faisceaux.

IV. PÉRICYCLE.

Le péricycle de la tige joue un rôle très important dans la production des cécidies, à cause des fibres qu'il contient souvent et à cause des assises génératrices qui s'établissent parfois à son niveau.

1° FIBRES PÉRICYCLIQUES. — En général, si les cellules péricycliques sont parenchymateuses, elles augmentent simplement de taille. Mais si elles sont à l'état de fibres dans la tige normale, deux cas se présentent :

α. *Les cellules péricycliques ne sont pas encore lignifiées quand l'action parasitaire se fait sentir.* Alors elles s'hypertrophient comme les autres cellules, leurs contours deviennent irréguliers, leurs parois restent minces et ne se lignifient pas tant que la galle est jeune. Rappelons la présence de ces fibres dans les cécidies du *Sarothamnus* (fig. 136), du *Potentilla reptans* (fig. 211).

Quand la galle est plus âgée, ces fibres peuvent se lignifier et constituer un fort anneau scléreux à la périphérie du cylindre central, comme c'est le cas pour la cécidie du *Potentilla hirta* (fig. 17).

β. *Les cellules péricycliques sont lignifiées quand l'action parasitaire se fait sentir.* Alors elles sont peu modifiées, mais les gros arcs qu'elles forment peuvent être dissociés en petits amas fibreux : tel est le cas de la galle du *Populus alba* (fig. 350). Nous avons vu, dans la cécidie du *Potentilla reptans* (fig. 211), ces petits amas scléreux empêcher l'hyperplasie de l'écorce qui se trouve en face et être la cause de craquelures longitudinales.

2° ASSISES GÉNÉRATRICES. — Le rôle de ces assises est de permettre au péricycle de suivre l'accroissement en diamètre de la région plus interne du cylindre central.

α. *Le périderme normal se développe d'une façon exagérée.* Nous avons examiné le cas de la cécidie du *Rubus* (fig. 148) : dans la partie non déformée de la tige, l'assise génératrice externe possède 4 ou 5 assises cellulaires seulement, tandis qu'aux environs de la larve elle peut en avoir une trentaine. Dans la galle âgée du *Potentilla reptans*, les cellules du périderme ont tendance à s'arrondir et à s'isoler les unes des autres.

β. *Le périderme apparaît dans la cécidie, alors qu'il ne s'est pas encore formé dans la tige normale.* Citons, comme exemples, les galles jeunes du *Potentilla*, de l'*Epilobium*, etc.

γ. *Cloisonnement anormal des cellules du péricycle.* Nous avons vu, dans la cécidie de l'*Epilobium montanum* (fig. 337), les cellules du périderme se cloisonner dans tous les sens, comme le font du reste celles de l'écorce et de la moelle ; la membrane primitive de la cellule péricyclique reste nettement visible.

δ. *Fonctionnement très actif de l'assise génératrice surnuméraire péricyclique.* Nous en avons étudié la marche dans la Lépidoptérocécidie de l'*Atriplex* (page 339).

3° CELLULES A TANIN ET RÉSEAU LACITIFÈRE. — Nous avons constaté leur grand développement dans la cécidie du *Sedum* (fig. 294) et dans celle de l'*Hieracium.*

V. MOELLE.

Dans toutes les galles où le parasite n'est pas situé dans la moelle (Chapitres I, II, III), les cellules médullaires sont peu altérées. C'est seulement lorsque l'anneau vasculaire est rompu ou dissocié que l'action cécidogène gagne la moelle et produit la multiplication des cellules, puis, plus tard, l'épaississement et la lignification de leurs parois : telle la cécidie de l'*Hedera* (fig. 3).

Les phénomènes sont, au contraire, beaucoup plus complexes lorsque le parasite est situé dans la moelle. Toutes les cécidies étudiées au chapitre IV de ce travail sont dans ce cas, et il nous suffira de résumer leurs caractères en quelques lignes :

1° CLOISONNEMENT DES CELLULES MÉDULLAIRES AUTOUR DE LA JEUNE LARVE. — Quand la larve est très jeune, elle produit le cloisonnement des cellules médullaires qui l'entourent, ainsi que nous l'avons signalé pour les cécidies du *Sedum* (fig. 297) et de l'*Hypochœris* dont nous avons pu avoir des échantillons peu âgés. L'hyperplasie se propage ensuite plus loin grâce à l'accroissement de taille du parasite, et c'est cette active multiplication qui élargit les rayons médullaire et dissocie l'anneau vasculaire.

2° CLOISONNEMENT IRRÉGULIER DES CELLULES MÉDULLAIRES. — Le cloisonnement peut avoir lieu dans tous les sens, et, la membrane cellulaire reste beaucoup plus épaisse que les cloisons secondaires quand les cellules ont déjà acquis un certain degré de différenciation normale. Exemple : cécidies du *Sedum* (fig. 303), de l'*Epilobium* (fig. 337), du *Potentilla* (fig. 213-216).

3° ALLONGEMENT RADIAL DES CELLULES PÉRIPHÉRIQUES. — Vu dans la diptérocécidie de l'*Atriplex* (fig. 251).

4° PRODUCTION DE TISSU CICATRICIEL AUTOUR DES CAVITÉS CREUSÉES PAR LES LARVES. — Nous avons rencontré ce tissu dans la galle du *Potentilla* (fig. 228), dans celle de l'*Ulex* (fig. 318) et nous avons vu aussi l'importance qu'il prend autour de la cavité aux œufs dans la cécidie de l'*Hieracium* (fig. 232, 234 et 236).

5° CELLULES A GOMME ET CANAUX SÉCRÉTEURS. — Se modifient comme dans l'écorce (Voir plus haut, page 392).

Modifications apportées par les Galles aux inflorescences.

1° MODIFICATIONS EXTERNES. — Ce sont les suivantes :

α. Apparition d'un renflement latéral ;

β. Raccourcissement des rayons des ombelles et des ombellules (*Torilis*) ou des pédoncules floraux (*Tilia*) ;

γ. Hypertrophie de ces mêmes organes ;

δ. Diminution du nombre des rayons des ombelles *(Torilis)* ;

2° MODIFICATIONS INTERNES. — Ce sont les suivantes :

α. Grande hypertrophie de la moelle *(Eryngium, Torilis, Hypochœris, etc.)* ;

β. Nutrition des tissus gallaires assurée par de longues *cellules irrigatrices* (*Hypochœris, Atriplex*) ;

γ. Accentuation du plan de symétrie *(Torilis)* ;

δ. Accentuation de la dorsiventralité (rameaux latéraux du *Torilis)* ;

ε. Disparition de la dorsiventralité (cécidie de l'ombellule du *Torilis)* ;

μ. Accentuation des pôles ligneux (*Tilia)* ;

ν. Déformation des faisceaux libéro-ligneux, des canaux sécréteurs, etc. comme dans la tige.

Modifications apportées par les Galles aux pétioles.

1° Eu égard à l'action parasitaire, les pétioles se comportent sensiblement comme les tiges ;

2° La dissociation des faisceaux libéro-ligneux est plus facile que dans la tige et l'altération gagne aisément le centre du pétiole. C'est ce que nous avons vu dans les cécidies du *Rubus* (fig. 154) et de l'*Hedera* (fig. 11) ;

3° Le plan de symétrie de la galle accentue celui du pétiole sain.

EN RÉSUMÉ, nous constatons que sous l'influence du parasite il peut y avoir dans les tiges :

Hypertrophie des cellules ;
Hyperplasie des cellules ;
Fonctionnement exagéré des assises génératrices normales ;
Apparition d'assises génératrices normales ;
Apparition d'assises génératrices nouvelles ;
Formation de tissu cicatriciel ;
Formation de tissu sécréteur ;
Formation de tissu palissadique ;
Formation de tissu scléreux protecteur ;
Formation de tissu nourricier ;
Disparition de tissu lacuneux ;
Disparition de tissu chlorophyllien ;
Arrêt dans la lignification normale des tissus.

D'une façon générale, sous l'influence parasitaire :

1° *Tous les tissus peuvent être modifiés en eux-mêmes ou dans leur répartition, à condition qu'ils n'aient pas atteint leur différenciation normale et soient encore susceptibles d'accroissement ;*

2° *Les tissus hétérogènes deviennent plus homogènes ;*

3° *Les tissus n'ont pas tous le même degré de résistance.*

CHAPITRE VI

RÉSUMÉ GÉNÉRAL DES RELATIONS

EXISTANT ENTRE LES TIGES,

LES PLEUROCÉCIDIES CAULINAIRES ET LES PARASITES

Quelques Auteurs se sont occupés des cécidies caulinaires, mais n'ont guère produit que des travaux isolés. J'ai étudié, au contraire, dans ce travail un assez grand nombre de galles de tiges. Pour toutes, j'ai suivi leur mode de développement, approfondi leur anatomie et cherché les modifications qu'elles peuvent apporter à la morphologie externe et à la structure des tiges ; puis, je les ai groupées selon leurs affinités en quatre chapitres. Enfin, dans le résumé général qui précède, j'ai montré comment les tissus normaux de la tige sont modifiés par les parasites et comment certains tissus anormaux ont pu se produire.

Il me reste maintenant, dans ce dernier chapitre, à mettre en lumière les relations qui existent entre le parasite animal et son hôte et à résumer l'influence qu'exerce la cécidie sur la tige et sur la ramification.

1° ACTION CÉCIDOGÈNE.

L'action que le parasite animal exerce sur la tige a été constamment désignée sous le nom d'*action cécidogène*, et nous l'avons caractérisée par les modifications qu'elle apporte dans les cellules végétales. Nous avons vu qu'elle peut y déterminer un accroissement de taille ou *hypertrophie* (fig. 373, en *b*), mais que, le plus souvent, l'augmentation des dimensions est accompagnée du cloisonnement des cellules : il y a alors multiplication cellulaire ou *hyperplasie* (fig. 373, en *d*).

Cette action cécidogène se fait sentir autour du parasite avec la même intensité dans toutes les directions. C'est ce que nous vu pour les cécidies du chapitre IV : le cécidozoaire, placé au centre de la moelle, détermine un accroissement en épaisseur, identique dans toutes les directions, et la production d'un renflement fusiforme dont l'axe de symétrie coïncide avec celui de la tige.

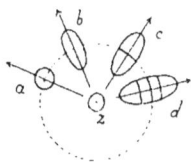

FIG. 373. — Schéma indiquant les phénomènes d'hypertrophie (*a, b*) et d'hyperplasie (*c, d*) qui se manifestent dans les cellules autour du parasite *s*.

Notons en terminant que les éléments cellulaires en contact direct avec le parasite s'hypertrophient peu, mais épaississent leurs parois, et, s'ils sont externes, se lignifient rapidement. C'est ce que nous avons observé dans la galle du *Brachypodium* (page 161 et fig. 32) et dans la plupart des galles à parasite externe, étudiées au chapitre premier. Enfin, pour toutes les cécidies examinées, nous avons vu que c'est toujours dans les cellules situées à une certaine distance du parasite que se manifeste le maximum d'activité cécidogénétique.

2° RAYON D'ACTIVITÉ CÉCIDOGÉNÉTIQUE.

Au fur et à mesure qu'on s'écarte du parasite, l'action cécidogène va en diminuant, puis ne se fait plus sentir à partir d'une certaine distance. Il existe donc un *rayon d'activité cécidogénétique*.

Il faut bien remarquer que ce rayon détermine dans l'espace une sphère d'influence cécidogénétique, dont le centre est occupé par le parasite; une coupe horizontale passant par ce centre donne le cercle équatorial ou cercle cécidogénétique.

La *longueur* du rayon d'activité cécidogénétique dépend du parasite et du végétal.

α. *Influence du parasite.*

Le rayon d'activité cécidogénétique est proportionnel à la taille du parasite.

Ainsi l'*Atriplex* nous a offert une diptérocécidie assez petite, presque sphérique (5 mm. de diamètre), dont la larve a 3 mm. de long. Au contraire, la grosse chenille du *Coleophora Stefanii* placée dans la moelle de la même plante, c'est-à-dire dans des conditions assez identiques à celles qui précèdent, détermine d'épais renflements pouvant atteindre 10 mm. de diamètre transversal et 30 mm. de longueur.

D'une façon générale, les grosses larves des Lépidoptères et des Coléoptères engendrent des cécidies de dimensions beaucoup plus volumineuses que celles qui proviennent des petites larves des Diptères, des Hyménoptères ou des Hémiptères.

Le rayon d'activité cécidogénétique est proportionnel au nombre des parasites.

C'est un fait bien connu que les cécidies caulinaires pluriloculaires sont beaucoup plus grosses que les cécidies uniloculaires. De plus, nous avons vu, dans la galle du *Stefaniella Trinacriæ* que la présence d'une seule cavité larvaire dans la moelle entraînait une hyperplasie localisée au tissu médullaire (en A, fig. 374) et que, au contraire, la présence de plusieurs larves au même niveau permettait à l'action cécidogène de s'étendre à l'écorce (B, fig. 375).

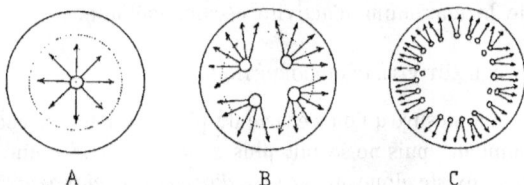

A   B   C

Fig. 374 (A). — Schéma de l'action cécidogénétique développée par un parasite situé dans la moelle de la tige.
Fig. 375 (B). — Schéma identique dans le cas de quatre parasites.
Fig. 376 (C). — Schéma de l'action cécidogénétique développée par un grand nombre de parasites très petits.

Souvent aussi, la faible taille des parasites peut être compensée par leur nombre (C, fig. 376) : ainsi la longueur des Eriophyides ne dépasse pas 300 μ, et pourtant les galles déterminées sur les tiges par ces minuscules acariens (par exemple l'*Eriophyes pini*) sont souvent aussi volumineuses que celles produites par de grosses larves d'insectes. C'est qu'alors il y a un nombre considérable de petits parasites et que ceux-ci, s'insinuant dans les méats cellulaires, hypertrophient ou hyperplasient les cellules.

β. *Influence du végétal.*

Ce qui modifie aussi très fortement le rayon d'activité cécidogénétique, c'est la résistance à l'action cécidogène que présente le tissu végétal. Cette résistance dépend surtout de l'*âge* et de la *structure* du tissu.

Nous avons vu, dans le chapitre précédent, que les tissus jeunes, susceptibles encore de croissance, étaient seuls modifiés par l'action cécidogène et que ceux, déjà lignifiés au moment où l'influence parasitaire commençait à se faire sentir, étaient pour elle un obstacle presque infranchissable.

3° RÉACTION VÉGÉTALE ; FORME DE LA CÉCIDIE.

L'action cécidogène développée par le parasite a donc pour effet de modifier la région de la tige environnante et d'en hypertrophier ou d'en hyperplasier les cellules et les tissus. Nous avons vu d'autre part que le rayon de cette surface modifiée (examinée en coupe transversale) était déterminée par certaines conditions tenant à la taille et au nombre des parasites ou bien à l'état des cellules végétales.

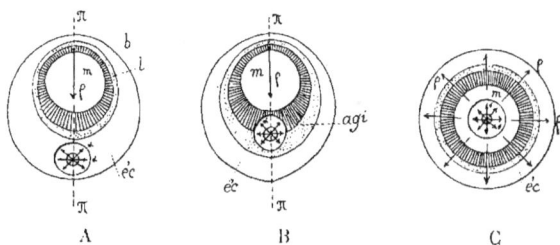

Fig. 377 (A-B). — Schémas de cécidies caulinaires présentant un plan de symétrie π.
Fig. 378 (C). — Schéma d'une cécidie caulinaire présentant un axe de symétrie.

Mais, ainsi que nous l'avons mis en évidence dans le cours de ce travail, la région de la tige opposée au parasite ne subit pas en général l'action parasitaire ; elle ne se déforme pas et joue le rôle de point fixe. Tous les tissus gallaires sont alors refoulés du côté du parasite par une sorte de *réaction végétale* ρ (fig. 377), émanée du point d'appui ; ils se développent uniformément à droite et à gauche du *plan de symétrie* π déterminé par la génératrice médiane de la région non déformée et par le parasite ; ce plan contient toujours l'axe de la tige.

Le plan de symétrie π se rencontre dans toutes les cécidies des trois premiers chapitres. Dans le chapitre IV, l'hypertrophie des tissus gallaires se produit dans toutes les directions avec une égale intensité et par suite les cécidies possèdent un *axe de symétrie*; l'action cécidogène α et la réaction ρ agissent dans le même sens (fig. 378).

Forme de la galle. — La forme de la section transversale médiane de la galle dépend de la section de la tige, du rayon d'activité cécidogénétique et de la position du parasite.

Toutes ces conditions étant déterminées, le *contour de la section médiane de la galle se présente comme étant la courbe enveloppe de la circonférence de la tige et de la circonférence du cercle cécidogénétique*. Les figures schématiques 379-383 représentent la

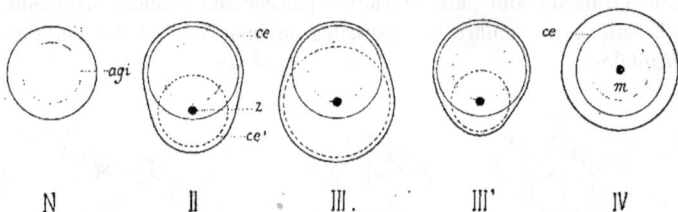

N   II   III.   III'   IV

Fig. 379 (N). — Section transversale de la tige normale.
Fig. 380 (II). — Courbe enveloppe d'une cécidie appartenant au chapitre II.
Fig. 381, 382 (III, III'). — Courbes enveloppes de cécidies appartenant au chapitre III.
Fig. 383 (IV). — Section d'une cécidie appartenant au chapitre IV.

     ce, cercle de la tige; *ce'*, cercle cécidogénétique; *z*, parasite; *agi*, assise génératrice interne; *m*, moelle.

section normale de la tige (N), puis les courbes enveloppes des cécidies appartenant aux trois derniers chapitres de ce travail (II, III, III', IV).

4° NUTRITION DES TISSUS GALLAIRES ET DU PARASITE.

L'étude détaillée des cécidies nous a montré qu'aux environs du parasite il se produit d'abondants tissus hyperplasiés formés de cellules très grandes, riches en protoplasme, en matériaux nutritifs, et contenant de gros noyaux; la nutrition de ces tissus, ainsi que celle du parasite qui les consomme, ne peut être assurée que par les faisceaux libéro-ligneux. Voyons comment :

a. Si le parasite est externe, les faisceaux libéro-ligneux les plus rapprochés sont fortement hypertrophiés (A, fig. 384); leur partie libérienne est bien développée et voisine de l'animal.

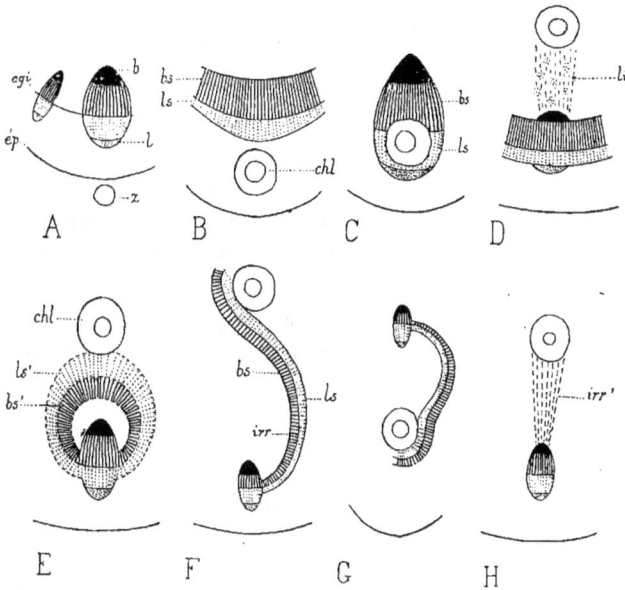

FIG. 384-391. — Schémas indiquant de quelle façon l'irrigation des tissus gallaires est assurée :

384 (A), dans le cas d'un parasite *z* situé contre l'épiderme *ép* ;

385 (B), dans le cas d'un parasite situé dans l'écorce ;

386 (C), lorsque le parasite est logé dans les tissus secondaires libéro-ligneux (*bs, ls*) ;

387 (D), lorsque la tige possède du liber interne *li* ;

388 (E), lorsque le parasite est situé dans la moelle ;

389 (F), par un faisceau irrigateur *irr*, lorsque le parasite est logé dans la moelle ;

390 (G), lorsque le parasite est éloigné du faisceau ;

391 (H), dans le cas où il se produit des cellules irrigatrices *irr'*.

b, l, bois et liber primaires ; *agi,* assise génératrice interne ; *bs', ls',* tissus secondaires d'un faisceau d'irrigation *irr* ; *chl,* chambre larvaire.

b. Si les parasites sont situés dans l'écorce, comme c'est le cas pour

la cécidie de l'*Eriophyes pini*, les cellules corticales cloisonnées
qui leur servent de nourriture sont alimentées par la région libérienne
de l'anneau vasculaire hypertrophié en cet endroit (B, fig. 385).

c. La nutrition du parasite est facilement assurée lorsque celui-ci
établit sa cavité larvaire dans les tissus provenant du fonctionnement
exagéré de l'assise génératrice interne (C, fig. 386). La larve trouve
là du liber secondaire à parois minces et du bois secondaire non
lignifié. C'est cette disposition que présentent toutes les cécidies
examinées dans le chapitre III, sauf celle du *Glechoma hederacea*,
sur laquelle nous allons revenir plus loin.

d. Dans le cas où la tige possède à la fois un parasite situé
dans la moelle et du liber interne (fig. 387, D, schématisant la galle
de l'*Epilobium montanum*), c'est ce dernier tissu qui s'hyperplasie
et permet la nutrition des tissus médullaires, excessivement cloisonnés comme on l'a vu.

e. Mais, lorsque les tissus hyperplasiés qui entourent le parasite
sont un peu éloignés du faisceau libéro-ligneux — et c'est le cas
pour beaucoup de cécidies médullaires — il est nécessaire qu'ils
restent en relation avec le faisceau afin de pouvoir continuer à se
développer. En général, dans les cécidies qui présentent cette
disposition, les faisceaux libéro-ligneux sont très écartés les
uns des autres par le cloisonnement actif des rayons médullaires;
c'est alors l'assise génératrice interne de chaque faisceau qui
fonctionne, en dehors de lui, dans le rayon médullaire hyperplasié
et se dirige vers la cavité larvaire. J'ai schématisé en E (fig. 388),
en prenant pour exemple la Coléoptérocécidie de l'*Atriplex
Halimus*, la façon dont fonctionne cette assise génératrice : le
tissu libérien secondaire produit se trouve en rapport direct avec la
cavité larvaire. Souvent, le faisceau tout entier est désorienté, parfois
même renversé complètement : sa région libérienne est alors tournée
vers le parasite.

f. Enfin, si la cavité larvaire se trouve située à une très grande
distance du faisceau libéro-ligneux, l'assise génératrice interne est
obligée de fonctionner très activement et de produire un mince
faisceau libéro-ligneux. Nous avons désigné ce dernier sous le
nom de *faisceau irrigateur,* car il est chargé d'alimenter le pourtour de la cavité larvaire. D'abord sa région libérienne appa-

raît et les vaisseaux ligneux ne se développent que beaucoup plus tard. La figure 389 (F) représente schématiquement cette disposition que nous avons rencontrée, au cours de ce travail, dans les cécidies du *Potentilla reptans* et de l'*Hieracium umbellatum* (voir le schéma S_1, fig. 222, et la figure 234).

Nous retrouvons du reste ces faisceaux irrigateurs chaque fois que la chambre larvaire est très éloignée des faisceaux caulinaires. C'est ainsi que nous en avons signalé dans la cécidie du *Glechoma hederacea* (G, fig. 390) qui pourtant tire son origine de l'assise génératrice interne.

Dans tous les exemples étudiés au cours de ce travail, les faisceaux d'irrigation ont produit et alimenté autour de la cavité larvaire la couche nourricière et la couche protectrice. On a pu voir que la zone nutritive est constituée par la réunion des parties libériennes des petits faisceaux irrigateurs et que la zone scléreuse comprend de courts vaisseaux secondaires ponctués.

Du reste, nous avons trouvé tous les intermédiaires entre ces derniers vaisseaux ponctués et les vaisseaux spiralés ou à réticulations serrées des petits faisceaux d'irrigation (en A_3, fig. 221).

g. Pour être complet, notons encore un autre mode de nutrition des tissus médullaires hyperplasiés, présenté par les cécidies de l'*Hypochœris* et de l'*Atriplex*. Dans ces deux tiges parasitées, les assises génératrices des faisceaux vasculaires fonctionnent peu ; ce sont les cellules médullaires, situés entre la cavité larvaire et l'extrémité des faisceaux, qui s'allongent radialement et assurent la nutrition des tissus entourant les larves. Nous avons désigné ces cellules sous le nom de *cellules irrigatrices*. La figure 391 (H) représente schématiquement cette disposition.

5° Relation entre la structure de la galle et la métamorphose du parasite.

Tout ce que nous avons vu jusqu'à présent se rapporte au *stade de vie active* du parasite qui mange ou suce et grandit. Pendant ce temps, la plante réagit vigoureusement par l'hypertrophie et l'hyperplasie de ses tissus, par le fonctionnement actif de ses assises génétrices et par une irrigation abondante de ses différents tissus : c'est la *période végétative* ou de croissance de la cécidie.

Puis, peu à peu, la larve ralentit ses mouvements et se *métamor-phose*. Les matériaux nutritifs accumulés autour de la cavité larvaire, dans des tissus bien irrigués, servent à épaissir les parois de ces tissus qui se lignifient fortement et constituent bientôt une coque scléreuse : c'est l'*état scléreux* de la cécidie ; les ponctuations des parois cellulaires permettent les échanges gazeux ou liquides encore nécessaires au parasite.

On rencontre de ces coques scléreuses dans la plupart des Diptérocécidies, mais ce sont surtout les cécidies des Cynipides qui nous en ont présenté de très résistantes, permettant aux larves de passer l'hiver dans la galle.

Un état scléreux beaucoup plus simple se manifeste, au voisinage de l'animal, dans les galles âgées à parasite externe (Hémiptérocécidies et Diptérocécidies étudiées au chapitre I).

6° CHUTE DE LA GALLE ET CICATRISATION DE LA PLAIE ; RÉTA-BLISSEMENT DE LA STRUCTURE NORMALE DE LA TIGE.

α. *Plante herbacée.*

Si la plante meurt à la fin de l'année, la galle se dessèche en même temps que la tige, mais un peu moins cependant en raison de ses réserves et de ses tissus lignifiés ; la larve peut y passer l'hiver et s'y métamorphoser à l'abri de sa coque larvaire ; après l'éclosion, la galle se détruit peu à peu.

β. *Plante ligneuse.*

Pour les plantes ligneuses, il y a deux cas à distinguer : la galle se détache du rameau et tombe ou bien elle fait corps avec lui et en suit l'évolution.

a. La galle tombe. — Lorsque la galle fait fortement saillie hors de la tige et n'est reliée à elle que par une base assez étroite, elle tombe en général par suite de l'apparition d'une bande de liège cicatriciel *lgc* (en A, fig. 392), en relation avec le liège normal *lgt*. Comme dit PAUL VUILLEMIN [95, p. 144], « la plante neutralise les influences irritantes par le rejet définitif du corps étranger ou de ceux de ses propres organes qui ont subi l'influence pernicieuse ».

Deux très beaux exemples de chute de galles nous ont été fournis : 1° par la cécidie du *Chermes abietis* qui se dessèche et se détache peu à peu du rameau du *Picea excelsa*, on y laissant une cicatrice allongée ; 2° par la cécidie de l'*Andricus Sieboldi* qui se dessèche et se détache en laissant sur la tige une dépression circulaire concave.

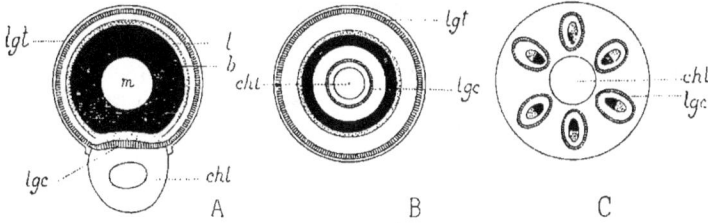

Fig. 392 (A). — Schéma de la formation d'une couche cicatricielle dans le cas où la cécidie tombe.

Fig. 393 (B). — Schéma de la formation d'un anneau subéreux autour de la chambre larvaire vide.

Fig. 394 (C). — Schéma de la formation d'anneaux de liège autour des faisceaux libéro-ligneux.

b, bois ; *l*, liber ; *lgt*, liège de la tige ; *lgc*, liège cicatriciel ; *chl*, chambre larvaire.

A l'abri de la couche de liège cicatriciel, l'assise génératrice interne fonctionne et rétablit la structure normale, comme nous l'avons vu pour les deux exemples cités plus haut. Plusieurs années après, rien ne vient plus à l'extérieur signaler qu'une galle a autrefois déformé la tige. Mais il n'en est pas de même si l'on examine avec soin une section transversale : l'irrégularité des couches ligneuses annuelles est toujours visible.

b. La galle fait corps avec le rameau et produit un faible renflement. —Lorsque les parasites ont abandonné la cavité larvaire, une couche de liège cicatriciel *lgc* (en B, fig. 393) apparaît autour de cette cavité, qu'elle soit située dans l'écorce (galle de l'*Eriophyes pini*) ou dans les tissus hypertrophiés de l'assise génératrice interne (galles du *Cytisus* et du *Sarothamnus*) ou enfin dans la moelle (galles de l'*Ulex*, du *Sedum*, etc.). Le système vasculaire est alors protégé du milieu extérieur par le périderme normal *lgt* et de la cavité larvaire (qui communique aussi avec l'extérieur) par la couche de liège cicatriciel *lgc*. L'assise génératrice interne fonctionne à nouveau régulièrement et la croissance du rameau peut se continuer les années suivantes (*Ulex, Sarothamnus*, etc.).

Dans la partie concave de la galle du *Populus alba* que nous avons étudiée, l'assise subéreuse cicatricielle prend un développement remarquable, car le milieu extérieur agit fortement par suite de la fente du rameau sur les tissus hyperplasiés. Il en est de même dans la Lépidoptérocécidie du *Pinus silvestris*: la couche cicatricielle est localisée aux deux bords de la fente et en rapport avec le périderme sous-épidermique de la tige ; autour de la cavité larvaire le tissu cicatriciel ne se produit pas à cause de la présence du bois secondaire lignifié.

Enfin, dans le cas où tous les faisceaux sont complètement isolés les uns des autres, comme dans la galle de l'*Ephedra* (C, fig. 394), il se forme un anneau de liège cicatriciel autour de chacun d'eux. La protection si efficace des faisceaux et leur isolement des tissus gallaires qui se dessèchent assurent, ici encore, la croissance du rameau au-dessus de la galle.

7° Influence de la galle sur la tige et sur la ramification.

α. *Modifications dans la structure de la tige au-dessous et au-dessus de la galle.* — La cécidie amène souvent de profondes modifications dans la structure de la portion de tige qui la surmonte ou dans celle qui la porte. Nous avons examiné ces différences de structure pour la Phytoptocécidie du *Pinus silvestris* (page 194) et pour la cécidie du *Populus alba* (page 365) ; nous avons trouvé, au-dessous de la galle, la tige toujours épaissie et raccourcie et son bois secondaire, ses fibres péricycliques, corticales ou médullaires plus développées que dans la tige normale ; au-dessus de la cécidie, les dimensions de la tige et de l'anneau vasculaire étaient très réduites.

β. *Courbure du rameau.* — La courbure est toujours la conséquence du développement plus considérable des tissus d'un même côté du rameau. Ou bien, comme pour la cécidie du *Sisymbrium Thalianum*, c'est la position excentrique de la larve dans la moelle qui amène une hyperplasie latérale de l'anneau vasculaire ; ou bien, c'est un arrêt dans le fonctionnement de l'assise génératrice interne d'un côté de la tige qui provoque la courbure, ainsi que nous l'avons vu pour l'hémiptérocécidie du *Picea excelsa* (page 184, fig. 66 à 68).

γ. *Désorientation complète du rameau.* — La cécidie du *Chermes abietis* nous a encore montré comment la galle peut agir pendant plusieurs années sur le rameau et arriver à changer parfois complètement son orientation (voir la fig. 72).

δ. *Raccourcissement du rameau.* — Nous avons insisté plusieurs fois sur le raccourcissement qui résulte de la présence d'une cécidie vers la base du rameau et nous avons vu que la galle agit surtout en privant de nourriture la partie terminale. Les cécidies du *Chermes abietis*, de l'*Harmandia petioli* et du *Contarina tiliarum* empêchent la croissance des rameaux; mais ce sont surtout les cécidies médullaires de l'*Aulax hypochœridis*, de l'*Aulax hieracii*, du *Coleophora Stefanii*, etc. qui les raccourcissent le plus (voir plus haut, page 384).

Souvent le raccourcissement et l'épaississement des rameaux se produit à distance, par exemple pour les rayons médians et latéraux des ombelles du *Torilis Anthriscus* (fig. 276).

ε. *Disparition du rameau.* — En étudiant la cécidie du *Picea excelsa* (page 186), nous avons vu que la présence de la galle peut amener le dessèchement et, par suite, la disparition des petits rameaux parasités, ce qui modifie totalement la ramification (fig. 73). Dans les ombelles du *Torilis Anthriscus*, nous avons vu aussi disparaître un rayon central sous l'influence parasitaire.

ς. *Modification dans la disposition des rameaux latéraux.* — Si la présence de la cécidie entraîne l'atrophie d'un faisceau libéro-ligneux, tous les petits rameaux normalement irrigués par lui restent courts : un changement complet se produit dans la ramification. C'est ce que nous a présenté la galle du *Populus alba* (fig. 358 et 359).

ν. *Apparition de racines adventives et de tiges adventives.* — Les recherches de Prillieux et de Beijerinck, que nous avons rapportées dans le premier chapitre, ont prouvé que des racines adventives pouvaient naître au-dessus d'un nœud de la tige du *Poa nemoralis* et sous l'influence de l'*Hormomyia poæ*. J'ai montré, par l'étude détaillée de la cécidie de l'*Andricus Sieboldi*, que l'on devait la considérer comme une petite tige adventive, d'origine endogène, produite à la base du jeune Chêne, mais restée courte par suite de la présence du parasite en son centre.

CONCLUSIONS GÉNÉRALES

1° Action cécidogène.

Le parasite détermine une action cécidogène *qui se traduit dans les tissus des tiges par des phénomènes d*'hypertrophie *et d'*hyperplasie *cellulaires.*

L'action cécidogène se fait sentir autour du parasite avec une égale intensité dans toutes les directions.

Au contact du parasite, l'action cécidogène est presque nulle et les cellules s'hypertrophient peu; c'est à une certaine distance seulement qu'elle se manifeste avec le maximum d'intensité.

2° Rayon d'activité cécidogénétique.

L'action cécidogène va en diminuant au fur et à mesure qu'on s'éloigne du parasite, d'où la notion du rayon d'activité *cécidogé- nétique.*

Ce rayon dépend du facteur parasite et du facteur végétal; il est proportionnel à la taille des parasites et à leur nombre; il est fonction de l'âge et de la structure des tissus.

3° Réaction végétale; forme de la cécidie.

La partie non déformée de la tige développe une réaction végé- tale *qui repousse les tissus gallaires.*

Si le parasite est situé au centre de la tige, la cécidie possède un axe de symétrie; elle possède un plan de symétrie quand le parasite est extérieur, dans l'écorce ou dans la zone ligneuse.

Le contour de la coupe transversale médiane de la galle est la courbe enveloppe *de la section de la tige et du cercle cécidogé- nétique; les dimensions de cette courbe enveloppe dépendent du rayon de la tige, du rayon d'activité cécidogénétique et de la position du parasite par rapport aux différentes zones de la tige.*

4° Nutrition des tissus gallaires et du parasite.

La nutrition des tissus hyperplasiés qui entourent le parasite est assurée surtout par la partie libérienne *des faisceaux vasculaires de la tige ; si le parasite est éloigné de ces faisceaux, leurs assises génératrices internes fonctionnent dans les rayons médullaires, se dirigent du côté du parasite et produisent de petits* faisceaux *d'irrigation dont la région libérienne est tournée du côté de la cavité larvaire.*

5° Relation entre la structure de la galle et la métamorphose.

Au stade de vie active du parasite correspond une période de croissance pour la cécidie ; à cette période succède un état scléreux en relation avec la métamorphose de l'animal.

6° Chute de la galle ; cicatrisation de la plaie ; rétablissement de la structure normale de la tige.

Pour les plantes herbacées, la destruction de la galle se produit comme celle de la tige, mais un peu après.

Pour les plantes ligneuses :

a. *La galle tombe par suite de la production d'une couche de liège qui cicatrise la plaie ; le fonctionnement de l'assise génératrice interne redevient peu à peu régulier ;*

b. *La galle se cicatrice, du côté de la cavité larvaire abandonnée, par une couche de liège cicatriciel ;*

c. *La cicatrisation est surtout abondante pour les galles qui fendent les rameaux ;*

d. *Dans la galle de l'Ephedra, chaque faisceau est enveloppé d'une couche de liège cicatriciel ;*

e. *Si les faisceaux caulinaires sont protégés, la croissance de la tige peut se continuer au-dessus de la galle.*

7° Influence de la galle sur la tige et sur la ramification.

La présence de la galle peut entraîner pour la tige : la modification de sa structure *au-dessus et au-dessous de la cécidie ; sa* courbure *la première année et même sa* désorientation *complète les années suivantes ; le* raccourcissement *de la portion qui surmonte la cécidie et souvent sa* disparition ; *l'apparition de racines adventives et de rameaux adventifs.*

INDEX BIBLIOGRAPHIQUE

BEIJERINCK, M.-W.

1882. — Beobachtungen über die ersten Entwicklungsphasen
einiger Cynipidengallen.

Natuurk. Verh. der Koninkl. Akademie, Deel, 22, p. 1-198,
pl. I-VI.

1885. — Die Galle von *Cecidomyia Poæ* an *Poa nemoralis*.
Entstehung normaler Wurzeln in Folge der Wirkung
eines Gallenthieres.

Botanische Zeitung, Leipzig, 43, p. 305-315, 321-332, pl. III.

FOCKEU, H.

1890. — Observations sur la Galle du *Sinapis arvensis* déterminée par le *Ceuthorhynchus contractus* MARSH.

Revue biol. du Nord de la France, Lille, 2, p. 261-269, fig. 1-3.

FRANK, A.-B.

1896. — Die Krankheiten der Pflanzen.

Breslau, 3, zweite Auflage.

GAIN, E.

1894. — Sur une galle de *Chondrilla juncea*.

Bull. Soc. Bot. France, Paris, 41, p. 252-254.

HIERONYMUS, G.

1890. — Beiträge zur Kenntniss der europäischen Zoocecidien
und der Verbreitung derselben.

Ergänzungsheft zum 68. Jahresbericht der Schlesischen Ge-
sellschaft für vaterlandische Cultur, Breslau, p. 49-272.

HOUARD, C.

1901. — Sur quelques Zoocécidies nouvelles récoltées en Algérie.

Revue générale de Botanique, Paris, 13, p. 33-43, fig. 11-36.

KRUCH, O.

1891. — Studio anatomico di un Zoocecidio del *Picridium
vulgare*.

Malpighia, Genova, 5, p. 357-371, pl. XXVI.

LACAZE-DUTHIERS, H. DE.

1853. — Recherches pour servir à l'histoire des Galles.

> Ann. Sc. Nat., Paris, Bot., (3) 19, p. 273-354, pl. XVI-XIX.

MASSALONGO, C.

1893. — Osservazioni intorno ad un rarissimo entomocecidio dell'
Hedera Helix L.

> Nuovo Giorn. Bot. Ital., Firenze, 25, p. 19-21, pl. I.

1893 *a*. — Le Galle nella flora italica (Entomocecidii).

> Mem. dell Accad. di Agric. Arti e Commercio di Verona, (3) 69,
> p. 227-525, pl. I-XL.

1897. — Intorno all' acarocecidio della « *Stipa pennata* L. »
causato dal « *Tarsonemus Canestrinii* ».

> Nuovo Giorn. Bot. Ital., Firenze, (2) 4, p. 103-110, pl. IV.

MOLLIARD, M.

1899. — Sur les modifications histologiques produites dans les
tiges par l'action des *Phytoptus*.

> C. R. Ac. Sc., Paris, 129, p. 841-844.

1902. — Caractères anatomiques de deux Phytoptocécidies caulinaires internes.

> Marcellia, Riv. int. di Cecidologia, Padova, 1, p. 21-29, pl. I.

PIERRE (abbé).

1897. — La Mercuriale et ses galles.

> Revue sc. du Bourbonnais et Centre France, Moulins, 10, p. 97-
> 107, pl. II-III.

1902. — Nouvelles cécidologiques du centre de la France.

> Marcellia, Riv. int. di Cecidologia, Padova, 1, p. 95-97.

PRILLIEUX, E.

1853. — Note sur la galle des tiges du *Poa nemoralis*.

> Ann. Sc. Nat., Paris, Bot., (3) 20, p. 191-196, pl. XVII.

1875. — Tumeurs produites sur le bois des pommiers par le
Puceron lanigère.

> Bull. Soc. Bot. France, Paris, 22, p. 166-171.

1877. — Étude des altérations produites dans le bois de pommier
par le Puceron lanigère.

> Ann. Inst. nat. Agronomique, Paris, 2, p. 39.

SKRZIPIETZ, P.

1900. — Die *Aulax*-Gallen auf *Hieracium*-Arten.

> Dissertation, Rostock, 25, p., 2 pl.

THOMAS, FR.

    1873. — Beiträge zur Kenntniss der Milbengallen und der Gall-
          milben : die Stellung der Blattgallen an den Holzge-
          wächsen und die Lebensweise von *Phytoptus*.

          Zeitschrift für die ges. Naturw., Halle, 42, p. 513-537.

    1887. — Ueber das durch eine Tenthredinide erzeugte Myeloce-
          cidium von *Lonicera*.

          Verh. Bot. Ver. Prov. Brandenburg, Berlin, 29, p. 24-27.

VAYSSIÈRE, A. et GERBER, C.

    1902. — Recherches cécidologiques sur *Cistus albidus* L. et
          Cistus Salvifolius L. croissant aux environs de
          Marseille.

          Annales de la Faculté des Sciences de Marseille, 13, p. 23-82,
          pl. I-VI.

VUILLEMIN, P.

    1895. — Considérations générales sur les maladies des Végétaux.

          Traité de Pathologie générale publié par Ch. Bouchard, Paris,
          1, p. 125-152.

WINKLER, W.

    1878. — Zur Anatomie der durch Fichtenrindenlaus an Fichten-
          zweigen entstehenden Zapfengallen.

          Oesterr. botan. Zeitschrift, Vienne, 28, p. 7-8.

LETTRES COMMUNES A TOUTES LES FIGURES

ag assise génératrice.
age assise génératrice externe.
agi assise génératrice interne.
agp assise génératrice péricyclique.
al aile libérienne à gros noyaux.
am amidon.
ar aile vasculaire de tissu aréolé.

b bois.
bg bourgeon.
bs bois secondaire.
bsp bois secondaire péricyclique.

c cellule, cloison.
cb cellule ligneuse.
ce cercle.
cg couche génératrice.
chl chambre larvaire.
cl cellule à chloroleucites.
cn couche nourricière.
co collenchyme.
cp couche protectrice.
cr couche rayonnante.
cs canal sécréteur.
ct cellule à tanin.

éc écorce.
éce écorce externe.
éci écorce interne.
end endoderme.
ép épiderme.
épi épiderme inférieur.
éps épiderme supérieur.

f fibre.
fb fibre ligneuse.
fe feuille.
fl fibre libérienne.
flb faisceau libéro-ligneux.
fp fibre péricyclique.
fpm fibre périmédullaire.

g gaîne.
go cellule gommeuse.

hyp hypoderme.

irr faisceau irrigateur, tissu d'irrigation, cellules irrigatrices.

l liber.
la tissu lacuneux.
lac lacune.
lg liège.
lgc liège cicatriciel.
lgt liège de la tige.
li liber interne.
ls liber secondaire.
lsp liber secondaire péricyclique.

m moelle.
mb métaxylème.
mt méat.

n noyau.

ox mâcle d'oxalate de calcium.

p péricycle.
pa tissu palissadique.
pb pôle ligneux.
pér périderme.
ph phelloderme.
pm zone périmédullaire.
pr parenchyme.

rm rayon médullaire.

s sillon, canal, fente, craquelure.
scl sclérenchyme.
st stomate.

tc tissu cicatriciel.
tv tissu vasculaire.

v vaisseau.
vs vaisseau spiralé.
vp vaisseau ponctué.

z animal cécidogène, parasite.

N	Normal.	α	action cécidogène développée par
A	Anormal.		le parasite.
E	Vue extérieure.	ρ	réaction due au végétal.
L	Coupe longitudinale.	π	plan de symétrie.
T	Coupe transversale.		
R	Rameau.		

Toutes les figures ont été dessinées à la chambre claire, au grossissement 15 pour les schémas d'ensemble et au grossissement 150 pour les coupes détaillées.

TABLE DES MATIÈRES.

	Pages.
Introduction	140

Chapitre I. — Cécidies caulinaires latérales produites par un parasite situé contre l'épiderme. ... 145

    Hedera Helix (Asterolecanium Massalongoianum). ... 146

    Potentilla hirta var. *pedata* (Coccide). ... 154

    Brachypodium silvaticum (Diptère). ... 157

    Fraxinus excelsior (Perrisia fraxini). ... 164

    Picea excelsa (Chermes abietis). ... 170

    Résumé. ... 188

Chapitre II. — Cécidies caulinaires latérales produites par un parasite situé dans l'écorce. ... 191

    Pinus silvestris (Eriophyes pini). ... 191

    Résumé. ... 195

Chapitre III. — Cécidies caulinaires latérales produites par un parasite situé dans les formations secondaires libéro-ligneuses. ... 196

    Tilia silvestris (Contarinia tiliarum). ... 197

    Populus Tremula (Harmandia petioli). ... 214

    Salix caprœa (Rhabdophaga salicis). ... 223

    Sarothamnus scoparius (Contarinia scoparii). ... 225

    Quercus coccifera (Plagiotrochus fusifex). ... 229

    Rubus fruticosus (Lasioptera rubi). ... 233

    Brassica oleracea (Ceuthorrhynchus pleurostigma). ... 242

    Glechoma hederacea (Aulax Latreillei). ... 246

    Cytisus albus (Agromyza Kiefferi). ... 251

    Sarothamnus scoparius (Agromyza pulicaria). ... 260

    Quercus pedunculata (Andricus Sieboldi). ... 262

    Résumé. ... 270

Chapitre IV. — Cécidies caulinaires produites par un parasite situé dans la moelle. ... 274

    Sisymbrium Thalianum (Ceuthorrhynchus atomus). ... 274

    Potentilla reptans (Xestophanes potentillæ). ... 278

    Hieracium umbellatum (Aulax hieracii). ... 291

Hypochœris radicata (Aulax hypochœridis)...................... 298

Atriplex Halimus (Stefaniella Trinacriæ) 305

Eryngium campestre (Lasioptera eryngii)........................ 310

Torilis Anthriscus (Lasioptera carophila)....................... 325

Sedum Telephium (Nanophyes telephii)........................ 332

Atriplex Halimus (Coleophora Stefanii)......................... 339

Ulex europæus (Apion scutellare) 346

Ephedra distachya (Cécidomyide).............................. 350

Epilobium montanum (Mompha decorella)....................... 356

Epilobium tetragonum (Mompha decorella)...................... 360

Populus alba (Gypsonoma aceriana)............................ 363

Pinus silvestris (Evetria resinella)............................. 379

Résumé.................'.. 382

Chapitre V. — Résumé général des modifications apportées par les galles
aux tissus des tiges... 386

Chapitre VI. — Résumé général des relations existant entre les tiges, les
pleurocécidies caulinaires et les parasites........................ 399

Conclusions générales... 411

Index bibliographique............... 413

Lettres communes à toutes les figures............................ 416

Publications scientifiques de C. Houard.

1897. — Reproduction chez les animaux et Embryogénie des Métazoaires (en
collaboration avec E. AUBERT).
Histoire naturelle des Êtres vivants, tome II, fasc. 1, 2e éd..
188 pp., 110 fig.

1899. — Étude anatomique de deux galles du Genévrier.
Miscellanées biologiques dédiées au professeur ALFRED GIARD,
*à l'occasion du XXVe anniversaire de la fondation de la
Station Zoologique de Wimereux* (1874-1899). Paris, 4°,
p. 298-310, 6 fig. texte, pl. XX.

1901. — Sur quelques Zoocécidies nouvelles récoltées en Algérie.
Revue générale de Botanique, Paris, 13, p. 33-43, fig. 11-36.

1901. — Description de deux Zoocécidies nouvelles sur *Fagonia cretica* L.
Bull. de la Société entom. de France, Paris, p. 44-46, 2 fig.

1901. — Quelques mots sur les Zoocécidies de l'*Artemisia Herba-alba* ASSO.
Bull. de la Société entom. de France, Paris, p. 92-93, 3 fig.

1901. — Zoocécidies recueillies en Algérie.
Assoc. Française pour l'Avancement des Sciences, C. R. de la
30e session, Ajaccio, 2e partie, p. 699-707, 10 fig.

1901. — Catalogue systématique des Zoocécidies de l'Europe et du Bassin
méditerranéen (en collaboration avec G. DARBOUX)
Bull. scientifique de la France et de la Belgique, Paris, 34bis,
XI + 544 p., 863 fig.

1902. — Zoocecidien Hilfsbuch. Aide-mémoire du Cécidiologue (en collaboration avec G. DARBOUX).
Berlin (Borntraeger), XII + 68 p.

1902. — Sur deux Zoocécidies recueillies en Corse.
Bull. de la Société entom. de France, Paris, p. 36-37, 2 fig.

1902. — Sur des dessins de J. GIRAUD, donnés par son fils au Muséum
d'Histoire naturelle de Paris (en collaboration avec G. DARBOUX).
Bull. de la Société entom. de France, Paris, p. 76-77.

1902. — Remarques à propos d'une Notice critique de M. l'abbé J. J. KIEFFER
(en collaboration avec G. DARBOUX).
Nîmes, 8°, 11 pp.

1902. — Sur quelques Zoocécidies nouvelles ou peu connues, recueillies en
France.
Marcellia, Riv. int. di Cecidologia, Padova, 1, p. 35-49, 30 fig.

1902. — Sur quelques Zoocécidies de l'Asie Mineure et du Caucase.
Marcellia, Riv. int. di Cecidologia, Padova, 1, p. 50-53, 5 fig.

1902. — Note sur trois Zoocécidies d'Algérie.
　　　　Marcellia, Riv. int. di Cecidologia, Padova, 1, p. 89-91, 2 fig.

1902. — Simple liste de Zoocécidies recueillies en Corse.
　　　　Marcellia, Riv. int. di Cecidologia, Padova, 1, p. 91-94.

1902. — Quelques mots à propos d'une Note récente de M. Chrétien (en
　　　　collaboration avec G. Darboux).
　　　　Bull. de la Société entom. de France, Paris, p. 191-193.

1903. — Caractères morphologiques des Pleurocécidies caulinaires.
　　　　Comptes rendus Acad. Sc. de Paris, séance du 2 Juin.

www.ingramcontent.com/pod-product-compliance
Lightning Source LLC
Chambersburg PA
CBHW070246200326
41518CB00010B/1703